機器學習與資料科學

圖解

的數學基礎

使用Python

松田雄馬・露木宏志・千葉彌平 著／許郁文 譯

前 言

現代已是 AI/資料科學普及，熟悉機器學習這類尖端技術的工程師能夠大展身手的時代，而工程師與上班族是否具備這些技術背後的數學知識，工作表現也將有明顯的落差。若具備這類數學知識，不僅可使用函式庫這類工具，有時還可自行開發需要的工具，也能知道該如何改善業務流程或是改革業務內容。

雖然工程師或上班族若是了解數學，將可增加自己的可塑性，但是閱讀數學的專業書籍，也不見得就能提升工作表現。數學專業書籍之所以艱深，主要分成兩大理由。

- 一堆困難的公式，讓人望之卻步
- 再怎麼詳盡的解說也讓人無法了解公式的內容

其實工程師與上班族所需的數學都可以直覺地學會，不需要學習一堆公式，但大部分的人都認為解說數學的時候「需要公式」，而為了解說艱深的公式，數學專業書籍才會厚厚一本。一看到那麼厚的一本書，讀者往往會被勸退，不然就是讀到最後，也不知道該如何使用數學。

本書要利用圖解取代公式，讓各位讀者更能直覺吸收數學的知識，也要透過簡單的程式讓讀者邊做邊學，直到學會需要的知識為止。其實要了解數學，不一定非得透過公式說明。要想掌握數學的一個知識點，可先掌握這個知識點的用途，之後再試著透過圖案或圖表直覺地了解這個知識點，最後再試著使用這項數學知識，這也是學會數學所需的步驟。大家可一邊預設自己會在哪些工作場合使用這些數學知識，再透過圖解或程式按部就班了解所需的數學知識。

本書使用的程式語言是 Python，但就算是沒有 Python 的知識，或是毫無程式設計背景知識的上班族，都可藉由「試著執行本書的程式」，掌握本書介紹的數學知識。

不管是要了解數學，還是要撰寫程式，重點在於「先試著動手做做看」，而不是從零開始撰寫程式碼。執行程式，確認結果之後，粗略了解程式的執行內容與架構，這才是透過程式了解數學的第一步，也是最重要的一步。

雖然只是粗淺的了解，但只要能了解數學的原理，就能了解機器學習的系統運作原理，也就能發現機器學習系統的問題，或是在利用多種系統解決工作問題的時候，能自行決定該使用哪些數學原理。一旦了解上述的系統與原理，就能了解數學或程式設計這類專業書籍的定位，還能進一步強化相關知識。

閱讀本書可更直覺地了解數學，進一步擴張工程學的可能性。

本書將 AI 與資料科學的相關數學知識分成四大篇。

- 第一篇「機率統計、機器學習篇」介紹的是了解工作情況，篩選出必要資訊的流程，以及位於這個流程背後的機率統計、機器學習相關的數學知識。能掌握工作情況就能知道該如何改善相關業務，也能進一步觀察未來的變化。

- 第二篇「數理最佳化篇」將介紹最佳化業務的流程，以及解決業務問題的方法。要最佳化業務，就必須先了解哪些部分需要改善效率，換言之，最佳化的重點在於找出問題。了解最佳化的步驟與問題的種類，就能學會工作職場所需的最佳化流程。

- 第三篇「數值模擬篇」則以感染病或口耳相傳這種病毒式傳播為主題，學習預測這類傳播模式的微分。只要了解微分，就能了解口耳相傳的傳播模式，也能利用用動畫說明傳播模式與製作出臨場感十足的簡報。最後的「深度學習篇」則會先說明近年來發展神速的深度學習技術原理，再說明這些原因都於哪些技術或職場應用。

本書的第一篇至第四篇共有十章，希望工程師、上班族、大學生、研究生能以本書為起點，進一步掌握數學的知識，並於工作職場活用數學這項利器。

松田雄馬

在工作職場活用數學這項利器

近年來，AI與資料科學不斷普及，這世上也多了許多使用相關技術的系統與工具。就算將這些系統與工具導入職場，也不一定就能了解這些技術，更無法了解這些技術之間的差異，也不知道這些技術能為工作創造什麼價值，這一切都是因為從數學的角度觀察工作所導致。

不管是系統還是工具，都是從為數眾多的數學之中，挑出部分的數學知識開發，所以若只從數學的某個角落觀察這些系統或工具，當然無法了解這些系統或工具的差異。了解數學的全貌，重新定義眼前的系統或工具，應該就能了解這些系統或工具，也知道它們的價值以及用途。

這類問題其實也在某些領域發生。假設大家為了在自己的職場使用數學而走進書店的數學專業書籍專區，應該會發現這個專區堆滿了各種數學領域的專業書籍才對。光是「統計學」或「深度學習」就有非常多相關書籍，其中也有一些以實際的工作為例，但是從工作的角度說明統計學或深度學習的書籍卻少之又少。

本書主要是從工作職場的角度概括介紹數學，內容則是那些在工作職場實際使用數學的人所撰寫。若從工作的角度圖解本書的內容，可得到下列的示意圖。

圖 從工作的角度重新整理的數學全貌

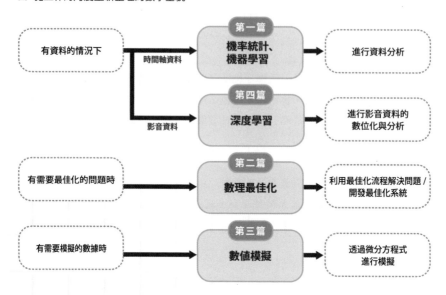

有資料的情況下	→ 時間軸資料 →	第一篇 **機率統計、機器學習**	→	進行資料分析
	→ 影音資料 →	第四篇 **深度學習**	→	進行影音資料的 數位化與分析
有需要最佳化的問題時	→	第二篇 **數理最佳化**	→	利用最佳化流程解決問題 / 開發最佳化系統
有需要模擬的數據時	→	第三篇 **數值模擬**	→	透過微分方程式 進行模擬

舉例來說，若已經拿到需要分析的資料，只要先沿著時間序列整理這些資料，就能使用第一篇介紹的機率統計或機器學習分析。此外，影音資料雖然無法直接利用機率統計、機器學習的手法分析，卻可利用第四篇的深度學習分析。如果已經找到需要最佳化的問題，則可利用第二篇解說的數理最佳化流程解決。

此外，若想預測未來，或是將預測結果做成簡報，則可使用第三篇介紹的數值模擬技術。要以數學開發系統或分析資料的人，可試著使用上述的知識，或是利用這些知識與參考專業書籍，了解最新的分析方式，再視情況選用最適當的分析方式。

只要先掌握相關知識的全貌，與定義新系統與工具的定位，各位上班族或工程師就能知道該於目前的工作使用哪些系統與工具，也會知道接下來該開發什麼系統。

目 錄

前言⋯⋯⋯⋯⋯⋯⋯⋯⋯⋯⋯⋯⋯⋯⋯⋯⋯⋯⋯⋯⋯⋯⋯⋯⋯⋯ 3

為了在工作職場活用數學這項利器⋯⋯⋯⋯⋯⋯⋯⋯⋯⋯⋯⋯ 5

閱讀本書的方式⋯⋯⋯⋯⋯⋯⋯⋯⋯⋯⋯⋯⋯⋯⋯⋯⋯⋯⋯⋯ 12

執行環境與程式碼⋯⋯⋯⋯⋯⋯⋯⋯⋯⋯⋯⋯⋯⋯⋯⋯⋯⋯⋯ 12

序章 設定 Python開發環境

Prologue1 試著使用 Google Colaboratory⋯⋯⋯⋯⋯⋯⋯⋯⋯ 14

Prologue2 下載Anaconda，建置開發環境⋯⋯⋯⋯⋯⋯⋯⋯⋯ 17

Prologue3 利用Python動手撰寫程式⋯⋯⋯⋯⋯⋯⋯⋯⋯⋯⋯ 20

Prologue4 試著上傳檔案⋯⋯⋯⋯⋯⋯⋯⋯⋯⋯⋯⋯⋯⋯⋯⋯ 22

第一篇

機率統計、機器學習篇

第 1 章 取得資料之後的第一件事

1-1 試著載入資料⋯⋯⋯⋯⋯⋯⋯⋯⋯⋯⋯⋯⋯⋯⋯⋯⋯⋯⋯ 26

1-2 試著讓時間軸資料可視化⋯⋯⋯⋯⋯⋯⋯⋯⋯⋯⋯⋯⋯ 27

1-3 試著輸出平均值、中位數、最小值與最大值⋯⋯⋯⋯⋯ 29

1-4 觀察分佈的形狀⋯⋯⋯⋯⋯⋯⋯⋯⋯⋯⋯⋯⋯⋯⋯⋯⋯ 31

1-5 試著計算分佈的近似曲線⋯⋯⋯⋯⋯⋯⋯⋯⋯⋯⋯⋯⋯ 33

1-6 試著篩選每種方案的資料⋯⋯⋯⋯⋯⋯⋯⋯⋯⋯⋯⋯⋯ 37

1-7 分析大顧客的行爲模式⋯⋯⋯⋯⋯⋯⋯⋯⋯⋯⋯⋯⋯⋯ 39

1-8 試著分析疫情爆發前後的顧客行爲模式⋯⋯⋯⋯⋯⋯⋯ 42

1-9 試著根據條件分類顧客⋯⋯⋯⋯⋯⋯⋯⋯⋯⋯⋯⋯⋯⋯ 46

1-10 列出符合條件的顧客⋯⋯⋯⋯⋯⋯⋯⋯⋯⋯⋯⋯⋯⋯⋯ 48

第 2 章 試著利用機器學習進行分析

2-1 計算顧客行爲模式的相似度⋯⋯⋯⋯⋯⋯⋯⋯⋯⋯⋯⋯ 52

2-2 了解相似度與機器學習的關係⋯⋯⋯⋯⋯⋯⋯⋯⋯⋯⋯ 55

2-3	透過主成分分析確認大顧客的相似程度	57
2-4	根據時間軸確認大顧客的行爲模式	59
2-5	透過集群分析可視化大顧客的行爲模式有何差異	61
2-6	利用決策樹推測行爲模式的原因	65
2-7	可視化決策樹的分類結果，評估分類的精確度	69
2-8	了解評估預測精確度的流程	72
2-9	比較各種分類演算法	74
2-10	試著利用支援向量機迴歸法預測具有時序的資料	76

第 3 章　推測必需的資料筆數

3-1	試著模擬統計值	80
3-2	了解中央極限定理	84
3-3	正確取得一個月份的資料	85
3-4	根據一個月份的資料，推算二年份資料的平均值與標準差	88
3-5	了解標準差與信賴度的相關性	91
3-6	假設與住宿者人數的相關性，推測失竊總金額的趨勢	93
3-7	推測年度失竊總金額與對應的信賴區間	95
3-8	根據平價客戶備品，重新推測兩年份資料的平均值與標準差	96
3-9	針對平價備品的二年內失竊金額趨勢設定信賴區間	100
3-10	根據兩年份的資料「驗算」	102

第二篇

數理最佳化篇

第 4 章　透過最佳路徑規劃問題，了解解決最佳化問題的方法

4-1	了解解決數理最佳化問題的方法	108
4-2	了解數理最佳化的起點「公式化」	110
4-3	執行窮舉式演算法	112
4-4	了解利用演算法解決問題的方法	117
4-5	學習以動態規劃演算法算出精確解答的方法	121
4-6	了解動態規劃法的程式碼	124
4-7	學習求出近似解的方法	135
4-8	利用最近鄰居法求出近似解	138
4-9	利用基因演算法學習計算近似解的方法	143

4-10　了解基因演算法的程式碼 ··· 146

第 5 章　透過排班問題了解最佳化問題的全貌

5-1　了解最佳化問題的種類 ··· 157
5-2　試著利用求解器解決線性最佳化問題 ····························· 165
5-3　試著解決非線性最佳化問題 ·· 167
5-4　試著設計自動安排鐘點員工班表的方法 ·························· 172
5-5　利用Graph Network可視化排班意願 ······························· 174
5-6　學習讓配對問題轉換成最大流問題的方法 ······················ 178
5-7　了解「寬度優先搜尋」這個解決最大流問題的方法 ·········· 182
5-8　了解「深度優先搜尋」這個解決最大流問題的方法 ·········· 184
5-9　試著解決最大流問題 ··· 188
5-10　試著利用最大流問題的解法解決配對問題 ···················· 194

第三篇

數值模擬篇

第 6 章　試著預測傳染病的影響

6-1　了解傳染病模型的輪廓 ··· 204
6-2　用於了解傳染病模型的幾何級數 ······································ 208
6-3　調整幾何級數的參數，直觀了解微分方程式 ···················· 212
6-4　說明實際的生物或社會現象的邏輯方程式 ······················ 215
6-5　調整邏輯方程式的參數，直覺了解微分方程式 ················· 218
6-6　說明生物或公司互相競爭的羅特卡弗爾特拉方程式 (競爭方程式) ············ 219
6-7　調整羅特卡弗爾特拉方程式 (競爭方程式) 的參數，直觀了解微分方程式 ······ 223
6-8　說明生物或公司互相競爭的羅特卡弗爾特拉方程式 (掠食方程式) ············ 225
6-9　調整羅特卡弗爾特拉方程式 (掠食方程式) 的參數，直觀了解微分方程式 ······ 227
6-10　一邊複習微分方程式，一邊思考電影或商品的流行程度 ····· 230

第 7 章　試著透過動畫模擬人類的行為

7-1　試著模擬人類動向 ··· 235
7-2　試著模擬緊急避難之際的行為 ·· 240

7-3　可視化每個人的移動過程⋯⋯⋯⋯⋯⋯⋯⋯⋯⋯⋯⋯⋯⋯⋯⋯⋯⋯ 245

7-4　該如何模擬謠言的傳播情況？⋯⋯⋯⋯⋯⋯⋯⋯⋯⋯⋯⋯⋯⋯ 248

7-5　確認謠言或口碑於不同路線的傳播情況⋯⋯⋯⋯⋯⋯⋯⋯⋯ 252

7-6　試著將謠言的傳播滲透度畫成圖表⋯⋯⋯⋯⋯⋯⋯⋯⋯⋯⋯ 256

7-7　試著可視化人際關係的網路⋯⋯⋯⋯⋯⋯⋯⋯⋯⋯⋯⋯⋯⋯⋯ 261

7-8　可視化人際關係網路的成長過程⋯⋯⋯⋯⋯⋯⋯⋯⋯⋯⋯⋯ 264

7-9　試著分析網路⋯⋯⋯⋯⋯⋯⋯⋯⋯⋯⋯⋯⋯⋯⋯⋯⋯⋯⋯⋯⋯⋯ 267

7-10　了解以差分法解微分方程式之際的誤差，與消弭誤差的方法⋯⋯ 270

第四篇

深度學習篇

第 8 章　了解深度學習辨識影像的方法

8-1　深度學習到底能做什麼？⋯⋯⋯⋯⋯⋯⋯⋯⋯⋯⋯⋯⋯⋯⋯⋯ 282

8-2　深度學習的運作方式⋯⋯⋯⋯⋯⋯⋯⋯⋯⋯⋯⋯⋯⋯⋯⋯⋯⋯ 284

8-3　深度學習是如何「學習」的？⋯⋯⋯⋯⋯⋯⋯⋯⋯⋯⋯⋯⋯ 290

8-4　利用深度學習函式庫預測線性圖表⋯⋯⋯⋯⋯⋯⋯⋯⋯⋯⋯ 295

8-5　透過深度學習函式庫預測曲線圖⋯⋯⋯⋯⋯⋯⋯⋯⋯⋯⋯⋯ 298

8-6　了解圖片構造這個學習資料⋯⋯⋯⋯⋯⋯⋯⋯⋯⋯⋯⋯⋯⋯⋯ 302

8-7　利用深度學習函式庫從零開始學習圖片檔⋯⋯⋯⋯⋯⋯⋯ 306

8-8　評估學習結果⋯⋯⋯⋯⋯⋯⋯⋯⋯⋯⋯⋯⋯⋯⋯⋯⋯⋯⋯⋯⋯⋯ 308

8-9　可視化神經網路看見的「特徵」⋯⋯⋯⋯⋯⋯⋯⋯⋯⋯⋯⋯ 311

8-10　可視化完成學習後的神經網路構造⋯⋯⋯⋯⋯⋯⋯⋯⋯⋯ 314

第 9 章　了解深度學習處理時間序列資料的機制

9-1　了解RNN的基礎⋯⋯⋯⋯⋯⋯⋯⋯⋯⋯⋯⋯⋯⋯⋯⋯⋯⋯⋯⋯⋯ 320

9-2　利用RNN預測正弦波⋯⋯⋯⋯⋯⋯⋯⋯⋯⋯⋯⋯⋯⋯⋯⋯⋯⋯ 323

9-3　試著評估預測結果⋯⋯⋯⋯⋯⋯⋯⋯⋯⋯⋯⋯⋯⋯⋯⋯⋯⋯⋯ 327

9-4　試著利用CNN預測正弦波⋯⋯⋯⋯⋯⋯⋯⋯⋯⋯⋯⋯⋯⋯⋯ 330

9-5　提升預測正弦波的精確度⋯⋯⋯⋯⋯⋯⋯⋯⋯⋯⋯⋯⋯⋯⋯⋯ 332

9-6　事先整理分類聲音所需的必要資料⋯⋯⋯⋯⋯⋯⋯⋯⋯⋯⋯ 335

9-7　試著利用LSTN分類聲音⋯⋯⋯⋯⋯⋯⋯⋯⋯⋯⋯⋯⋯⋯⋯⋯ 340

9-8　試著評估LSTM的分類結果⋯⋯⋯⋯⋯⋯⋯⋯⋯⋯⋯⋯⋯⋯⋯ 343

9-9　試著利用CNN分類音樂⋯⋯⋯⋯⋯⋯⋯⋯⋯⋯⋯⋯⋯⋯⋯⋯⋯ 346

9-10 試著評估CNN的分類結果 ·· 349

第 **10** 章　了解以深度學習進行的圖片處理與語言處理

10-1 了解深度學習的應用範圍 ··· 354

10-2 了解物體偵測演算法「YOLO」 ···························· 358

10-3 試著利用YOLO偵測物體 ······································· 361

10-4 評估物體偵測處理的結果 ······································· 370

10-5 了解圖像分割處理的Segnet ·································· 375

10-6 試著利用Segnet執行圖像分割處理 ······················· 376

10-7 評估圖像分割結果 ··· 384

10-8 了解以深度學習執行自然語言處理的Bert ··············· 390

10-9 試著利用Bert分類文本 ··· 394

10-10 試著評估以Bert分類文本的結果 ·························· 400

附錄　程式設計與數學之間的橋梁

Appendix1 利用公式了解常態分佈 ······································ 404

Appendix2 微分方程式差分法造成的誤差與泰勒展開式 ············ 410

Appendix3 非線性最佳化的機械學習／深度學習的迴歸／分類 ···· 417

結語 ··· 426

參考文獻 ·· 428

閱讀本書的方式

本書並非程式設計的入門書。

本書的主旨在於幫助大家了解工作所需的數學，以及可在工作應用的數學。在閱讀本書的時候，若把自己想像成工程師或資料科學家，想像自己在職場接到顧客（資料分析的業主）委託的工作，就會更有臨場感，也能讀得更深入。大家不妨從各章開頭的「背景」想像實際的工作職場，再一邊閱讀各章的說明，一邊執行程式碼，了解這些程式碼背後的數學原理。

本書也可於大學或企業內部作為研修教科書使用。以15堂課的講座為例，序章的 Python 環境設定與簡介的部分可利用1堂課的時間說明，第1～7章的各章節則可各分配1堂課的時間說明，第8～10章（第四篇）的章節則各分配2堂課的時間，第15堂課的時間則用來總複習。此外，也可以針對必要的章節進行說明。

為了方便了解數學原理，本書故意列出冗長的程式碼，對程式設計有興趣的讀者可自行改造程式，或是與工程師一同討論程式碼的內容。

執行環境與程式碼

本書將使用 Google Colaborator ／ Jupyter-Notebook 進行分析。各章需要的模組不同，所以若未安裝這類模組，就會於分析之際看到「**No module named '模組名稱'**」這類錯誤訊息，此時請利用 pip 這類命令安裝需要的模組。

本書不會特別說明安裝模組的方式。第四篇使用的 opencv、dlib、MeCab 與其他模組在不同的執行環境下，需要以不同的方式安裝，此時請大家在網路上搜尋安裝方式。

> **執行環境** OS：Windows10 64bit 版 / macOS Mojave
> Python：Python Anconda 最新版
> Web 網頁瀏覽器：Google Chrome (Jupyter-Notebook)

關於程式碼

本書的程式碼可從下列的網站下載：

http://books.gotop.com.tw/download/ACD021900

檔案格式為 ZIP，範例檔的解壓縮密碼如下（大小寫需要完全一致）：

MathProgPy

序章

設定 Python
開發環境

現在來爲大家說明設定Google Colaboratory與Anaconda這兩種開發環境的方法，建立執行Python程式的環境。

要利用Python撰寫可執行的程式，就必須先在電腦建置開發環境。目前有許多免費使用的開發環境，例如Google Colaboratory這種網路服務或是可直接下載的Anaconda，都是其中之一。

Google Colaboratory或Anaconda可讓我們像是使用電子計算機般使用Python，而且還能安裝數據運算、資料分析、機器學習這類高階運算所需的函式庫，快速建置需要的開發環境。

※ 本書介紹的設定方式爲 2021 年 3 月現行標準，Google Colaboratory 或 Anaconda 的網址或介面有可能會變更。

試著使用 Google Colaboratory

✚ 事前準備

假設還沒有 Google 帳號，請先註冊一個。

步驟1 ▶ 下載檔案

請瀏覽 Google 雲端硬碟（https://drive.google.com/drive），將本書的範例檔拖放至雲端硬碟。

步驟2 ▶ 在 Google Colaboratory 開啟範例檔

上傳的檔案已依章節分類，此時請先開啟第1章的資料夾。

資料夾有 ipynb 檔案與其他資料檔案。程式碼就是 ipynb 檔案的內容。

請在 ipynb 檔案按下滑鼠右鍵，點選「選擇開啟工具」→「Google Colaboratory」。

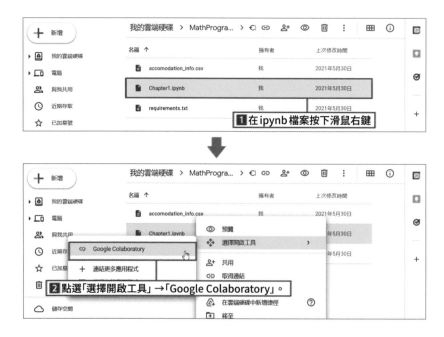

如此一來就能在 Google Colaboratory 開啟程式碼。

步驟 3 ▶ 與 Google 雲端硬碟建立互動

將滑鼠移至程式區段，再按下左側的播放鍵 ▶ 執行程式。執行第一個程式區段會顯示下列的畫面。

點選連結後，允許 Google Colaboratory 存取 Google 雲端硬碟，就會顯示右側的畫面。請先複製字串。

回 到 Google Colaboratory 的 畫 面，再 將 剛 剛 複 製 的 字 串 貼 入「Enter your authorization code」底下的文字方塊，然後按下 Enter 鍵。

畫面側欄將自動新增「drive」資料夾，之後便能從 Google Colaboratory 存取 Google 雲端硬碟的內容。如果沒看到這個資料夾，請點選「重新整理」按鈕 。

如此一來，Google Colaboratory 的設定就完成了。

之後請一邊閱讀本書，一邊執行程式區段的程式碼。

如果準備自己撰寫程式碼，可從左上角的「檔案」點選「新增筆記本」，建立新的筆記本。

一旦新增筆記本，瀏覽器就會開啟新分頁，顯示空白的筆記本。點選「掛接雲端硬碟」
⚠️即可與 Google 雲端硬碟連線。

「掛接雲端硬碟」按鈕

下載 Anaconda，建置開發環境

🔧 安裝開發環境 Anaconda

請瀏覽下列的 URL，下載 Anaconda 的安裝程式 (Windows 與 Mac 共用)。

▼ 下載 Anaconda 的連結
https://www.anaconda.com/products/individual/

瀏覽 Anaconda 的網站，下載最新版的「Python Version」。假設使用的是 Windows，
可下載 32 位元或 64 位元的版本。若想知道作業系統是哪個版本，可在畫面左下角的
「開始」按鈕按下滑鼠右鍵，再點選「系統」。點選設定畫面左下角的「關於」，將顯示
版本資訊，此時便可確認系統類型。

下載 Anaconda 之後，雙點安裝
程式，再依照步驟完成安裝。

圖 P-2-1　安裝 Anaconda

17

圖 P-2-2　確認版本資訊

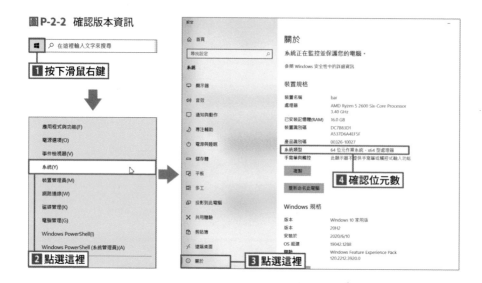

🔷 利用執行環境 Jupyter Notebook 撰寫程式

啟動剛剛安裝的開發環境「Anaconda」之後，即可啟動執行程式的環境。執行環境
有很多種，但本書使用的是目前最流行的「Jupyter Notebook」。請先從選單啟動
Anaconda。Windows是點選畫面左下角的「開始」，Mac則點「應用程式」資料夾裡
的「Anaconda-Navigator」圖示。

圖 P-2-3　啟動 Anaconda

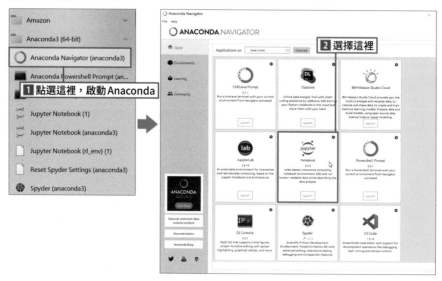

啟動 Anaconda-Navigator，點選「Jupyter Notebook」，將顯示「Desktop」與「Document」這類資料夾，這次要在這裡建立作業專用資料夾。請點選右上角的「New」，再點選「Folder」，此時會新增「Untitled Folder」資料夾。

圖 P-2-4　建立 Jupyter Notebook 作業專用資料夾

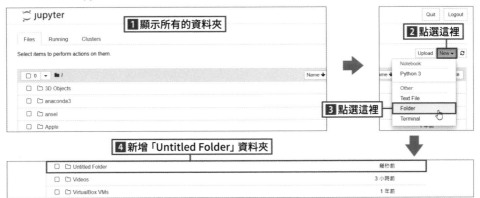

勾選資料夾左側的選取方塊，點選右上角的「Rename」，再將資料夾的名稱變更為「work」。後續開發程式的時候，會經常使用這個資料夾，而且會依照各專案建立子資料夾，所以先完成設定比較妥當。

圖 P-2-5　將資料夾更名為「work」

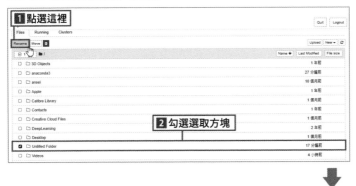

到目前為止，利用 Python 撰寫程式的前置作業已經完成了。接下來說明動手撰寫程式碼的方法。

利用 Python 動手撰寫程式

接著要移動到剛剛在 Jupyter Notebook 建立的資料夾裡，新增程式以及確認程式執行結果。一開始要執行的是利用 print 顯示字串的程式。雖然這個程式很簡單，卻能確認開發環境或執行環境是否正常運作，可說是在第一線的開發環境中非常重要的程式。

點選剛剛建立的「work」資料夾，移動至資料夾內。接著點選右上角的「New」，再點選「Python 3」，就會啟動下一頁被稱為 Notebook 的畫面。
在這個畫面可撰寫程式與執行程式。

圖 P-3-1　開始撰寫 Python 程式的步驟

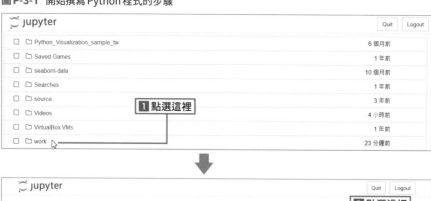

圖 P-3-2　Notebook

接著執行print，實際輸出文字。如圖在print後面不加空白字元，直接輸入括號，再於括號之中輸入單引號（也可以是雙引號），並在單引號之中輸入字串。

就從程式設計世界中，最常見的"Hello World"這個字串開始。輸入完成後，按下 Shift + Enter 鍵即可執行程式。

此時應該會如圖顯示字串。也可以顯示中文。請試著顯示除了"Hello world"以外的字串。

圖 P-3-3 利用 print 顯示字串

接著要執行的是計算。Python 也能像電子計算機一樣進行各種計算。比方說，輸入「10+20」會得到「30」這個答案。

加法的符號是「+」、減法的符號是「-」、乘法的符號是「*」，除法的符號則是「/」。

圖 P-3-4 進行計算的步驟

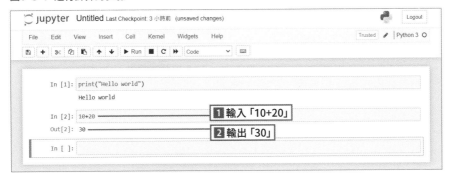

如果能執行上述程式，大家就已經站在學習 Python 的入口了。如果想要從基礎開始學習 Python，建議大家買一些入門書籍或是看一些教學影片。

試著上傳檔案

接著要將在第1章執行的程式上傳至 Jupyter Notebook 資料夾。

請點選 Jupyter Notebook 畫面的「Upload」按鈕，再點選每章需要的檔案，以及點選「Upload」按鈕，就能將檔案上傳至 Jupyter Notebook 資料夾。

圖 P-4-1　上傳檔案的步驟

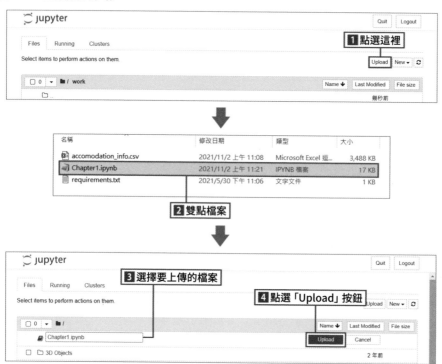

第一篇

機率統計、機器學習篇

接著要帶大家學習，於職場進行資料分析之際所需的機率統計、機器學習相關知識。學習這類數學知識即可掌握分析資料的技術，進而找出需要商品的顧客，或是發現改善事業內容或創造價值的知識與方法。

機率統計或機器學習的專業書籍常出現一堆公式或是艱澀難懂的說明，也很少說明該如何於職場使用這些知識，讓人覺得應用這些知識的門檻很高。

本書關於公式的說明僅止於需要了解的部分，希望大家透過實際操作資料的過程，輔以本書的圖解與程式碼，了解這些公式背後的「思維」。

第 1 章

取得資料之後的第一件事

最近很常聽到「資料分析」、「機器學習」這類字眼，而這些技術的基礎其實都是「機率與統計」，但很少專業書籍介紹這些技術與「機率、統計」有什麼關係。如果缺乏機率或統計的基礎知識就隨便進行資料分析，或是使用機器學習的函數與工具，就有可能導出錯誤的分析結果。

只要具備一些簡單的基礎知識就能避免上述的錯誤發生。而且了解基礎知識之後，就能找出專屬自己的使用方法，也能知道該如何改善分析方式，所以了解基礎知識可說是非常重要的一環。

本章要介紹取得資料之後，最該先做的是哪些事情，也要介紹分析資料，取得統計值的方式，讓大家透過這一連串的步驟紮穩馬步，以便學習第2章的機器學習以及第3章的推測統計。與其說本章都是數學相關的內容，不如說本章是幫助大家做好事前準備的章節，建議大家一邊搜尋必要的知識，一邊試著動手做看看。

分析顧客行為資料的背景

某間飯店為了提升業績,拜託你分析相關資料。這間飯店是在東京都內擁有150間客房的渡假村,在新冠疫情爆發後,來客數曾一時陷入低迷,但是在降價以及提供遠距辦公的單人房之後,來客數有慢慢回升的跡象。目前你已拿到這兩年來的住宿資料,所以可根據這份資料開始分析,也可著手整理已知的部分。

試著載入資料

分析資料的第一步就是載入資料。請執行下列的程式碼，載入 accomodation_info.csv。

載入資料　　　　　　　　　　　　　　　　　　　　　📄 Chapter1.ipynb

```
1  import pandas as pd
2  df_info = pd.read_csv("accomodation_info.csv",
   index_col=0, parse_dates=[0])
3  df_info
```

圖 1-1-1　顯示資料

Out[1]:

日期	顧客ID	住宿者姓名	方案	金額
2018-11-01 00:02:21	110034	若松 花子	B	19000
2018-11-01 00:03:10	112804	津田 美加子	D	20000
2018-11-01 00:06:19	110275	吉本 美加子	D	20000
2018-11-01 00:08:41	110169	坂本 直人	B	19000
2018-11-01 00:12:22	111504	青山 零	A	15000
...	...	...	...	...
2020-10-31 23:38:51	110049	吉本 篤司	A	3000
2020-10-31 23:42:12	110127	喜嶋 浩	A	3000
2020-10-31 23:47:24	115464	藤本 明美	D	8000
2020-10-31 23:53:22	114657	鈴木 七夏	A	3000
2020-10-31 23:57:21	111407	鈴木 治	A	3000

71722 rows × 4 columns

這份資料包含住宿報到時間、住宿者姓名、對應住宿者的顧客 ID、住宿者選擇的方案（A～D 四種），以及方案的費用。星期一～日的住宿費用各有不同之外，住宿費用還會隨著季節變動，尤其在新冠疫情爆發，來客數減少之後，費用更是大幅調降。

住宿者可選擇的方案包含 A（無餐點）、B（附早晚餐）、C（無餐點、露天浴缸）、D（附早晚餐與露天浴缸）這四種，在新冠疫情爆發之前，在餐廳享用的早晚餐方案最受歡迎。

接著，觀察疫情爆發之後，住宿情況的變化，並進行分析。

1-2

試著讓時間軸資料可視化

要了解載入的資料就必須先掌握資料的輪廓，此時最重要的兩大主軸就是「時間」與「分佈情況」，也就是觀察這些資料在經過一定的時間之後產生哪些變化，以及觀察統計學常見的分佈情況。

第一步先產生時間軸資料，了解資料在經過一定時間之後的變化。

產生時間軸資料的方法有很多種，但這次的重點在於掌握統計值，所以要使用比較陽春的方式產生時間軸資料。

請執行下列的程式碼，畫出每月業績與使用者人數的曲線圖。

可視化每月業績　　　　　　　　　　　　　　　　　Chapter1.ipynb

```
1  import matplotlib.pyplot as plt
2  plt.plot(df_info["金額"].resample('M').sum(),color="k")
3  plt.xticks(rotation=60)
4  plt.show()
```

圖 1-2-1　每月業績

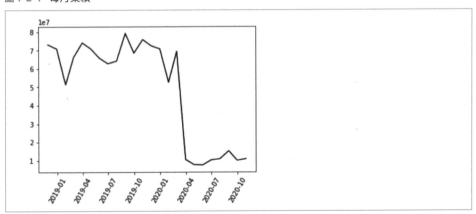

可視化每月使用者人數 　　　　　　　　　　　　　　　　　　　□ Chapter1.ipynb

```
1  import matplotlib.pyplot as plt
2  plt.plot(df_info.resample('M').count(),color="k")
3  plt.xticks(rotation=60)
4  plt.show()
```

圖1-2-2 每月使用者人數

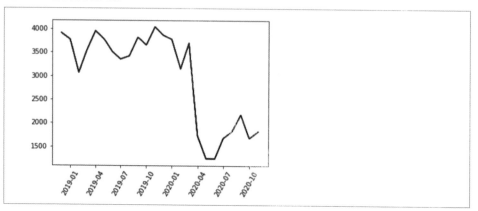

這次利用 Python 函式庫「pandas」的函數「resample」彙整了每段期間的資料。將參數指定為 M，代表以「月（Month）為彙整單位，之後再利用 sum 函數輸出這些資料的總和，以及利用 count 函數輸出這些資料的頻率。從圖表可以得知，業績與使用者人數（住宿者）都因為疫情爆發而銳減。

由於這次的資料比較容易掌握概要，所以才能像這樣立刻開始分析，但有些資料必須先經過一些前置處理才能分析。

對這類前置處理有興趣的讀者不妨參考下山輝昌與其他作者合著的《Python 実践データ分析 100 本ノック》（秀和 System），書中有十分詳盡的說明。

1-3

試著輸出平均值、中位數、最小值與最大值

了解資料於一定時間之內的變化之後，接著要了解資料的分佈情況。具體來說就是根據各類使用者（住宿者）的使用次數（住宿次數），算出平均值、中位數、最小值、最大值，以便粗略了解有哪些使用者（住宿者）。請執行下列的程式碼。

輸出平均值、中位數、最小值與最大值　　　　　　　　　　　　📄 Chapter1.ipynb

```
1  x_mean = df_info['顧客ID'].value_counts().mean()
2  x_median = df_info['顧客ID'].value_counts().median()
3  x_min = df_info['顧客ID'].value_counts().min()
4  x_max = df_info['顧客ID'].value_counts().max()
5  print("平均值:",x_mean)
6  print("中位數:",x_median)
7  print("最小值",x_min)
8  print("最大值",x_max)
```

圖1-3-1 顯示平均值、中位數、最小值、最大值

```
平均值: 13.073641997812613
中位數: 7.0
最小值 1
最大值 184
```

上述的程式碼使用了pandas的value_counts函數計算資料的出現頻率。將欄位名稱指定為**顧客ID**，就能計算與每位使用者對應的ID，相對於整體資料的出現頻率。

接著，利用mean／median／min／max函數輸出平均值、中位數、最小值與最大值。

再次輸出這些值，可以得到下列的結果。

平均值：13.073641997812613

中位數：7.0

最小值 1

最大值 184

在這個結果之中，最該注意的部分是平均值約13次，但中位數卻是7次的部分。

從下列的公式可以知道，平均值是所有使用次數總和除以使用數人數總和的結果，中位數則是由大至小（或是由小至大）計算使用次數時，剛好落在正中央的使用次數。

（平均值）＝（所有使用次數總和）／（使用者人數的總和）
（中位數）＝（由大至小排列使用次數時，落在正中央的使用次數）

在操作統計資料的時候，必須謹慎看待平均值與中位數的落差。假設使用次數如**圖1-3-2**呈現均勻分佈（使用次數沒有特別多，也沒有特別少的分佈方式），平均值與中位數有很高的機率一致。但如果是呈現如**圖1-3-3**的方式分佈，也就是使用次數較少的人數偏多，使用次數較多的人數過於稀疏時，這種分佈就不夠均勻，平均值與中位數就會產生差距。

圖1-3-2　使用次數呈均勻分佈之際的平均值與中位數

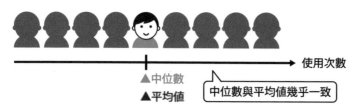

圖1-3-3　使用次數非均勻分佈之際的平均值與中位數

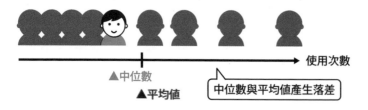

實際觀察這次的結果會發現，最小值明明是1，但最大值居然是184，而且最小值離平均值的13較近，但最大值的184卻離平均值的13很遠，由此可以推算使用次數如**圖1-3-3**所示，集中在最小值的附近，而最大值的附近只有零星的使用次數分佈。

話說回來，最大值或最小值都是「點狀」的資料，並非整體的資料，所以充其量只是推測的結果，所以為了進一步掌握整體的資料，請觀察資料的「分佈情況」。

1-4

觀察分佈的形狀

要觀察使用者（住宿者）的使用次數（住宿次數）的分佈情況，必須將資料畫成直方圖，可以用 Python 函式庫 matplotlib 的函數 hist 繪製。請執行下列的程式碼。

可視化分佈情況　　　　　　　　　　　　　　　　　　　　📄 Chapter1.ipynb

```
1  import matplotlib.pyplot as plt
2  x = df_info['顧客ID'].value_counts()
3  x_hist,t_hist,_ = plt.hist(x,21,color="k")
4  plt.show()
```

圖 1-4-1　可視化分佈情況

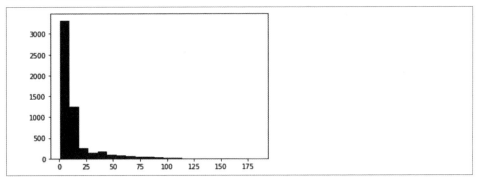

上述的直方圖是以頻率（使用次數）為橫軸，再以採樣數（使用者人數）為縱軸。hist 函數的參數共有三個，一個是利用函數 x 篩選出每個顧客 ID 的頻率，另一個是 21，最後則是指定圖表顏色的「k」（k 代表黑色）。

第二個參數的「21」代表將最大值與最小值之間的數值切割成幾個區段。最左側的區段是以 1 至 184 除以 21 之間的區段（大約是 1 至 9.7），之後再於縱軸顯示這區段的使用頻率的使用者人數（約 3300 位）。

從結果可以發現資料幾乎都集中在左端，大部分的使用者都只使用過一次，或是很少的次數，所以很多人數都集中在 0 的附近，但也有少數使用次數非常高的使用者。這也告訴我們平均值為什麼會較接近最小值的原因。

樣本數（使用者人數）集中在 0 的附近，後續卻開始銳減的分佈情況稱為「**冪次定律分佈**」，在商場很常見到這類分佈情況。這種由少數的人數「獨佔」較多的使用次數的分佈又稱爲「柏拉圖法則」或是「8020 法則」，也就是「八成業績由兩成顧客創造」的法則，許多商業模式也都出現了這種法則。

觀察整體的分佈之後，發現這個法則存在，也掌握了目前的業績走向，所以便能進一步預測未來，也能知道該透過哪些措施達成目標。

比方說，希望業績倍增時，應該多接觸哪些顧客（接觸使用頻率較高的顧客，是否比吸引新顧客更有效果？），都可根據上述的分佈情況擬定對策。

分析資料時，有很多應該知道的分佈方式，所以除了「冪次定律分佈」之外，也應該知道下一頁的**圖 1-4-2**介紹的兩種分佈方式。

圖 1-4-2　分析資料之際一定需要了解的分佈情況

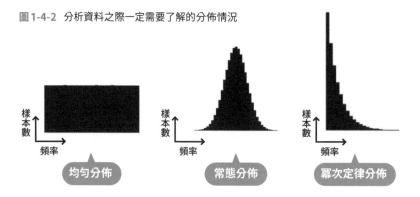

第一種是所謂的「**均勻分佈**」，意思是各種情況出現的機率「平等」，例如「骰子點數的出現頻率」、「輪盤數字的出現頻率」都是其中一種。

其次是「**常態分佈**」。這是自然界最常見的重要分佈，資料通常會集中在平均值附近，例如「小學一年級學生的身高與體重」，大部分的人都會落在平均值附近。若以上述的飯店爲例，使用者於餐廳攝取的熱量或是個人的運動能力通常會呈常態分佈。

相較之下，「冪次定律分佈」則比較會是每位顧客至今累積的成績或是存款金額，而不是個人的運動能力，也會出現部分的人獨佔多數資料的傾向。其實社群網站的朋友人數也呈這種分佈方式，而這種分佈方式則與「人際網路」有著顯示的相關性（關於人際網路與分佈情況的相關性將於**7-7～7-9**介紹）。

以上介紹的分佈情況只是在分析資料之際所需的一小部分，但都是一定要了解的分佈情況。如果能在拿到資料之後，先判斷資料屬於上述三種分佈情況的哪一種，就能以俯瞰的角度觀察整體資料。

1-5

試著計算分佈的近似曲線

到目前為止只說明了「分佈」的性質,接下來則要求出足以說明資料分佈情況的公式。

求出公式就能在直方圖畫出「**近似曲線**」,也就能強化冪次定律分佈的說服力。

要繪製近似曲線必須經過「算出近似曲線的參數」→「依照該參數繪製曲線」這兩個步驟。

為了執行這兩個步驟,請執行下列的程式碼。

計算近似曲線的參數　　　　　　　　　　　　　　　📄 Chapter1.ipynb

```python
1   import numpy as np
2   import matplotlib.pyplot as plt
3
4   # 設定參數
5   epsiron = 1
6   num = 15
7
8   # 設定變數
9   weight = x_hist[1:num]
10  t = np.zeros(len(t_hist)-1)
11  for i in range(len(t_hist)-1):
12      t[i] = (t_hist[i]+t_hist[i+1])/2
13
14  # 利用擬合的方式(最小平方逼近法)算出參數
15  a, b = np.polyfit(t[1:num], np.log(x_hist[1:num]), 1,
    w=weight)
16
17  # 繪製擬合曲線(直線)
18  xt = np.zeros(len(t))
19  for i in range(len(t)):
20      xt[i] = a*t[i]+b
21  plt.plot(t_hist[1:], np.log(x_hist+epsiron),marker=".",color=
    "k")
22  plt.plot(t,xt,color="r")
23  plt.show()
```

第一篇

機率統計、機器學習篇

圖 1-5-1 算出近似曲線的參數

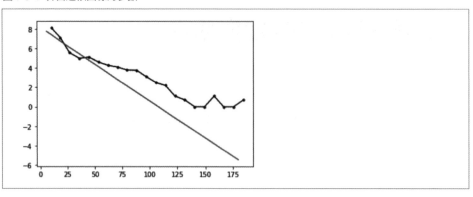

繪製近似曲線　　　　　　　　　　　　　　　　　　　　　🗎 Chapter1.ipynb

```
1  import numpy as np
2  import matplotlib.pyplot as plt
3  import math
4
5  t = t_hist[1:]
6  xt = np.zeros(len(t))
7  for i in range(len(t)):
8      xt[i] = math.exp(a*t[i]+b)
9
10 plt.bar(t_hist[1:], x_hist,width=8,color="k")
11 plt.plot(t,xt,color="r")
12 plt.show()
```

圖 1-5-2 繪製近似曲線

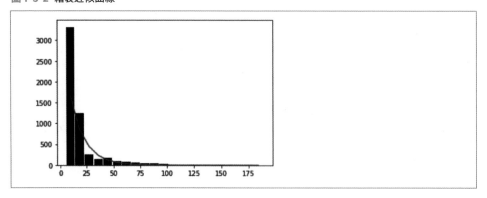

基本上只要知道上述的操作是「繪製冪次定律分佈的近似曲線」即可。不過後續會利用「參數設定」繪製不同的近似曲線，所以要進一步說明參數設定這個部分。

要說明繪製冪次定律分佈的近似曲線的程式碼，就必須了解冪次定律分佈的公式。假設在冪次定律分佈的某種頻率 x（直方圖的橫軸）的出現機率為 $p(x)$（直方圖的縱軸），即可寫成下列的公式。

$$p(x) = Ae^{ax} \ (a < 0) \ \cdots\cdots\cdots \text{（公式①）}$$

若將這個公式置換成 $A = e^b$，再將兩邊取 $\log$，就能整理成下列的公式。

$$\log p(x) = ax + b \ \cdots\cdots\cdots\cdots \text{（公式②）}$$

如此一來，公式就變成單純的二項式，也就能利用最小平方法讓曲線逼近直線。此時需要做的準備包含在繪製直方圖之後輸出的 x_hist（直方圖的縱軸）與 t_hist（直方圖橫軸的各區段端點）。

由於 t_hist 是各區間的端點，所以得先轉換成代表各區間中心點的 t（程式碼之內的「變數轉換」）。接著利用 Python 的 numpy 函式庫的函數 *ployfit* 同時算出（公式②）的參數 a 與 b。

將 t 指定為 x，再將 y 指定為 $\log$(x_hist)，也就是取了 $\log$ 的 x_hist。最後的參數 w = weight 則是代表擬合曲線之際的權重。這次的範例將 weight 設定為 x_hist，代表縱軸的值越大，擬合的權重就越強。

擬合的區間則利用 num 指定，而不是整體的資料指定。一開始的「設定參數」，設定了 num 與 epsiron 這兩個數值。之所以如此設定是因為當 x_hist 的值為 0 時，一取 $\log$ 就會變成無限大的負數，為了避免這個情況發生才設定這兩個數值權當保險。

圖 1-5-4「繪製冪次定律近似曲線的程式碼與結果」的「算出近似曲線的參數」是與（公式②）擬合之後的示意圖。從這張圖可以發現，圖的左側雖然正確地擬合，但越往右側越不擬合。這個情況是因為剛剛設定了 weight。

圖 1-5-2「繪製近似曲線」為與（公式①）擬合的結果，從中可以發現，圖的左側沒有順利擬合。這是因為冪次定律分佈越往右側的值越是趨近於 0，人眼也難以分辨差異，但越往左側的值越大，可一眼看出差異。

到底該以何種基準擬合（繪製近似曲線）端看呈現結果的方式。比方說，想讓圖的左側的擬合狀況更加清楚可試著縮小 num 的值，**圖 1-5-3** 就是將 num 設定為 3 的示意圖。若想讓曲線與原本的直線擬合，則可拿掉函數 $polyfit$ 的參數 $w =$ weight。具體來說，可如下改寫程式碼。

```
14  # 利用擬合的方式(最小平方逼近法)算出參數
15  a, b = np.polyfit(t[1:num], np.log(x_hist[1:num]), 1)
```

雖然這會讓圖的左側的擬合變差，卻比較符合資料的實際情況。

繪製近似曲線的時候，必須先釐清「為什麼繪製這條曲線」、「該怎麼繪製」以及「這條曲線代表什麼意義」，如果自己都不了解自己繪製的近似曲線，除了會誤判資料的意思，也有可能提供顧客（委託資料分析的業主）錯誤的資訊，導致信用掃地。

目前大家只需要了解 num 或 weight，不太需要深究公式①與公式②的內容。別讓自己鑽牛角尖，而是要將注意力放在了解整體資料的性質，以及動手分析資料。

圖 1-5-3 冪次定律近似曲線的繪製結果（num = 3 的情況）

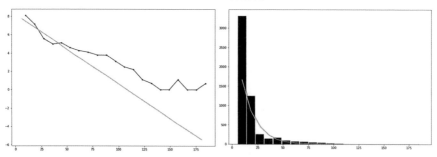

圖 1-5-4 繪製冪次定律近似曲線的程式碼與結果（weight 相同的結果）

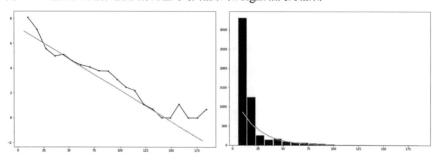

1-6

試著篩選每種方案的資料

在疫情蔓延或其他重大事件發生之際分析顧客的行為會有哪些變化，可說是相當重要的工作。我們手上的資料除了可分析顧客在某段特定時間之內的行為產生哪些變化，還能分析顧客選擇了方案A～D的行為。

第一步先利用下列的程式碼篩選出各種方案的資料。這次的程式碼只顯示了方案A的資料，各位讀者可自行顯示方案B～D的資料。

篩選各種方案的資料　　　　　　　　　　　　　　　　　　　　📄 Chapter1.ipynb

```
1  print(df_info[df_info["方案"]=="A"])
```

圖1-6-1 篩選各種方案的資料

```
                        顧客ID    住宿者姓名 方案      金額
日期
2018-11-01 00:12:22   111504    青山 零      A  15000
2018-11-01 00:18:26   114882    山岸 淳      A  15000
2018-11-01 00:20:47   110865    石田 和也     A  15000
2018-11-01 00:21:52   110069    山岸 聡太郎   A  15000
2018-11-01 15:02:07   111430    山田 明美     A  15000
...                      ...      ...  ...    ...
2020-10-31 22:14:38   110004    山岸 健一     A   3000
2020-10-31 23:38:51   110049    吉本 篤司     A   3000
2020-10-31 23:42:12   110127    喜嶋 浩      A   3000
2020-10-31 23:53:22   114657    鈴木 七夏     A   3000
2020-10-31 23:57:21   111407    鈴木 治      A   3000

[12954 rows x 4 columns]
```

這次從pandas資料框架格式的欄位名稱指定了「方案」，篩選出該欄位值為A的資料。接下來利用這筆資料繪製直方圖。

繪製直方圖的程式碼如下（關於直方圖的繪製方法請複習 **1-4** 的內容）。從圖中可以發現，就算依照方案的資料繪製直方圖，資料仍然呈現冪次定律分佈。

根據各方案的資料繪製直方圖　　　　　　　　　　　　　　　📄 Chapter1.ipynb

```
1  df_a = df_info[df_info["方案"]=="A"]
2  x_a = df_a['顧客ID'].value_counts()
3  xa_hist,ta_hist,_ = plt.hist(x_a,21,color="k")
4  plt.show()
```

圖**1-6-2**　根據各方案的資料繪製直方圖

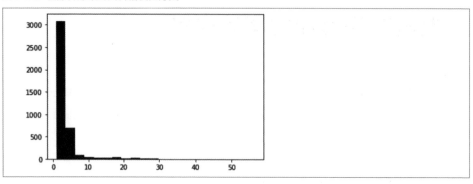

最後要將各方案的每月使用者人數依照時間順序排列（關於時間軸資料的繪製方式請複習 **1-2** 的內容）。

各方案的每月使用者人數　　　　　　　　　　　　　📄 Chapter1.ipynb

```
import matplotlib.pyplot as plt
plt.plot(df_info[df_info["方案"]=="A"].resample('M').
count(),color="b")
plt.plot(df_info[df_info["方案"]=="B"].resample('M').
count(),color="g")
plt.plot(df_info[df_info["方案"]=="C"].resample('M').
count(),color="r")
plt.plot(df_info[df_info["方案"]=="D"].resample('M').
count(),color="k")
plt.xticks(rotation=60)
plt.show()
```

圖**1-6-3**　各方案的每月使用者人數

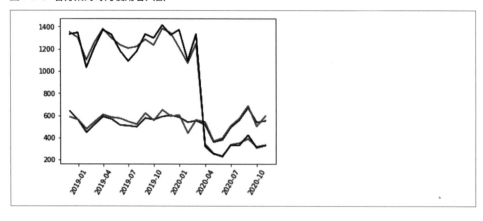

從各方案的走勢來看，方案B／D（都有附早晚餐）受到了疫情的打擊，但方案A／C（都沒有附早晚餐）則幾乎不受影響。

從上述的資料來看，或許可做出「住宿者擔心被傳染，不想坐在餐廳用餐，但不附早晚餐的方案因爲爭取到遠距工作的新客人，所以較不受影響」的推論。

1-7

分析大顧客的行爲模式

到目前爲止，我們已透過資料於一定時間之內的變化情況以及分佈狀況，對資料有了宏觀的了解。接下來要以微觀的角度處理個人等級的資料。此時最重要的部分就是分析「大顧客」的行爲模式，因爲這些大顧客雖然佔少數，但使用頻率（住宿頻率）卻非常高。只要從 **1-4** 使用的函數 value_counts 取得 index，就能完成相關分析。

請執行下列的程式碼。

輸出使用頻率前10名的資訊　　　　　　　　　　　　　　　　　□ Chapter1.ipynb

```
1  for i_rank in range(10):
2      id = df_info['顧客ID'].value_counts().index[i_rank]
3      print(df_info[df_info['顧客ID']==id])
```

圖1-7-1　輸出使用頻率前10名的資訊

```
                       顧客ID    住宿者姓名  方案      金額
日期
2018-11-03 19:03:50    110067    石田 知實  B    19000
2018-11-03 23:35:27    110067    石田 知實  B    19000
2018-11-07 19:15:07    110067    石田 知實  D    20000
2018-11-14 23:01:12    110067    石田 知實  B    19000
2018-11-20 17:58:54    110067    石田 知實  D    20000
...                       ...    ...  ..      ...
2020-10-19 22:53:41    110067    石田 知實  D     8000
2020-10-22 15:22:04    110067    石田 知實  A     3000
2020-10-22 18:45:23    110067    石田 知實  C     7000
2020-10-22 23:35:10    110067    石田 知實  C     7000
2020-10-31 19:03:46    110067    石田 知實  A     3000

[184 rows x 4 columns]
                       顧客ID    住宿者姓名  方案      金額
日期
2018-11-02 21:26:41    110043    斉藤 あすか  A   15000
2018-11-05 16:32:52    110043    斉藤 あすか  B   19000
```

像這樣取得index之後，就能依序取得第1名至第10名的資料。若能依照時間順序整理這些資料，將更容易比較這些資料。

請執行下列的程式碼。

依照時間順序整理前10名的使用頻率	📄 Chapter1.ipynb

```
1  import matplotlib.pyplot as plt
2  for i_rank in range(10):
3      id = df_info['顧客ID'].value_counts().index[i_rank]
4      plt.plot(df_info[df_info['顧客ID']==id].resample
   ('M').count())
5      plt.xticks(rotation=60)
6  plt.show()
```

圖 1-7-2 前10名的每月使用頻率

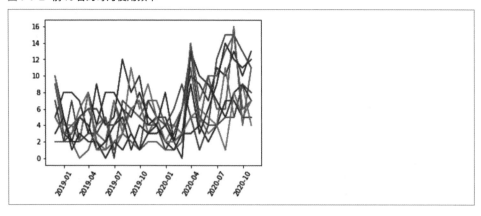

依照時間順序整理第11～20名的每月使用頻率	📄 Chapter1.ipynb

```
1  import matplotlib.pyplot as plt
2  for i_rank in range(10,20):
3      id = df_info['顧客ID'].value_counts().index[i_rank]
4      plt.plot(df_info[df_info['顧客ID']==id].resample
   ('M').count())
5      plt.xticks(rotation=60)
6  plt.show()
```

圖1-7-3 依照時間順序整理第11～20名的每月使用頻率

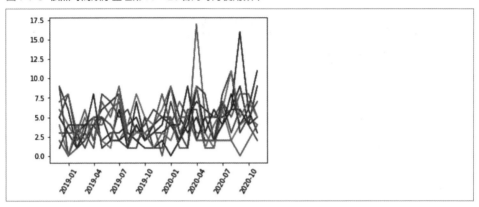

雖然將10名的資訊全塞進一張折線圖會讓人有點難以閱讀，但還是能看出一些端倪。
從前10名的圖表可以發現，疫情爆發之後，前10名顧客的使用次數不減反增。
反觀第11～20名的圖表則可以發現，雖然有部分時期的使用次數突然上升，但疫情
爆發前後的數值都欲振乏力。
這裡的重點在於似乎可看出使用者在疫情爆發前後的行為模式。
接下來，進一步確認使用者的行為模式。

1-8

試著分析疫情爆發前後的顧客行為模式

完成前述的分析之後，我們已經發現使用者（住宿者）的行為模式在疫情爆發前後產生明顯的變化，也發現不同種類的使用者具有不同的行為模式，而且這些行為模式很可能各有特徵。

接下來要將範圍限縮至使用頻率較高的大顧客，確認這些顧客的行為模式。這次以2020年3月1日界定疫情爆發前後的日期，再讓每位大顧客的累積使用次數可視化。

進行分析之前，必須先將資料分成疫情爆發前後兩部分，再分別計算這兩部分的累積使用次數。第一步請執行下列的程式碼。

重設索引值　　　　　　　　　　　　　　　　　　　　　📄 Chapter1.ipynb

```
1   df_info = df_info.reset_index()
```

將資料分割成疫情爆發前後兩個部分　　　　　　　　　　📄 Chapter1.ipynb

```
1   import datetime as dt
2   target_date = dt.datetime(2020,3,1)
3   df_info_pre = df_info[df_info["日期"] < target_date]
4   df_info_post = df_info[df_info["日期"] >= target_date]
5   print(df_info_pre)
6   print(len(df_info_pre)+len(df_info_post),len(df_info))
```

圖 1-8-1　將資料分割成疫情爆發前後兩個部分

```
                  日期        顧客ID    住宿者姓名  方案      金額
0      2018-11-01 00:02:21  110034   若松 花子   B   19000
1      2018-11-01 00:03:10  112804   津田 美加子  D   20000
2      2018-11-01 00:06:19  110275   吉本 美加子  D   20000
3      2018-11-01 00:08:41  110169   坂本 直人   B   19000
4      2018-11-01 00:12:22  111504   青山 零    A   15000
...                   ...     ...    ... ..     ...
58321  2020-02-29 23:49:54  111270   中津川 里佳  C   19000
58322  2020-02-29 23:52:14  112251   田中 真綾   B   19000
58323  2020-02-29 23:52:51  115804   井高 真綾   D   20000
58324  2020-02-29 23:53:09  112928   石田 修平   D   20000
58325  2020-02-29 23:55:28  110504   田辺 京助   B   19000

[58326 rows x 5 columns]
71722 71722
```

上述的程式碼將 **1-1** 載入的資料 df_info 的「日期」資訊指定為索引值，而非欄位名稱，所以重設了索引值，也將索引值當成一個欄位名稱，如此一來就能以「日期」為 2020 年 3 月 1 日的前後設定條件式。

這次是將原始資料 df_info 切割成疫情爆發之前的資料「df_info_pre」與之後的資料「df_info_post」。為了確認是否正確切割，除了顯示 df_info_pre 的內容，也確認 df_info_pre 與 df_info_post 的元素數總和是與 df_info 一致。

接下來要根據上述的資訊比較大顧客於疫情爆發前後的行為模式。請先執行下列的程式碼。

二維配對疫情爆發前後的資訊 ① 　　　　　　　　　　　　　🗋 Chapter1.ipynb

```
1  import numpy as np
2  import matplotlib.pyplot as plt
3  num = 200
4  count_pre_and_post = np.zeros((num,2))
5  for i_rank in range(num):
6      id = df_info['顧客ID'].value_counts().index[i_rank]
7      count_pre_and_post[i_rank][0] = int(df_info_pre[df_info_
   pre['顧客ID']==id].count()[0])
8      count_pre_and_post[i_rank][1] = int(df_info_post[df_info_
   post['顧客ID']==id].count()[0])
9  plt.scatter(count_pre_and_post.T[0], count_pre_and_post.T[1],
   color="k")
10 for i_rank in range(num):
11     id = df_info['顧客ID'].value_counts().index[i_rank]
12     text = str(id) + "(" + str(i_rank) + ")"
13     plt.text(count_pre_and_post[i_rank][0], count_pre_and_
   post[i_rank][1], text, color="k")
14 plt.xlabel("pre epidemic")
15 plt.ylabel("post epidemic")
16 plt.show()
```

上述的程式碼將 num 設定為 200，再將疫情爆發前後的使用次數第 1 名至第 100 名的資料，分別存入 count_pre_and_post 這個 100×2 維的陣列，然後根據 count_pre_and_post 的 100 筆二維資料繪製散佈圖。

散佈圖的橫軸為疫情爆發前的使用次數，縱軸為爆發後的使用次數，每個值都顯示了顧客 ID 與順位。由於中心部分太過混亂，所以將顯示顧客 ID 與順位的程式碼設定為註解，即可得到**圖 1-8-3** 這個結果，整體的分佈情況也變得容易觀察。

圖1-8-2 二維配對疫情爆發前後的資訊

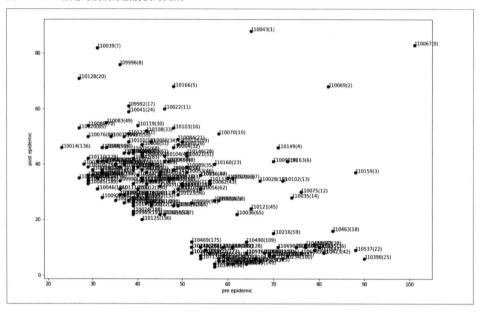

二維配對疫情爆發前後的資訊 ② (不顯示顧客ID與順位)	Chapter1.ipynb

```
1   import numpy as np
2   import matplotlib.pyplot as plt
3   num = 200
4   count_pre_and_post = np.zeros((num,2))
5   for i_rank in range(num):
6       id = df_info['顧客ID'].value_counts().index[i_rank]
7       count_pre_and_post[i_rank][0] = int(df_info_pre[df_info_
    pre['顧客ID']==id].count()[0])
8       count_pre_and_post[i_rank][1] = int(df_info_post[df_info_
    post['顧客ID']==id].count()[0])
9   plt.scatter(count_pre_and_post.T[0], count_pre_and_post.T[1],
    color="k")
10  #for i_rank in range(num):
11  #    id = df_info['顧客ID'].value_counts().index[i_rank]
12  #    text = str(id) + "(" + str(i_rank) + ")"
13  #    plt.text(count_pre_and_post[i_rank][0], count_pre_and_post[i_
    rank][1], text, color="k")
14
15  plt.xlabel("pre epidemic")
16  plt.ylabel("post epidemic")
17  plt.show()
```

圖1-8-3　二維配對疫情爆發前後的資訊

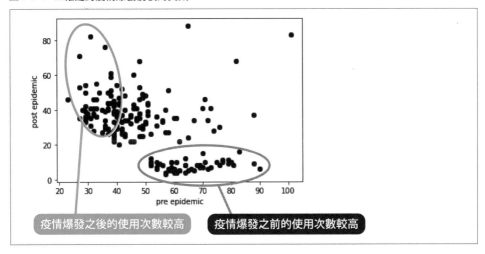

疫情爆發之後的使用次數較高　　疫情爆發之前的使用次數較高

由此可知，多數的大顧客在疫情爆發前後的行爲模式沒什麼改變（位於散佈圖中心的資料），但也可以發現疫情爆發前後，有些資料的位置較邊緣，代表有些使用者的行爲模式出現了明顯的改變。

下一節就要進一步分析這個改變。

1-9

試著根據條件分類顧客

接下來要根據條件分類顧客,再列出不同分類的顧客。本章將使用條件式(if)列出顧客(第2章會使用自動產生列表的方法)。我們稍微改造 **1-8** 用來配對的程式碼,試著列出符合條件的顧客。請執行下列的程式碼。

以紅色標記符合條件的顧客　　　　　　　　　　　　　　　　📄 Chapter1.ipynb

```python
import numpy as np
import matplotlib.pyplot as plt

# 設定參數
num = 200
threshold_post = 50

# 可視化疫情爆發前後的資料
count_pre_and_post = np.zeros((num,2))
for i_rank in range(num):
    id = df_info['顧客ID'].value_counts().index[i_rank]
    count_pre_and_post[i_rank][0] = int(df_info_pre[df_info_pre['顧客ID']==id].count()[0])
    count_pre_and_post[i_rank][1] = int(df_info_post[df_info_post['顧客ID']==id].count()[0])
for i_rank in range(num):
    id = df_info['顧客ID'].value_counts().index[i_rank]
    text = str(id) + "(" + str(i_rank) + ")"
    if count_pre_and_post[i_rank][1]>threshold_post:
        temp_color = "r"
    else:
        temp_color = "k"
    plt.scatter(count_pre_and_post[i_rank][0], count_pre_and_post[i_rank][1], color=temp_color)
    plt.text(count_pre_and_post[i_rank][0], count_pre_and_post[i_rank][1], text, color=temp_color)
plt.xlabel("pre epidemic")
plt.ylabel("post epidemic")
plt.show()
```

圖1-9-1 以紅色標記符合條件的顧客

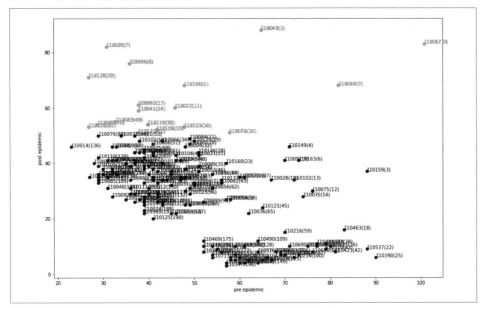

上述的程式碼將疫情爆發後，使用次數超過50次的顧客標記爲紅色。第一步先在參數設定的部分設定threshold_post這個變數，再將變數值設定爲50。這個值的用意爲天數，只要使用次數超過這個值，就以紅色標記對應的顧客。

下一節要繼續改造這個程式碼，根據符合條件的顧客製作列表。

1-10

列出符合條件的顧客

1-9的程式碼會將符合條件的顧客標記爲紅色,而這次要改造前述的程式碼,另外產生顧客名單。請執行下列的程式碼。

列出符合條件的顧客	Chapter1.ipynb

```python
1   import numpy as np
2   import matplotlib.pyplot as plt
3
4   # 設定參數
5   num = 200
6   threshold_post = 50
7
8   # 產生顧客名單
9   list_id = []
10  list_name = []
11  list_date_pre = []
12  list_date_post = []
13  count_pre_and_post = np.zeros((num,2))
14  for i_rank in range(num):
15      id = df_info['顧客ID'].value_counts().index[i_rank]
16      count_pre_and_post[i_rank][0] = int(df_info_pre[df_info_
    pre['顧客ID']==id].count()[0])
17      count_pre_and_post[i_rank][1] = int(df_info_post[df_info_
    post['顧客ID']==id].count()[0])
18  for i_rank in range(num):
19      id = df_info['顧客ID'].value_counts().index[i_rank]
20      text = str(id) + "(" + str(i_rank) + ")"
21      if count_pre_and_post[i_rank][1]>threshold_post:
22          list_id.append(id)
23          list_name.append(df_info['住宿者姓名'][df_info['顧客
    ID']==id].iloc[0])
24          list_date_pre.append(count_pre_and_post[i_rank][0])
25          list_date_post.append(count_pre_and_post[i_rank][1])
26
27  # 將列表轉換成資料框架格式
28  df = pd.DataFrame([list_id])
29  df = df.T
30  df.columns = ['顧客ID']
```

接續下一頁

```
31  df['住宿者姓名'] = list_name
32  df['住宿天數(爆發前)'] = list_date_pre
33  df['住宿天數(爆發後)'] = list_date_post
34  print(df)
```

圖1-10-1 列出符合條件的顧客

```
      顧客ID      住宿者姓名    住宿天數（爆發前）    住宿天數（爆發後）
0    110067    石田 知実      101.0          83.0
1    110043    斉藤 あすか     65.0          88.0
2    110069    山岸 聡太郎     82.0          68.0
3    110166    中村 桃子      48.0          68.0
4    110039    井上 晃       31.0          82.0
5    109996    山本 知実      36.0          76.0
6    110070    笹田 知実      58.0          51.0
7    110022    宮沢 聡太郎     46.0          60.0
8    110103    工藤 さゆり     48.0          53.0
9    109992    佐々木 花子     38.0          61.0
10   110128    高橋 健一      27.0          71.0
11   110041    三宅 充       38.0          59.0
12   110108    三宅 充       42.0          52.0
13   110119    坂本 修平      40.0          54.0
14   110122    中津川 知実     38.0          51.0
15   110083    江古田 太郎     33.0          55.0
16   110088    中津川 七夏     29.0          54.0
17   110020    近藤 花子      27.0          53.0
```

上述的程式碼將符合條件的顧客的ID、住宿者姓名、疫情爆發前的住宿天數、爆發後
的住宿天數，分別以列表格式存入list_id、list_name、list_pre、list_post這些變數，
再利用pandas以資料框架格式輸出列表。若執行pd.to_csv（"檔案名稱"）這個函數，
還可將上述的資料儲存爲csv格式的檔案。

完成上述的流程卽可列出符合條件的顧客，也就能針對這些顧客研擬行銷策略。

下一節將利用機器學習的方法進一步分析這些資料。

第 **2** 章

迴歸、分類、集群、降維與降維的意義

試著利用機器學習進行分析

要了解資料分析的核心技術「機器學習」，就必須先了解機器學習與前一章介紹的統計值有哪些關聯。機器學習可大致分成「迴歸」、「分類」、「集群」、「降維」這四種手法。雖然這些手法進化迅速，但核心概念依舊相同。

此外，這些手法都可透過函式庫應用，所以只要了解核心概念，就能在改寫部分程式碼之後，使用最新的分析手法。

本章將介紹機器學習這四大手法的基礎與使用方法，同時帶著大家了解這些手法背後的數學原理，讓大家擁有應用最新分析手法所需的背景知識。

分析顧客行為模式的背景

完成前述的分析之後，我們發現大顧客的數量，也發現這些大顧客的行為模式各有歧異，在疫情爆發前後的使用次數有的銳減，有的則是激增。接下來要利用機器學習的各種手法分析大顧客的行為模式。

2-1

計算顧客行爲模式的相似度

許多人不知道的是，要了解顧客的行爲模式必須先量化該行爲模式，才能以數值說明顧客的行爲模式「是否相似」。這種相似的程度稱爲「**相似度**」，而爲了計算相似度，通常會量化顧客的行爲模式或要評估的項目，這種量化結果又稱爲「**特徵向量**」。

機器學習的種類很多，**2-2** 也會進一步說明。將評估項目指定爲「特徵向量」之後，將具有相同特徵向量的項目分成同一類的過程稱爲「**集群**」。假設這些項目已經先行分類，分析分類的根據，再預測新項目可能屬於哪種分類的分析手法則稱爲「**分類**」。此外，若特徵向量具有時序，預測該特徵向量在一定時間之內的傾向則稱爲「**迴歸**」。

透過下列的程式碼了解這些機器學習手法之中的「特徵向量」，以及計算「相似度」的流程。

第一步先於「載入資料」的步驟載入第 1 章使用的 accomodation_info.csv，藉此取得二年份的住宿者（顧客）資料。接著以「特徵向量可視化」的步驟將資料中的每月使用次數（住宿次數）定義爲特徵向量。接著要利用 **1-7** 的方法，將每月使用次數定義爲 24 維（24 個數值）的特徵向量。這次的程式碼將使用次數最多的住宿者（顧客）的特徵向量定義爲 x_i，並將使用次數第二多的住宿者的特徵向量定義爲 x_j。

接著要依照時間順序將這些特徵向量畫成圖表，確認這些特徵向量的狀況。

最後的步驟是計算「相似度」。這次先計算特徵向量的 x_i 與 x_j 的「距離」，接著再以維度數除之，除得的結果就是所謂的「相似度」。當相似度越接近 0，代表相似程度越高。

雖然「相似度」越大，相似程度越高的情況較常見，但這次爲了方便計算，刻意利用維度數除以「距離」，再將除得的結果定義爲「相似度」。其實計算相似度的方法有很多種，例如用於計算相關性的相關係數就是一種，可依照要計算的相似度選用不同的方法計算。

此外，「特徵向量可視化」的步驟利用 i_rank 與 j_rank「設定順位」，藉此讓不同順位的住宿者（顧客）的特徵向量可視化，就能在「計算相似度」的步驟算出相似度。

接下來，透過以上述方式定義的特徵向量以及機器學習的手法進行分析。

載入資料　　　　　　　　　　　　　　　　　　　　　　🗋 Chapter2.ipynb

```
1  import pandas as pd
2  df_info = pd.read_csv("accomodation_info.csv", index_col=0,
   parse_dates=[0])
3  df_info
```

圖2-1-1　顯示資料

日期	顧客ID	住宿者姓名	方案	金額
2018-11-01 00:02:21	110034	若松 花子	B	19000
2018-11-01 00:03:10	112804	津田 美加子	D	20000
2018-11-01 00:06:19	110275	吉本 美加子	D	20000
2018-11-01 00:08:41	110169	坂本 直人	B	19000
2018-11-01 00:12:22	111504	青山 零	A	15000
...	...	...	...	...
2020-10-31 23:38:51	110049	吉本 篤司	A	3000
2020-10-31 23:42:12	110127	喜嶋 浩	A	3000
2020-10-31 23:47:24	115464	藤本 明美	D	8000
2020-10-31 23:53:22	114657	鈴木 七夏	A	3000
2020-10-31 23:57:21	111407	鈴木 治	A	3000

71722 rows × 4 columns

可視化特徵向量　　　　　　　　　　　　　　　　　　　🗋 Chapter2.ipynb

```
1   import pandas as pd
2   import matplotlib.pyplot as plt
3   # 篩選出index
4   x_0 = df_info.resample('M').count()
5   x_0 = x_0.drop(x_0.columns.values,axis=1)
6   # 設定順位
7   i_rank = 1
8   j_rank = 2
9   # 篩選出顧客ID
10  i_id = df_info['顧客ID'].value_counts().index[i_rank]
11  j_id = df_info['顧客ID'].value_counts().index[j_rank]
12  # 將每月使用次數設定為特徵值
13  x_i = df_info[df_info['顧客ID']==i_id].resample('M').count()
14  x_j = df_info[df_info['顧客ID']==j_id].resample('M').count()
15  # 出現缺失值的處理方式
16  x_i = pd.concat([x_0, x_i], axis=1).fillna(0)
17  x_j = pd.concat([x_0, x_j], axis=1).fillna(0)
```

接續下一頁

```
18  # 繪製圖表

19  plt.plot(x_i)
20  plt.plot(x_j)
21  plt.xticks(rotation=60)
22  plt.show()
```

圖2-1-2 可視化特徵向量（特徵向量為具有時序的使用次數資料）

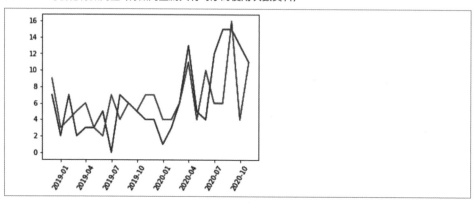

計算相似度   📄 Chapter2.ipynb

```
1   import pandas as pd
2   import numpy as np
3   # 計算特徵向量的差距
4   dx = x_i.iloc[:,0].values-x_j.iloc[:,0].values
5   # 計算向量範數(距離)
6   n = np.linalg.norm(dx)
7   # 利用維度標準化
8   num_dim = len(x_i)
9   d = n/num_dim
10  print("相似度:",d)
```

圖2-1-3 計算相似度

相似度: 0.798218502527834

2-2

了解相似度與機器學習的關係

一如**2-1**所介紹的，機器學習的種類分成很多種。

要評估的項目稱爲「**特徵向量**」，將具有相同特徵向量的項目分在同一類的手法稱爲「**集群**」。假設這些項目已經先行分類，分析分類的根據，再預測新項目可能屬於哪種分類的分析手法則稱爲「**分類**」。此外，若特徵向量具有時序，預測該特徵向量在一定時間之內的傾向則稱爲「**迴歸**」。

此外，分類或預測的手法已經確定的「分類」與「迴歸」稱爲「**監督式學習**」，由程式自行分類的方法稱爲「**非監督式學習**」。除了上述兩種學習方式之外，還有常用於圍棋、將棋這類桌上遊戲的「強化式學習」，這種學習方式會根據學習棋譜或是過去的資料，找出最佳的落子位置，但資料分析不需要使用這種手法，所以本章也不予介紹。

這次的主題是分析顧客行爲模式與研擬相關對策，所以利用非監督式學習的「集群」，了解「顧客有哪些行爲模式」，再利用監督式學習之一的「分類」，預測「某位顧客有沒有可能成爲大顧客（或是成爲大顧客的原因）」，最後再利用另一個監督式學習的「迴歸」，預測「大顧客今後的動向」。

就整個分析流程而言，第一步是先於**2-1**進行量化處理（定義特徵向量）。假設這些特徵向量能進行可視化處理，就讓這些多維的特徵向量轉換成二維，藉此了解特徵向量的全貌。這種將多維的資料轉換成二維的手法稱爲「**降維**」，會在**2-3**與**2-4**進行這個步驟。

之後要利用「集群」的手法將這些經過可視化處理的特徵向量分類成行爲模式**2-5**，接著再利用「分類」這項手法分析這些特徵向量被分爲同一類的理由，以及新的特徵向量可能會被分成哪一類（**2-6～2-9**）。

最後還要利用「迴歸」手法，根據時間軸資料預測大顧客今後的動向（**2-10**）。

接著，從**2-3**開始，利用降維手法之一的「主成分分析」可視化資料的全貌，確認資料的輪廓。

第一篇
機率統計、機器學習篇

圖2-2-1 機器學習的分類

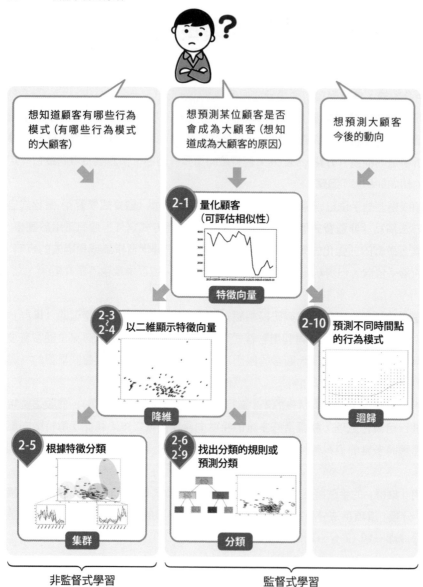

想知道顧客有哪些行為模式（有哪些行為模式的大顧客）

想預測某位顧客是否會成為大顧客（想知道成為大顧客的原因）

想預測大顧客今後的動向

2-1 量化顧客
（可評估相似性）

特徵向量

2-3 ~ 2-4 以二維顯示特徵向量

降維

2-10 預測不同時間點的行為模式

迴歸

2-5 根據特徵分類

集群

2-6 ~ 2-9 找出分類的規則或預測分類

分類

非監督式學習　　　　　　監督式學習

2-3

透過主成分分析確認大顧客的
相似程度

要讓多維向量於二維的螢幕顯示，最先想到的方法就是從多維度中挑出兩個維度作為座標軸，此時如果能選出「優良」的維度，轉換成二維之後，就能輕鬆地可視化，但如果無論如何採樣，都只得到零的結果，就無法得知該樣本與所有樣本的差異，所以為了判讀這類差異，一定要挑出「優良」的維度。

「**主成分分析**」就是挑出「優良」維度的傳統方式之一。如**圖 2-3-1** 所示，可於最大的平面呈現樣本的「分佈情況」。為了了解多維度降至二維的「降維」分析，請執行下列的程式碼。

這次的程式碼先依序從 1～100 位住宿者（顧客）篩選出特徵向量，接著執行讓這些分佈最大化的主成分分析，再可視化分析結果。從圖中可以發現，中心點的正下方有一大塊資料分佈，左側也有一小塊資料分佈。
2-4 要帶大家確認這些區塊的資料具有哪些特徵向量。

圖 2-3-1　主成分分析的示意圖

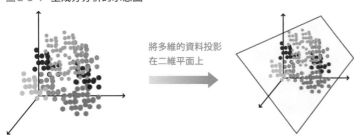

將多維的資料投影
在二維平面上

篩選出特徵向量　　　　　　　　　　　　　　　　　　　　　🗋 Chapter2.ipynb

```
1  import pandas as pd
2  # 調整index
3  x_0 = df_info.resample('M').count()
4  x_0 = x_0.drop(x_0.columns.values,axis=1)
5  # 建立陣列
```

接續下一頁

```
6    list_vector = []
7    # 設定人數
8    num = 100
9    for i_rank in range(num):
10       # 篩選出顧客ID
11       i_id = df_info['顧客ID'].value_counts().index[i_rank]
12       # 將每月使用次數設定爲特徵值
13       x_i = df_info[df_info['顧客ID']==i_id].resample('M').count()
14       # 出現缺失值的處理方式
15       x_i = pd.concat([x_0, x_i], axis=1).fillna(0)
16       # 新增爲特徵向量
17       list_vector.append(x_i.iloc[:,0].values.tolist())
```

進行主成分分析　　　　　　　　　　　　　　　　　　🗋 Chapter2.ipynb

```
1    from sklearn.decomposition import PCA
2    import numpy as np
3    import matplotlib.pyplot as plt
4    # 轉換特徵向量
5    features = np.array(list_vector)
6    # 執行主成分分析
7    pca = PCA()
8    pca.fit(features)
9    # 將特徵向量轉換成主成分
10   transformed = pca.fit_transform(features)
11   # 可視化
12   for i in range(len(transformed)):
13       plt.scatter(transformed[i,0],transformed[i,1],color="k")
14       plt.text(transformed[i,0],transformed[i,1],str(i))
     plt.show()
```

圖2-3-2 利用主成分分析(PCA)進行可視化處理

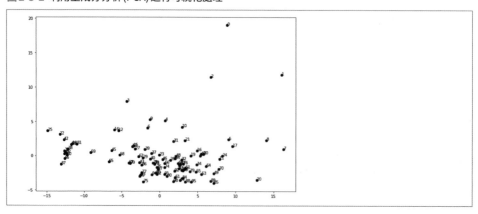

2-4

根據時間軸確認大顧客的行爲模式

接著要利用**2-3**的主成分分析確認大顧客的行爲模式。

圖2-4-1的主成分分析已可視化樣本（顧客），接著要從中挑出部分的特徵向量，再讓這些特徵向量可視化。

請執行下一頁的程式碼「可視化樣本（顧客）的特徵向量」。

圖2-4-1 分析的樣本（顧客）

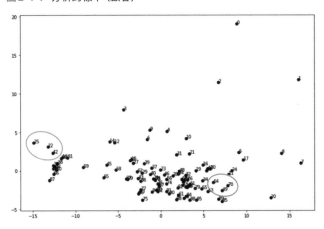

在下一頁的**圖2-4-2**的灰色橢圓中，順位22、25、42的樣本（顧客）的特徵向量已可視化。從這種分佈情況來看，直到疫情爆發之前的2020年2月左右，使用次數仍然高居不下，但疫情爆發之後，使用次數就銳減。

若在程式碼的「設定順位」設定不同的順位，就能讓該順位的樣本（顧客）的特徵向量可視化。

讓我們試著將「設定順位」變更爲「49,64,70」，也就是**圖2-4-1**的藍色橢圓形部分的樣本。從**圖2-4-3**的左圖可以發現，這類顧客在疫情爆發之前，直到2019年爲止未曾來過飯店，卻在疫情爆發前夕或之後常常光顧，算是比較新的大顧客。

學會透過上述的流程執行主成分分析（降維），確認可視化的樣本的特徵向量之後，接著要在**2-5**學習分類這些行爲模式的「集群」分析。

可視化樣本（顧客）的特徵向量	Chapter2.ipynb

```python
1   import pandas as pd
2   # 篩選出index
3   x_0 = df_info.resample('M').count()
4   x_0 = x_0.drop(x_0.columns.values,axis=1)
5
6   # 設定順位
7   list_rank = [0,1,2]
8   x = []

9   for i_rank in list_rank:
10      # 篩選出顧客ID
11      i_id = df_info['顧客ID'].value_counts().index[i_rank]
12      # 將每月使用次數設定為特徵值
13      x_i = df_info[df_info['顧客ID']==i_id].resample('M').count()
14      # 出現缺失值的處理方式
        x_i = pd.concat([x_0, x_i], axis=1).fillna(0)
15      # 繪製圖表
16      plt.plot(x_i)
17      plt.xticks(rotation=60)
18  plt.show()
```

圖2-4-2 可視化樣本（顧客）的特徵向量

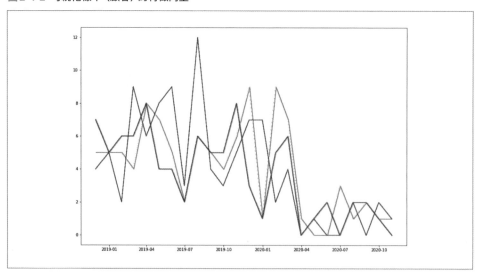

圖 2-4-3　灰色與藍色橢圓形括住的樣本（顧客）的特徵向量，經過可視化之後的結果

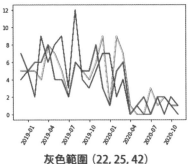

灰色範圍（22, 25, 42）

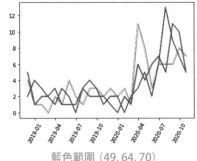

藍色範圍（49, 64, 70）

2-5

集群+降維

透過集群分析可視化大顧客的行爲模式有何差異

這節要介紹的是利用集群分析手法，分類 **2-4** 找到的特徵向量。「**k-means 法（k- 平均法）**」是較簡易的集群分析手法之一，主要是將所有資料分成 k 個集群的方法。這個方法會先「隨機集群」，再以這些集群的平均值重新進行集群，所以才被稱爲 k-means 法（k- 平均法）。這一連串的流程可參考**圖 2-5-1**。

這項 k-means 法大致分成四個步驟，第一個步驟是將所有的樣本拆成 k 個集群，接著再算出這些集群的平均值，也就是所謂的「重心」。第二個步驟是將各樣本隸屬的集群變更爲最接近重心的集群。如果這些集群沒有任何變化，就可以結束分析，否則要回到第二個步驟重新計算。利用 **2-4** 的特徵向量與 k-means 法分類樣本（顧客）的程式碼，請參考**圖 2-5-2**。

在利用集群分析法（k-means 法）分類時，必須先設定集群的數量，也就是得先設定樣本（顧客）要分成幾組。這次的範例是將樣本分成四個集群。接著要利用 scikit-learn 將特徵向量分類成四個集群。

這次的程式會替這些樣本（顧客）標註類別編號（0～3），再將這些編號傳入 pred_class 中。利用主成分分析可視化樣本之際，會利用這個 pred_class 替不同的樣本（顧客）標記顏色，之後再從這些集群挑出幾個樣本，以及利用 **2-4** 的程式碼可視化這些樣本（**圖2-5-4**），藉此了解集群分析是否順利完成。從圖中可以發現，最左側的黃色集群是「疫情爆發後，便不再光臨的顧客」，第二個左側的綠色集群則是「疫情爆發後，使用次數稍微減少的顧客」，第三個藍色集群則是「疫情爆發前沒光臨過，但疫情爆發後（遠距工作），使用次數急速上升的顧客」，最右側的紫色集群則是「疫情爆發前常光臨，疫情爆發後，使用次數有增加趨勢的顧客」。

像這樣將集群與經過可視化的特徵向量畫成圖表，就能了解各種顧客的行為模式，也能了解行為模式的特徵。大家不妨試著調整集群的數量與觀察會得到什麼結果，就能進一步了解這次的程式碼。

圖**2-5-1** 利用 k-means 法進行集群分析的流程

1 先隨機替各點指派集群

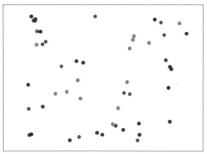

2 計算集群的重心

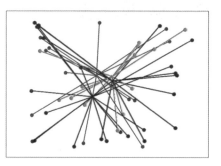

3 將各點隸屬的集群變更為最接近重心的集群

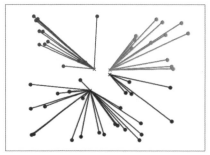

4 若沒有任何變化就停止分析，否則就回到步驟**2**

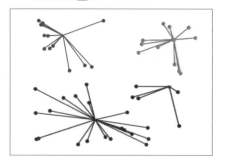

利用k-means法進行集群分析   🗂 Chapter2.ipynb

```python
from sklearn.cluster import KMeans
# 設定集群數
num_of_cluster = 4
# 指派集群
model = KMeans(n_clusters=num_of_cluster, random_state=0)
model.fit(features)
pred_class = model.labels_
print(pred_class)
```

圖2-5-2 利用集群分析法（k-means法）進行分類

```
[0 0 0 2 2 1 2 0 0 2 1 1 2 2 2 2 1 1 3 1 1 1 3 2 1 3 1 2 1 2 1 2 1 1 1 2 3
 2 3 2 2 1 3 2 1 2 1 3 1 1 3 1 3 1 1 1 1 2 2 3 3 1 2 1 1 3 3 2 1 1 1 2 1 2
 2 2 1 2 2 1 2 3 2 1 1 1 2 3 1 1 1 1 1 2 2 1 2 1 1 2]
```

利用主成分分析（PCA）可視化   🗂 Chapter2.ipynb

```python
from sklearn.decomposition import PCA
import numpy as np
import matplotlib.pyplot as plt

# 執行主成分分析
pca = PCA()
pca.fit(features)
# 將特徵向量轉換成主成分
transformed = pca.fit_transform(features)
# 可視化

plt.scatter(transformed[:,0],transformed[:,1],c=pred_class)
for i in range(len(transformed)):
    text = str(i) + "(" + str(pred_class[i]) + ")"
    plt.text(transformed[i,0],transformed[i,1],text)
plt.show()
```

圖2-5-3　利用主成分分析（PCA）可視化

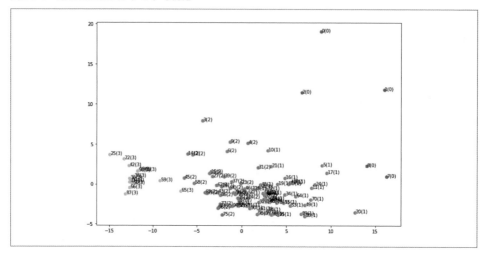

圖2-5-4　各類別與特徵向量

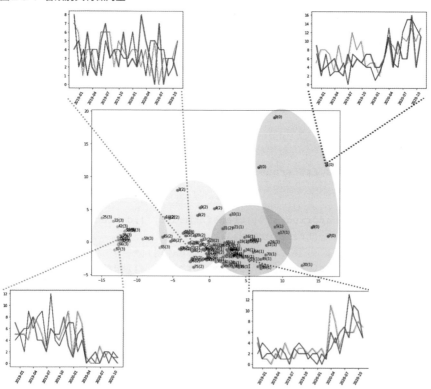

2-6

利用決策樹推測行為模式的原因

這節要學習的是「**分類演算法**」，主要就是學習於前一節分類所得的資料模式，再預測未知的資料屬於哪個分類。

使用分類演算法的目的有很多個，但主要可分成三大類。

---

❶ 分析形成分類的原因或因素

❷ 確認機器學習（分類演算法）的分類精確度（確認是否能依照原理進行分類）

❸ 評估分類演算法預測未知資料的精確度

為了快速找出❶的原因或因素，這節要使用的是決策樹演算法，同時要幫助大家在使用這項演算法的過程中，進一步了解分類演算法。

請先執行下列的程式碼。

利用決策樹推測行為模式的原因	🗋 Chapter2.ipynb

```python
1   import numpy as np
2   # 設定要分析的類別
3   target_class = 1
4   # 建立目標變數
5   num = len(pred_class)
6   data_o = np.zeros(num)
7   for i in range(num):
8       if pred_class[i]==target_class:
9           data_o[i] = True
10      else:
11          data_o[i] = False
12  print(data_o)
```

使用分類演算法的時候，要以「**目標變數**」替資料指派類別。這次的程式碼會將那些在疫情爆發後，使用次數反而上升的顧客集群設定為1，並將使用次數沒有上升的顧客集群設定為0（**圖2-6-1**）。

圖2-6-1　設定目標變數

```
[0. 0. 0. 0. 0. 1. 0. 0. 0. 0. 1. 1. 0. 0. 0. 0. 0. 1. 1. 0. 1. 1. 1. 0. 0.
 1. 0. 1. 0. 1. 0. 1. 0. 1. 1. 1. 0. 0. 0. 0. 0. 1. 0. 0. 1. 0. 1. 0.
 1. 1. 0. 1. 0. 1. 1. 1. 1. 0. 0. 0. 0. 1. 0. 1. 1. 0. 0. 0. 1. 1. 1. 0.
 1. 0. 0. 0. 1. 0. 0. 1. 0. 0. 0. 1. 1. 1. 0. 0. 1. 1. 1. 1. 1. 0. 0. 1.
 0. 1. 1. 0.]
```

接著要設定的是「**說明變數**」，也就是說明目標變數的特徵向量（**圖2-6-2**）。其次要利用這種用於分類的「目標變數」，與說明目標變數的「說明變數」以及演算法，建立最佳化這些分類的「**模型**」。

大家可將上述的模型想像成，根據說明變數預測目標變數的法則即可。

建立說明變數　　　　　　　　　　　　　　　　　　　　　　📄 Chapter2.ipynb

```
1  # 建立說明變數
2  data_e = features
3  print(data_e)
```

圖2-6-2　設定說明變數

```
[[ 5.  8.  8. ... 13. 10. 13.]
 [ 7.  2.  7. ... 15. 13. 11.]
 [ 9.  3.  4. ... 16.  4. 11.]
 ...
 [ 2.  2.  1. ...  9.  7.  5.]
 [ 1.  2.  1. ...  8.  4.  2.]
 [ 3.  4.  3. ...  6.  1.  3.]]
```

建立模型　　　　　　　　　　　　　　　　　　　　　　　　📄 Chapter2.ipynb

```
1  from sklearn.tree import DecisionTreeClassifier, export_
   graphviz
2  # 建置決策樹的模型
3  clf = DecisionTreeClassifier(max_depth=2)
4  clf = clf.fit(data_e, data_o)
```

最後會畫出結果與計算分數。這裡的分數就是根據說明變數正確推測目標變數的樣本佔整體樣本的比例。執行上述的程式碼之後，會得到0.87這個分數，代表有87%的樣本能正確分類，剩下的13%未能正確分類。

```
1    from dtreeviz.trees import dtreeviz
2
3    # 篩選出index
4    x_0 = df_info.resample('M').count()
5    x_0 = x_0.drop(x_0.columns.values,axis=1)
6    time_index = x_0.index
7    print(time_index)
8
9    # 繪製決策樹
10   viz = dtreeviz(
11       clf,
12       data_e,
13       data_o,
14       target_name='Class',
15       feature_names=time_index,
16       class_names=['False','True'],
17   )
18   viz
```

接著為大家介紹這次用來建立模型的分類演算法「**決策樹**」。所謂的決策樹就是反覆詢問20次被稱為「20之門」的題目，並且藉由這些能以YES／NO回答的題目找出答案的演算法。這種演算法會從說明變數（特徵向量）算出1個維度，再根據該維度的值是否超過某個值建立第一個分類。

接著會挑出另一個維度，再根據該維度的值是否超過某個值建立第二個分類。換言之，就是透過不同的維度分類資料的方法。這種方法的優點在於可快速找出原因的維度。

程式碼的執行結果請參考**圖2-6-3**的「樹狀圖」。一開始先判斷2019年11月的值是否超過3.5，若沒有超過3.5，就以2020年9月的值繼續分類，然後不斷向下延伸與分類。

分類的次數可利用建構模型之際使用的max_depth參數設定。由於這次的程式碼將max_depth設定為2，所以只往下分類了兩層，如果將這個參數值設定得再大一點，就能建立更細膩的分類，上述的分數也會變高。

2-7將進一步分析這個決策樹的分類結果。

圖2-6-3 輸出結果

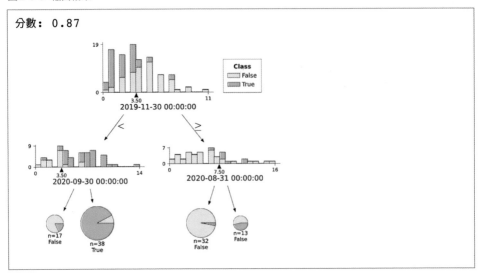

(註)：執行上述的程式之後，有可能會出現錯誤訊息（尤其是在 Windows 環境下使用 Jupyter
　　　Notebook 容易發生）。這個問題是因 graphviz 尚未安裝或是 path 尚未設定所導致，從下列的網
　　　站下載 graphviz 與設定 path，應該就能解決問題。
　　　http://www.graphviz.org/download/

2-7

可視化決策樹的分類結果，
評估分類的精確度

在 **2-6** 利用決策樹分類資料之後，接著要進一步觀察分類之後的結果。

2-6 將使用次數在疫情爆發之後增加的顧客集群的樣本（顧客）設定為1，並將未增加的樣本（顧客）設定為0，接著利用決策樹的方式學習作為說明變數使用的特徵向量，進而了解預測資料所屬集群的精確度。

執行下一頁的程式碼之後，可針對利用主成分分析可視化的樣本（顧客）標記紅圈或藍圈，紅圈是「該歸類為1，卻不小心歸類為0」的樣本，藍圈則是「該歸類為0，卻不小心歸類為1」的樣本，至於分類正確的樣本則以細黑線的〇標記。從圖中可以發現，接近區塊邊界的位置較多以藍圈或紅圈標記的錯誤分類樣本。

圖 2-7-3 的「**混淆矩陣**」是用來說明有多少樣本的分類是正確的，又有多少樣本的分類是錯誤的矩陣。

左上角的矩陣元素為「該分類為1的資料也正確分類為1」的樣本數，而這個值就是「正確（目標集群為1）的資料」（Positive），代表預測的結果正確（True），所以稱為 **True Positive**（簡稱為 **TP**）。

右下角的矩陣元素則是該被分類為「0（非目標集群）」，也被分類為0的樣本數。這個值為「不正確（不是目標集群1）的資料」（Negative），由於這個預測也是正確的（True），所以稱為 **True Negative**（簡稱為 **TN**）。

接著是與紅圈對應的部分，也就是「該分類為1（Positive），卻被分類為0（False）的資料」，而這種資料稱為 **False Positive**（簡稱為 **FP**），與藍圈對應的部分，也就是「該分類為0（Negative），卻被分類為1（False）的資料」，這種資料也稱為 **False Negative**（簡稱為 **FN**）。

只要妥善運用 TP／TN／FP／FN，就能建立確認分類精確度的優良指標。

可視化決策樹的分類結果，評估分類的精確度	🗋 Chapter2.ipynb

```
1   from sklearn.decomposition import PCA
2   import numpy as np
3   import matplotlib.pyplot as plt
4   import matplotlib.patches as pat
5
6   # 執行主成分分析
7   pca = PCA()
8   pca.fit(features)
9   # 將特徵向量轉換成主成分
10  transformed = pca.fit_transform(features)
11  # 可視化

12  plt.scatter(transformed[:,0],transformed[:,1],c=pred_class)
13  for i in range(len(transformed)):
14      if pred_tree[i]==1:
15          if pred_class[i]==1:
16              temp_color = "k"
17              temp_lw = 1.0
18          else:
19              temp_color = "b"
20              temp_lw = 3.0
21          circle = pat.Circle(xy=(transformed[i,0],
22  transformed[i,1]), radius=1.0, ec=temp_color ,fill=
    False, linewidth = temp_lw)
        plt.axes().add_artist(circle)
23      else:
24          if pred_class[i]==1:
25              temp_color = "r"
26              temp_lw = 3.0
27          circle = pat.Circle(xy=(transformed[i,0],
28  transformed[i,1]), radius=1.0, ec=temp_color ,fill=
    False, linewidth = temp_lw)
29          plt.axes().add_artist(circle)
30      text = str(i) + "(" + str(pred_class[i]) + ")"
31      plt.text(transformed[i,0],transformed[i,1],text)
32  plt.show()
33  %matplotlib inline
```

圖 2-7-1　可視化分類結果

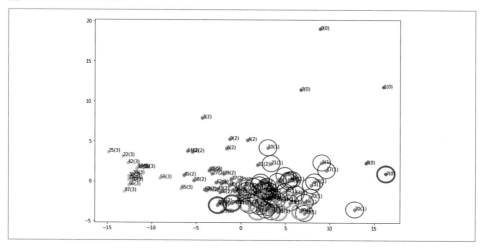

輸出混淆矩陣　　　　　　　　　　　　　　　　　　　　　📄 Chapter2.ipynb

```
1  from sklearn.metrics import confusion_matrix
2  cm = confusion_matrix(data_o, pred_tree)
3  print(cm)
```

圖 2-7-2　輸出混淆矩陣

```
[[52  3]
 [10 35]]
```

圖 2-7-3　混淆矩陣的示意圖

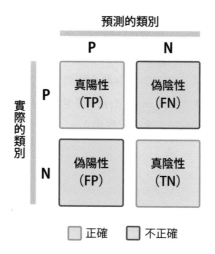

第
一
篇

機
率
統
計
、
機
器
學
習
篇

了解評估預測精確度的流程

到目前為止介紹了使用決策樹這種分類演算法的流程。

如果能進一步了解決策樹的原理，就能在利用分類演算法進行預測的同時，了解評估精確度這個機器學習的核心流程。

就分類演算法或其他機器學習演算法而言，最重要的就是同時進行預測與評估精確度，因為若只建立了預測所需的演算法，卻不知道演算法的精確度，那麼預測結果是否值得信賴就無從得知。因此，在建立學習資料、預測資料的「模型」之際，必須評估這個模型的精確度。具體的評估方式可參考下一頁的程式碼。

到 **2-7** 為止，都還沒提到「將資料集分類成訓練資料與評估資料」的部分。假設一開始就拿所有資料學習（訓練），那麼在評估精確度的時候，就不得不使用相同的資料評估。其實 **2-7** 的流程就是使用相同的資料進行評估，但是利用學習時的資料評估精確度，就像是讓學生事先「背誦」所有答案，所以當然預測的精確度會高達100%，但這麼一來，遇到未知的資料時，就完全不知道預測的精確度有多少。

因此這節要將資料集分成學習資料與評估資料。此時可使用函式庫 scikit-learn 的 train_test_split 函數分割資料。只要沒有特別指定參數，通常會將原始資料的3/4分割成訓練資料，再將剩下的1/4資料分割為評估資料。

接著將訓練資料傳遞給建構模型的 fit 函數，再利用決策樹這個演算法學習。將評估資料傳遞給這個完成學習的模型，就能評估模型的精確度。評估結果若以分數以及混淆矩陣的方式顯示，應該會比較容易閱讀。

要注意的是，訓練資料與評估資料是採隨機分割的方式製作，所以每次的評估分數都會不一樣，此外，這次將決策樹的 max_depth 設定為2。

大家可試著調整這個值，觀察結果會有什麼變化。

將資料集分割成訓練資料與評估資料 📄 Chapter2.ipynb

```python
1  from sklearn.model_selection import train_test_split
2  x_train, x_test, y_train, y_test = train_test_
   split(features,data_o)
```

利用訓練資料建構模型 📄 Chapter2.ipynb

```python
1  from sklearn.tree import DecisionTreeClassifier, export_
   graphviz
2  clf = DecisionTreeClassifier(max_depth=2)
3  clf = clf.fit(x_train, y_train)
```

評估精確度 📄 Chapter2.ipynb

```python
1   from sklearn.metrics import confusion_matrix
2
3   # 計算分數
4   score = clf.score(x_test, y_test)
5   print("分數:",score)
6
7   # 產生混淆矩陣
8   pred_tree = clf.predict(x_test)
9   cm = confusion_matrix(y_test, pred_tree)
10  print("混淆矩陣")
11  print(cm)
```

圖2-8-1 利用評估資料進行評估

```
分數: 0.92
混淆矩陣
[[23  0]
 [ 2  0]]
```

2-9

比較各種分類演算法

建立 **2-8** 那種評估預測精確度的流程之後，除了可評估決策樹的精確度，還能比較多種分類演算法的精確度。本節要介紹決策樹之外的兩種分類演算法，還要學習執行它們的方法。

決策樹這種分類演算法可在拉高 max_depth 的數值之後，提升預測的精確度，但決策樹是針對每個維度分割資料，所以只要沒有適當的維度，有可能無法正確分割資料。由於預測的精確度會受到挑選維度的模式影響，所以模型的精確度有可能會因為沒有適當的維度而下滑。

為了解決這個問題，便有人提出「利用多種挑選多個維度的模式提升預測精確度」的手法，這種手法就稱之為「**隨機森林**」。

決策樹是逐次挑選維度，再一步步分割資料的手法，而在分割資料的時候，當然是在多維度的空間中分割空間，而執行這類分割的傳統方法就是稱為「**支援向量機（SVM）**」的分類演算法。

雖然本書不打算說明上述這兩種分類演算法的細節，不過只要稍微改寫 **2-8** 的程式碼，就能執行這兩種分類演算法。
下一頁的程式碼只改寫了「利用訓練資料建立模型」的兩行程式，就能執行隨機森林或支援向量機（SVM）這兩種分類演算法。比較這些演算法的分數與混淆矩陣，就可以知道哪種演算法較適合分類與預測這次的資料。
以這次的資料而言，支援向量機（SVM）的分數幾乎都超過 0.9，由此可知，支援向量比其他的演算法更適合處理這次的資料。

比較分類演算法之際的重點在於不能只是比較分數，必須先執行所有演算法，讓資料完成分類後，再利用本書介紹的手法（尤其是 **2-4** 可視化樣本的特徵向量與 **2-7** 的可視化分類結果），確認被分錯類的資料有哪些，以及確認是否出現致命性的問題。

大家千萬別盲目地追求分數高低，而是要實際確認分數背後的每筆資料，了解分數的意義。

利用隨機森林評估預測精確度　　　　　　　　　　　　　　Chapter2.ipynb

```python
1  from sklearn.model_selection import train_test_split
2  from sklearn.ensemble import RandomForestClassifier
3  from sklearn.metrics import confusion_matrix
4
5  # 將資料集分割成訓練資料與評估資料
6  x_train, x_test, y_train, y_test = train_test_
   split(features,data_o)
7
8  # 利用訓練資料建立模型
9  model = RandomForestClassifier(bootstrap=True,
   n_estimators=10, max_depth=None, random_state=1)
10 clf = model.fit(x_train, y_train)
11
12 # 利用評估資料進行評估
13 # 計算分數
14 score = clf.score(x_test, y_test)
15 print("分數:",score)
16
17 # 產生混淆矩陣
18 pred_tree = clf.predict(x_test)
19 cm = confusion_matrix(y_test, pred_tree)
20 print("混淆矩陣")
21 print(cm)
```

圖2-9-1　與隨機森林演算法比較

```
分數: 0.92
混淆矩陣
[[23  0]
 [ 2  0]]
```

SVM 評估預測精確度　　　　　　　　　　　　　　　　　Chapter2.ipynb

```python
1  from sklearn.model_selection import train_test_split
2  from sklearn.svm import SVC
3  from sklearn.metrics import confusion_matrix
4
5  # 將資料集分割成訓練資料與評估資料
6  x_train, x_test, y_train, y_test = train_test_
   split(features,data_o)
7
8  # 利用評估資料進行評估
9  model = SVC(kernel='rbf')
10 clf = model.fit(x_train, y_train)
11
12 # 利用評估資料進行評估
13 # 計算分數
```

改寫的部分

接續下一頁

```
14   score = clf.score(x_test, y_test)
15   print("分數:",score)
16
17   # 產生混淆矩陣
18   pred_tree = clf.predict(x_test)
19   cm = confusion_matrix(y_test, pred_tree)
20   print("混淆矩陣")
21   print(cm)
```

圖 2-9-2　與 SVM 比較

```
分數: 0.92
混淆矩陣
[[23  0]
 [ 2  0]]
```

迴歸

2-10

試著利用支援向量機迴歸法預測具有時序的資料

最後要介紹的是機器學習之一的「**迴歸**」，而這種學習方式屬於「監督式學習」之一。
直到 **2-9** 為止，我們都是讓疫情爆發之後，使用次數增加的顧客集群的特徵向量，也
就是具有時序的模式逼近曲線。

若以「最貼近資料」這個目的使用第 1 章介紹的支援向量機（SVM），而不是當成「最能
分類資料」的演算法使用，就能執行曲線擬合計算。這個計算的流程與評估 **2-9** 之前
介紹的分類演算法幾乎相同。
請執行下一頁的程式碼。

從結果可以發現，資料還是有一定程度的分散，也可發現使用次數在疫情爆發前後慢
慢增加。所謂的迴歸也分成很多種演算法，可改寫這段程式碼的「利用訓練資料建立
模型」的兩行程式比較這些演算法。迴歸的分數通常是利用「決定係數」這個與原始資
料擬合的曲線的相關性計算。

這次是針對疫情爆發後，使用次數增加的顧客集群的時序模式進行擬合，但其實也能
對其他集群擬合。有機會的話，大家不妨試試各種不同的模式。

```
1   from sklearn import svm
2   from sklearn.model_selection import train_test_split
3
4   # 建立資料
5   data_target = data_e[data_o==1]
6   data_y = data_target
7   data_x = np.stack([np.arange(0,len(data_target[0])) for _ in
    range(len(data_target))], axis=0)
8   data_y = np.ravel(data_y)
9   data_x = np.ravel(data_x)
10
11  # 將資料集分割成訓練資料與評估資料
12  x_train, x_test, y_train, y_test = train_test_split
    (data_x,data_y)
13
14  # 利用訓練資料建立模型(支援向量機迴歸)
15  model = svm.SVR(kernel='rbf', C=1)
16  reg = model.fit(x_train.reshape(-1, 1),y_train.reshape
    (-1, 1))
17
18  # 繪製預測曲線
19  x_pred = np.arange(len(data_target[0])).reshape(-1, 1)
20  y_pred = model.predict(x_pred)
21  plt.plot(data_x,data_y,"k.")
22  plt.plot(x_pred,y_pred,"r.-")
23  plt.show()
24
25  # 決定係數R^2
26  reg.score(x_test.reshape(-1, 1),y_test.reshape(-1, 1))
```

圖 2-10-1　利用支援向量機迴歸預測具有時序的資料

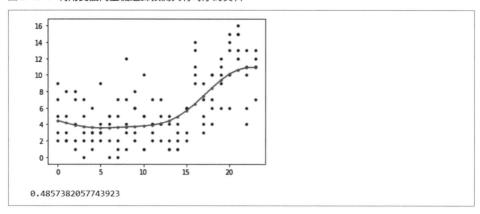

0.4857382057743923

第 3 章

在推測統計的資料分析之中扮演的角色

推測必需的資料筆數

學會機率、統計、資料分析、機器學習的知識之後,就能在職場擔任資料科學家的角色。但之後還是得透過實務累積經驗,了解整個商業流程。

真正進入職場之後,通常會遇到兩大障礙,其中一個是需要具備數學方面的直覺,也就是能憑直覺了解資料分析「所需的資料筆數(資料量)」,換言之,必須憑直覺掌握眼前的問題,評估預測精確度需要100筆還是1000筆資料才能解決。
由於在實務收集資料時,需要耗費不少成本,所以若能具備上述的直覺,將可節省許多成本。除了直覺與經驗之外,若是還能輔以數學佐證,就更有機會說服顧客。

本章要為大家講解推測必要資料數的「推測統計」,還要透過資料分析的流程,介紹推測統計的相關知識能在實務發揮哪些效果。其中雖然會摻雜一些較難懂的數學知識,但本書會盡可能透過程式讓大家憑直覺理解這些知識。數學相關的說明只需一邊參考文獻,一邊閱讀本章介紹的內容就能了解,建議大家先試著讀讀看本書的說明。

分析竊盜事件的背景

這次有間以機器學習分析資料的飯店希望你接手進一步的分析。該飯店的浴巾或其他的客房備品常常被偷，所以想找個方法解決這個問題。這間飯店雖然記錄了每間客房更新了哪些備品，但全部都是書面資料，而且每間客房的負責人都以自己的格式記錄，所以沒辦法從這些格式凌亂的紀錄看出問題的嚴重性。

如果不知道每種備品被偷的頻率，就無法對症下藥，也無法正確衡量解決方案的效果。雖然飯店也想以統一的格式管理這些紀錄，但導入新系統需要花錢，所以在不知道新系統的效果之前，無法貿然採用新系統。

因此你決定先聽聽現狀報告，再利用書面資料進行簡單的分析，藉此了解問題的嚴重性。

[現狀報告的內容]

- 全年因竊盜事件損失的財務約為150萬元～300萬元
- 這間飯店共有150間客房
- 從各備品的更新數與報廢數的差距，可正確算出備品被偷走的數量（但所有的備品都只能根據書面紀錄計算）
- 若只是一個月的書面資料，就能讓員工趁著空檔將這些資料數位化

試著模擬統計值

「要準備多少資料量才能掌握整體的情況?」

在分析資料的時候一定會遇到這個問題,而這個問題也可以解釋成「根據目前的資料量算出的值(比方說是平均值),與實際的值比較之後,會有多少誤差」的問題。利用一個月份的資料推測飯店這兩年來的損失時,到底會有多少誤差呢?

這時候需要的知識為**「中央極限定理」**,但在說明這個定理之前,我們先簡單做個模擬。這次要做的模擬是「從兩年份的資料篩選出一個月份的資料」。執行第81頁的程式碼之後,會先產生相當於「兩年內」的 365×2 的平均值 0.0,以及標準差 1.0 的亂數,然後再將結果繪製成直方圖(產生「正規亂數」)。篩選所得的資料為「母群體」(也就是全體集合),之後再從中隨機篩選(抽樣)出相當於「一個月份」的30筆資料做為「樣本集合」,最後再計算這個樣本集合的平均值。

接著要不斷地抽樣,藉此了解「平均值有多少的誤差」,再將抽樣結果的分佈情況畫成直方圖。這次的模擬將num_trial這個代表抽樣次數的常數設定為10000,執行10,000次的抽樣,然後確認執行的過程與結果。

抽樣之後的平均值有 -0.066 的誤差,標準差約為 0.18(**圖3-1-2**)。這個誤差就是用來說明抽樣的平均值分佈情況的指標。

假設抽樣之後的平均值與標準差趨近於 0,代表根據30天的資料算出來的平均值與其他統計值,是非常具有信賴度的值。假設離 0 的距離很遠,代表算出來的統計值「信賴度很低,需要更多資料量才能一窺全體資料的樣貌」。

當母群體的平均值為 0.0,標準差為 1.0 的時候,樣本平均值為 -0.066,標準差為 0.18,而這裡要請大家注意的是,樣本平均值若縮小成趨近 0 的 -0.018,也就是與**母群體的平均值幾乎相等的部分**。可以知道的是,樣本集合的平均值的標準差與原始的標準差呈比例這件事。

當母群體的標準差變大時,會得到什麼結果?此外,母群體不符合常態分佈時,又會得到什麼結果?讓我們實驗看看吧。

舉例來說，假設母群體的平均值維持0.0，標準差設定為2.0，就會得到**圖3-1-3**的結果，其中的平均值約為-0.13，標準差則約為0.36。在此要請大家注意的是，**標準差接近原本的兩倍**，由此可以知道，樣本集合的平均值的標準差與原本的標準差呈正比。

接著讓原始程式碼「產生常態分佈」的前半段「產生亂數」（亂數種子固定）的部分轉換成註解，也就是將產生正常亂數的程式碼轉換成註解，再讓依照冪次定律分佈產生亂數的程式碼得以執行。

第3章 推測必需的資料筆數

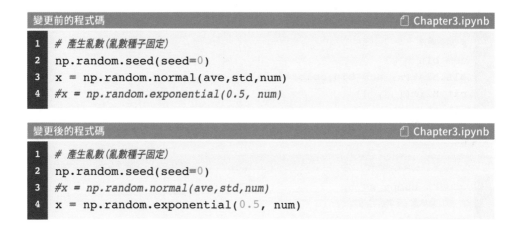

變更前的程式碼　　　　　　　　　　　　　　　　　　　　　　Chapter3.ipynb

```
1  # 產生亂數(亂數種子固定)
2  np.random.seed(seed=0)
3  x = np.random.normal(ave,std,num)
4  #x = np.random.exponential(0.5, num)
```

變更後的程式碼　　　　　　　　　　　　　　　　　　　　　　Chapter3.ipynb

```
1  # 產生亂數(亂數種子固定)
2  np.random.seed(seed=0)
3  #x = np.random.normal(ave,std,num)
4  x = np.random.exponential(0.5, num)
```

執行變更之後的程式碼可得到**圖3-1-4**的結果。要請大家注意的是，母群體雖然符合冪次定律分佈，但樣本集合的平均值分佈卻**似乎與常態分佈一致**。其實這就是所謂的「中央極限定理」。

3-2會根據這節抽樣所得的結果說明「中央極限定理」的意義。

產生常態分佈　　　　　　　　　　　　　　　　　　　　　　Chapter3.ipynb

```
1   import numpy as np
2   import matplotlib.pyplot as plt
3
4   # 設定母群體的大小
5   num = 365*2
6
7   # 設定亂數的平均值與標準差
8   ave = 0.0
9   std = 1.0
10
```

接續下一頁

```
11  # 產生亂數(亂數種子固定)
12  np.random.seed(seed=0)
13  x = np.random.normal(ave,std,num)
14  #x = np.random.exponential(0.5, num)
15
16  # 計算平均值與標準差
17  x_ave = np.average(x)
18  x_std = np.std(x)
19  print("平均值:",x_ave)
20  print("標準差:",x_std)
21
22  # 繪製圖表
23  num_bin = 21
24  plt.hist(x, num_bin,color="k")
25  plt.xlim([-5,5])
26  plt.show()
27  %matplotlib inline
```

繪製隨機採樣的樣本的平均值分佈狀況   🗋 Chapter3.ipynb

```
1   import numpy as np
2   # 設定樣本數(樣本集合的大小)
3   num_sample = 30
4
5   # 設定模擬次數
6   num_trial = 10000
7   x_trial = np.zeros(num_trial)
8
9   # 試算樣本平均值
10  for i in range(num_trial):
11      # 抽樣
12      x_sample = np.random.choice(x,num_sample)
13      # 計算平均值
14      x_ave = np.average(x_sample)
15      # 儲存平均值
16      x_trial[i] = x_ave
17
18  # 計算樣本的平均值與標準差
19  x_trial_ave = np.average(x_trial)
20  x_trial_std = np.std(x_trial)
21  print("平均值:",x_trial_ave)
22  print("標準差:",x_trial_std)
```

接續下一頁

```
23
24  # 繪製圖表
25  num_bin = 21
26  plt.hist(x_trial, num_bin,color="k")
27  plt.xlim([-5,5])
28  plt.show()
29  %matplotlib inline
```

圖3-1-1 產生常態分佈

平均值：-0.06374051192729041
標準差：1.0005871669670903

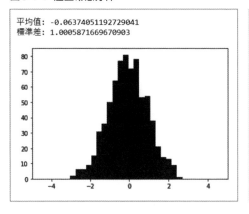

圖3-1-2 繪製隨機採樣的樣本的平均值分佈狀況

平均值：-0.06615481086793111
標準差：0.18213372323603286

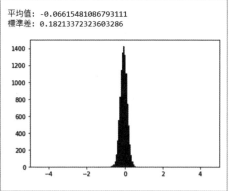

圖3-1-3 將母群體的標準差設定為2.0的情況

平均值：-0.12748102385458082
標準差：2.0011743339341805

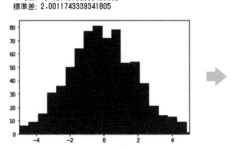

平均值：-0.13230962173586222
標準差：0.3642674464720857

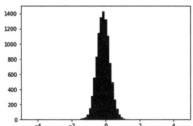

圖3-1-4 母群體與冪次定律分佈一致的結果

平均值：0.5029448272198032
標準差：0.5187224027106567

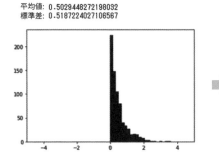

平均值：0.5037628820216644
標準差：0.09639007671292096

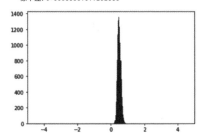

3-2

了解中央極限定理

3-1 先產生了亂數，再從亂數抽樣與模擬整體的情況。在 **3-1** 得到的結果有下列三點。

- 樣本集合的平均值似乎與母群體的平均值接近。
- 將母群體的標準差放大一倍，樣本集合的平均值的標準差也會放大一倍左右。
- 就算母群體不符合常態分佈，樣本集合的平均值也會符合常態分佈。

其實當母群體的規模（資料量）與樣本集合的規模（資料量）都很大的時候，樣本集合的平均值通常會接近母群體的平均值，這就是所謂的「**大數法則**」。

由大數法則導出的定理就稱為「中央極限定理」，這項定理的定義如下。

> **中央極限定理**
>
> 當母群體的平均值為 μ，標準差為 σ，樣本平均值的平均值為 μ，
>
> 且與標準差 $\dfrac{\sigma}{\sqrt{n}}$ 的常態分佈一致（n 為樣本集合的規模）

執行下一頁的程式碼確認這個定理是否正確。這個程式碼會算出樣本平均值的標準差，而這個值大約是 0.018。

這與利用 **3-1** 的程式碼算出的標準差幾乎相同，由此可知透過中央極限定理可精準算出樣本平均值的散佈程度。接著，試著放大 **3-1** 的母群體規模，或是調整標準差的值，看看中央極限定理能在什麼情況下，精準算出樣本平均值的散佈程度，又會在什麼情況下無法精準計算（比方說，母群體的規模太小時，會發生什麼情況），藉此了解中央極限定理。

這次的目的在於直觀了解中央極限定理，所以不會另行證明中央極限定理。市面上有許多介紹憑直覺證明這項定理的方法，或是以嚴謹的方式證明這項定理的專業書籍。比方說，清水誠的《推測統計はじめの一歩》（講談社）就以非常直覺的方式解說，有興趣的讀者務必一讀。

```
1   import numpy as np
2   # 設定母群體的變異數
3   org_std = 1.0
4   # 設定樣本集合的規模
5   num_sample = 30
6   # 計算樣本集合的平均值的標準差
7   sample_std = org_std/np.sqrt(num_sample)
8   print("樣本集合的平均值的標準差:",sample_std)
```

圖 3-2-1　顯示標準差

樣本集合的平均值的標準差: 0.18257418583505536

正確取得一個月份的資料

接著，利用飯店的資料分析備品失竊情況，順便了解該飯店的書面資料轉換成數位資料的過程。

首先，是將 2018 年 11 月的備品失竊列表整理成 **theft_list_201811.csv**，其中包含日期與失竊的備品。

接著，是記錄各備品金額的 **amenity_price.csv** 檔案。

載入上述檔案的結果請參考**圖 3-3-1** 與**圖 3-3-2**。接著要根據這兩個檔案的資料計算 2018 年 11 月的失竊總金額，相關的程式碼已於 87 頁揭露。

雖然將所有的書面資料轉換成數位格式是件非常麻煩的事，卻能看出一個月發生多少起備品失竊案件，也能知道失竊總金額。至少可從**圖 3-3-3** 得知 2018 年 11 月的情況，實際的情況如下。

失竊總金額 177,900.0 元
失竊案件 70.0 件

由此可知，平均一天發生兩次類似案件，總金額也高達 177,900 元。如果能知道這個數字的浮動範圍，就能推算出一年份或兩年份的失竊總金額，也能擬定相關的對策。
3-4 之後將進一步分析資料。

載入一個月份的失竊紀錄　　　　　　　　　　　　　　　　　　📄 Chapter3.ipynb

```
1  import pandas as pd
2  df_theft_201811 = pd.read_csv("theft_list_201811.csv", index_
   col=0, parse_dates=[0])
3  df_theft_201811
```

圖 3-3-1 載入資料（失竊紀錄）

日期	浴巾	手巾	毛巾	浴袍	衣架	原子筆	餐刀	叉子	湯匙	盤子	...	靠枕	遙控器	電腦	吹風機	熨斗	咖啡機	檯燈	電話	電視	地毯
2018-11-01	1.0	1.0	0.0	0.0	0.0	0.0	0.0	0.0	0.0	0.0	...	0.0	0.0	0.0	0.0	0.0	0.0	0.0	0.0	0.0	0.0
2018-11-02	1.0	0.0	0.0	0.0	0.0	0.0	0.0	0.0	0.0	0.0	...	0.0	0.0	0.0	0.0	0.0	0.0	0.0	0.0	0.0	0.0
2018-11-03	0.0	0.0	0.0	0.0	1.0	0.0	0.0	2.0	0.0	0.0	...	0.0	0.0	0.0	0.0	0.0	0.0	0.0	0.0	0.0	0.0
2018-11-04	1.0	0.0	0.0	0.0	0.0	0.0	0.0	0.0	0.0	0.0	...	0.0	0.0	0.0	0.0	0.0	0.0	0.0	1.0	0.0	0.0
2018-11-05	0.0	0.0	1.0	0.0	0.0	0.0	0.0	0.0	0.0	0.0	...	0.0	0.0	0.0	0.0	0.0	0.0	0.0	0.0	0.0	0.0
2018-11-06	0.0	0.0	0.0	0.0	0.0	0.0	0.0	0.0	0.0	0.0	...	0.0	0.0	0.0	0.0	0.0	0.0	0.0	0.0	0.0	0.0
2018-11-07	0.0	0.0	1.0	0.0	0.0	0.0	0.0	0.0	0.0	0.0	...	0.0	0.0	0.0	0.0	0.0	0.0	0.0	0.0	0.0	0.0
2018-11-08	0.0	0.0	0.0	0.0	0.0	0.0	0.0	0.0	0.0	0.0	...	0.0	0.0	0.0	0.0	0.0	0.0	0.0	0.0	0.0	0.0
2018-11-09	0.0	0.0	1.0	0.0	0.0	0.0	0.0	0.0	0.0	0.0	...	0.0	0.0	0.0	0.0	0.0	0.0	0.0	0.0	0.0	0.0
2018-11-10	1.0	1.0	0.0	0.0	0.0	0.0	0.0	0.0	0.0	0.0	...	0.0	0.0	0.0	0.0	0.0	0.0	0.0	0.0	0.0	0.0
2018-11-11	0.0	0.0	0.0	0.0	0.0	0.0	0.0	0.0	0.0	0.0	...	0.0	0.0	0.0	0.0	0.0	0.0	0.0	0.0	0.0	0.0
2018-11-12	0.0	0.0	0.0	0.0	0.0	1.0	0.0	1.0	0.0	0.0	...	0.0	0.0	0.0	0.0	0.0	0.0	0.0	0.0	0.0	0.0
2018-11-13	1.0	0.0	0.0	0.0	0.0	0.0	0.0	0.0	0.0	0.0	...	0.0	0.0	0.0	0.0	0.0	0.0	0.0	0.0	0.0	0.0
2018-11-14	1.0	1.0	0.0	0.0	1.0	0.0	0.0	1.0	0.0	0.0	...	0.0	0.0	0.0	0.0	0.0	0.0	0.0	0.0	0.0	0.0
2018-11-15	1.0	0.0	0.0	0.0	0.0	1.0	0.0	0.0	0.0	0.0	...	0.0	0.0	0.0	0.0	0.0	0.0	0.0	0.0	0.0	0.0
2018-11-16	0.0	0.0	1.0	0.0	0.0	1.0	0.0	0.0	0.0	0.0	...	0.0	0.0	0.0	0.0	0.0	0.0	0.0	0.0	0.0	0.0
2018-11-17	0.0	0.0	1.0	0.0	0.0	0.0	0.0	0.0	0.0	0.0	...	0.0	0.0	0.0	0.0	0.0	0.0	0.0	0.0	0.0	0.0
2018-11-18	0.0	0.0	0.0	0.0	0.0	0.0	0.0	0.0	0.0	0.0	...	0.0	0.0	0.0	0.0	0.0	0.0	0.0	0.0	0.0	0.0
2018-11-19	0.0	0.0	0.0	0.0	0.0	1.0	0.0	0.0	0.0	0.0	...	0.0	0.0	0.0	0.0	0.0	0.0	0.0	0.0	0.0	0.0
2018-11-20	0.0	0.0	0.0	0.0	0.0	0.0	0.0	0.0	0.0	0.0	...	0.0	0.0	0.0	0.0	0.0	0.0	0.0	0.0	0.0	0.0
2018-11-21	1.0	2.0	0.0	0.0	0.0	1.0	0.0	1.0	0.0	0.0	...	0.0	0.0	0.0	0.0	0.0	0.0	0.0	0.0	0.0	0.0
2018-11-22	1.0	1.0	0.0	0.0	1.0	1.0	0.0	0.0	0.0	0.0	...	0.0	0.0	0.0	0.0	0.0	0.0	0.0	0.0	0.0	0.0
2018-11-23	0.0	2.0	0.0	0.0	0.0	2.0	0.0	0.0	1.0	0.0	...	0.0	0.0	0.0	0.0	0.0	0.0	0.0	0.0	0.0	0.0
2018-11-24	0.0	0.0	1.0	0.0	0.0	0.0	1.0	0.0	1.0	1.0	...	0.0	0.0	0.0	0.0	0.0	0.0	0.0	0.0	0.0	0.0
2018-11-25	0.0	0.0	1.0	0.0	0.0	0.0	0.0	0.0	0.0	0.0	...	0.0	0.0	0.0	0.0	0.0	0.0	0.0	0.0	0.0	0.0
2018-11-26	0.0	0.0	2.0	0.0	0.0	1.0	1.0	0.0	0.0	0.0	...	0.0	0.0	0.0	0.0	0.0	0.0	0.0	0.0	0.0	0.0
2018-11-27	0.0	0.0	0.0	0.0	1.0	1.0	1.0	0.0	0.0	0.0	...	0.0	0.0	0.0	0.0	0.0	0.0	0.0	0.0	0.0	0.0
2018-11-28	0.0	1.0	0.0	0.0	0.0	1.0	0.0	0.0	0.0	0.0	...	0.0	0.0	0.0	0.0	0.0	0.0	0.0	0.0	0.0	0.0
2018-11-29	0.0	0.0	1.0	0.0	1.0	0.0	0.0	0.0	0.0	0.0	...	0.0	0.0	0.0	0.0	0.0	0.0	0.0	0.0	0.0	0.0
2018-11-30	0.0	0.0	0.0	0.0	1.0	0.0	0.0	0.0	0.0	0.0	...	0.0	0.0	0.0	0.0	0.0	0.0	0.0	0.0	0.0	0.0

30 rows × 26 columns

載入備品金額列表　　　　　　　　　　　　　　　　　　📄 Chapter3.ipynb

```
1  import pandas as pd
2  df_amenity_price = pd.read_csv("amenity_price.csv", index_
   col=0, parse_dates=[0])
3  df_amenity_price
```

圖 3-3-2 載入資料（備品金額）

	金額
浴巾	2000
手巾	1500
毛巾	1200
浴袍	10000
衣架	500
原子筆	1000
餐刀	500
叉子	500
湯匙	500
盤子	2000
杯子	1500
玻璃杯	1000
美妝用品	1000
電池	200
裝飾品	200000
床單、床罩	5000
靠枕	7000
遙控器	2000
電腦	150000
吹風機	15000
熨斗	10000
咖啡機	30000
檯燈	20000
電話	10000
電視	100000
地毯	10000

圖 3-3-3 計算一個月份的失竊總金額

```
2018-11-01 00:00:00 浴巾 1.0 件
2018-11-01 00:00:00 手巾 1.0 件
2018-11-01 00:00:00 杯子 1.0 件
2018-11-02 00:00:00 浴巾 1.0 件
2018-11-03 00:00:00 衣架 1.0 件
2018-11-03 00:00:00 叉子 2.0 件
2018-11-04 00:00:00 浴巾 1.0 件
2018-11-04 00:00:00 玻璃杯 1.0 件
2018-11-04 00:00:00 電視 1.0 件
2018-11-05 00:00:00 毛巾 1.0 件
2018-11-06 00:00:00 杯子 1.0 件
2018-11-07 00:00:00 毛巾 1.0 件
2018-11-09 00:00:00 毛巾 1.0 件
2018-11-10 00:00:00 浴巾 1.0 件
2018-11-10 00:00:00 毛巾 1.0 件
2018-11-11 00:00:00 浴巾 1.0 件
2018-11-11 00:00:00 毛巾 1.0 件
2018-11-11 00:00:00 美妝用品 1.0 件
2018-11-12 00:00:00 原子筆 1.0 件
2018-11-12 00:00:00 餐刀 1.0 件
2018-11-12 00:00:00 湯匙 1.0 件
2018-11-13 00:00:00 毛巾 1.0 件
2018-11-13 00:00:00 毛巾 1.0 件
2018-11-14 00:00:00 浴巾 1.0 件
2018-11-14 00:00:00 手巾 1.0 件
2018-11-14 00:00:00 衣架 1.0 件
2018-11-14 00:00:00 叉子 1.0 件
2018-11-15 00:00:00 浴巾 1.0 件
2018-11-15 00:00:00 原子筆 1.0 件
2018-11-15 00:00:00 毛巾 1.0 件
```

```
2018-11-21 00:00:00 原子筆 1.0 件
2018-11-21 00:00:00 叉子 1.0 件
2018-11-22 00:00:00 浴巾 1.0 件
2018-11-22 00:00:00 手巾 1.0 件
2018-11-22 00:00:00 衣架 1.0 件
2018-11-22 00:00:00 原子筆 1.0 件
2018-11-23 00:00:00 手巾 2.0 件
2018-11-23 00:00:00 原子筆 2.0 件
2018-11-23 00:00:00 湯匙 1.0 件
2018-11-24 00:00:00 毛巾 1.0 件
2018-11-24 00:00:00 餐刀 1.0 件
2018-11-24 00:00:00 湯匙 1.0 件
2018-11-24 00:00:00 盤子 1.0 件
2018-11-24 00:00:00 美妝用品 1.0 件
2018-11-25 00:00:00 毛巾 1.0 件
2018-11-26 00:00:00 毛巾 2.0 件
2018-11-26 00:00:00 原子筆 1.0 件
2018-11-26 00:00:00 餐刀 1.0 件
2018-11-27 00:00:00 衣架 1.0 件
2018-11-27 00:00:00 原子筆 1.0 件
2018-11-27 00:00:00 餐刀 1.0 件
2018-11-28 00:00:00 手巾 1.0 件
2018-11-28 00:00:00 原子筆 1.0 件
2018-11-29 00:00:00 毛巾 1.0 件
2018-11-29 00:00:00 衣架 1.0 件
2018-11-29 00:00:00 餐刀 1.0 件
2018-11-30 00:00:00 衣架 1.0 件
2018-11-30 00:00:00 餐刀 1.0 件
失竊總金額 177900.0 元
失竊件數 70.0 件
```

根據一個月份的失竊紀錄計算失竊總金額　　　　🗋 Chapter3.ipynb

```python
1  total_amount = 0
2  total_theft = 0
3  for i_index in range(len(df_theft_201811.index)):
4      for i_column in range(len(df_theft_201811.columns)):
5          total_amount += df_theft_201811.iloc[i_index,i_column]*df_amenity_price["金額"].iloc[i_column]
6          total_theft += df_theft_201811.iloc[i_index,i_column]
7          if df_theft_201811.iloc[i_index,i_column]>0:
8              print(df_theft_201811.index[i_index],df_theft_201811.columns[i_column],df_theft_201811.iloc[i_index,i_column],"件")
9  print("失竊總金額",total_amount,"元")
10 print("失竊件數",total_theft,"件")
```

根據一個月份的資料，推算二年份資料的平均值與標準差

在 3-3 載入一個月份的資料後，這節要試著計算上述資料的平均值與標準差，再以中央極限定理成立為前提，替二年份的資料計算平均值與標準差。其實在 3-3 載入的資料不夠平均，有一些資料需要稍微加工，但還是先依照中央極限定理的計算流程預測二年份的資料。

請試著執行下一頁的程式碼。

這段程式碼會根據一個月份的資料列出每日失竊金額，之後再從中隨機抽出 10 天份的資料。接著計算這些資料的平均值分佈情況，然後根據中央極限定理推算母群體，也就是二年份的資料的平均值與標準差。

將每一天的失竊金額畫成圖表後，會發現第四天（2018 年 11 月 4 日）的失竊金額高達 100,000 元。這是因為 2018 年 11 月 4 日發生了電視被偷的案件，其他日子的失竊金額則沒那麼高，平均每天的失竊金額只在數千元左右。由此可知，2018 年 11 月 4 日的資料算是該被排除的「例外」，但還是先試著預測看看。

隨機抽出 10 天份的資料以及求出平均值的分佈情況後，會發現分佈情況與中央極限定理的常態分佈相去甚遠，這應該是因為 2018 年 11 月 4 日的失竊金額特別高的緣故，但即使如此，還是能算出平均值與標準差。這次算出的平均值為 5,880 元，標準差則約為 5,649 元，利用這兩個值進行預測。

利用這兩個值逆推母群體，也就是兩年份資料的標準差（在樣本集合規模的 10 的平方根乘上標準差）之後，可算出母群體的標準差約為 17,864 元。

雖然標準差遠高於平均值的 5,880 元，但從這個數字可以得知樣本集合的分散程度非常大。

3-5 要從「信賴度」的角度思考這個平均值與標準差的意義。

列出每天的失竊金額　　　　　　　　　　　　　　　　　　📄 Chapter3.ipynb

```python
1  import numpy as np
2  import matplotlib.pyplot as plt
3  list_amount = np.zeros(len(df_theft_201811.index))
4  for i_index in range(len(df_theft_201811.index)):
5      for i_column in range(len(df_theft_201811.columns)):
6          list_amount[i_index] += df_theft_201811.iloc[i_
   index,i_column]*df_amenity_price["金額"].iloc[i_column]
7  plt.plot(list_amount,color="k")
8  plt.show()
```

圖3-4-1　列出每天的失竊金額

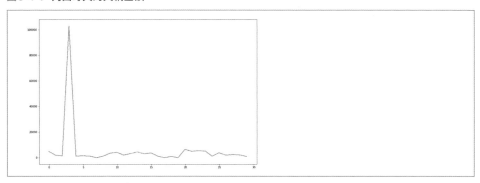

隨機抽出10天份的資料，再計算平均值的分佈情況　　　　　📄 Chapter3.ipynb

```python
1   import numpy as np
2   # 設定樣本數(樣本集合的大小)
3   num_sample = 10
4
5   # 設定模擬次數
6   num_trial = 10000
7   x_trial = np.zeros(num_trial)
8
9   # 試算樣本平均值
10  for i in range(num_trial):
11      # 抽樣
12      x = list_amount
13      x_sample = np.random.choice(x,num_sample)
14      # 計算平均值
15      x_ave = np.average(x_sample)
16      # 儲存平均值
17      x_trial[i] = x_ave
```

接續下一頁

```
18
19   # 計算樣本的平均值與標準差
20   x_trial_ave = np.average(x_trial)
21   x_trial_std = np.std(x_trial)
22   print("平均值:",x_trial_ave)
23   print("標準差:",x_trial_std)
24
25   # 繪製圖表
26   num_bin = 21
27   plt.hist(x_trial, num_bin,color="k")
28   plt.xlim([-50000,50000])
29   plt.show()
30   %matplotlib inline
```

圖 3-4-2 隨機抽出 10 天份的資料，再計算平均值的分佈情況

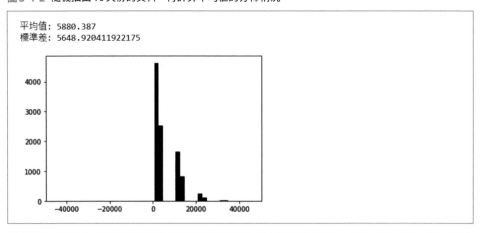

平均值：5880.387
標準差：5648.920411922175

根據一個月份的資料，推算二年份資料的平均值與標準差 ③　　　📄 Chapter3.ipynb

```
1   import numpy as np
2   # 預測樣本集合的平均值的標準差
3   sample_std = 5649
4   # 設定樣本集合的規模
5   num_sample = 10
6   # 計算母群體的變異數
7   org_std = np.sqrt(num_sample)*sample_std
8   print("母群體的標準差:",org_std)
```

圖 3-4-3 根據中央極限定理逆推母群體的標準差

母群體的標準差：17863.706502291177

3-5

了解標準差與信賴度的相關性

從統計分析的形狀可推測有可能出現的值以及該值出現的機率。比方說,當每日平均失竊金額符合常態分佈,落在平均值附近的值最有可能出現,離平均值越遠的值則越不可能出現。因此我們可如**圖3-5-1**設定「信賴區間」這個出現機率較高的範圍,而值落在這個信賴區間之內的機率就稱為「**信賴度**」。

只要對信賴區間之內的統計分佈函數積分就能算出信賴度。假設某個值的出現機率如**圖3-5-2**一般呈常態分佈,從平均值往左右兩側延伸標準差的範圍,藉此取出信賴區間之後,就能算出信賴度約68.3%的結果,假設將信賴區間放大成兩倍標準差的範圍,算出的信賴度達95.4%,若是放大成三倍標準差的範圍,則可算出99.7%的信賴度。

由此可知,標準差與信賴度呈正比,值的出現機率可利用標準差(或數倍的標準差)設定範圍。接下來要利用**3-4**算出的母群體標準差預測值的範圍,以及進行分析。

圖3-5-1　信賴區間與信賴度的相關性示意圖

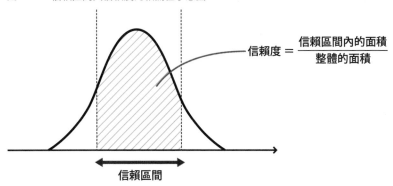

$$信賴度 = \frac{信賴區間內的面積}{整體的面積}$$

信賴區間

圖 3-5-2　標準差與信賴度的相關性示意圖

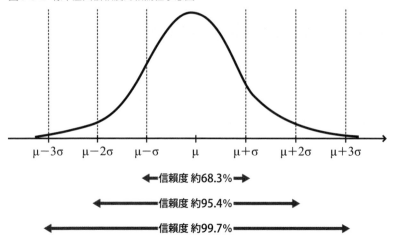

根據標準差計算信賴度　　　　　　　　　　　　　　　📄 Chapter3.ipynb

```python
1   # 設定標準差的倍率
2   ratio = 1.0
3   # 計算左側範圍之外的比例
4   x_trial_out1 = x_trial[x_trial>x_trial_ave+ratio*x_trial_std]
5   # 計算右側範圍之外的比例
6   x_trial_out2 = x_trial[x_trial<x_trial_ave-ratio*x_trial_std]
7   # 計算信賴度
8   reliability = 1-(len(x_trial_out1)/len(x_trial)+len(x_trial_out2)/len(x_trial))
9   print("信賴度:",reliability)
```

圖 3-5-3　計算信賴度

信賴度: 0.6847

3-6

假設與住宿者人數的相關性，推測失竊總金額的趨勢

從 **3-5** 的結論來看，要推估每日平均失竊金額似乎需要相當寬的信賴區間，但大致來看（二年份的總和），失竊總金額說不定能正確地推測。

為了知道上述的推測的精確度，第一步，先假設每日平均住宿者人數與失竊金額皆正確，計算住宿者平均每人造成的失竊金額，再根據兩年內每日平均住宿者人數，算出兩年內可能發生的失竊金額。

請執行下列的程式碼。

這段程式碼一開始會先載入住宿者資料，再計算兩年內每日平均住宿者人數，以及2018年11月的每日平均住宿者人數，然後根據2018年11月的每日平均住宿者人數與平均失竊金額，算出每位住宿者造成的平均失竊金額。接著將上述的結果乘上兩年內每日平均住宿者人數，推測兩年內的每日失竊金額趨勢。從結果來看，兩年內的失竊總金額為 3,233,263 元（約 323 萬）。**3-7** 將替這個趨勢設定信賴區間。

計算每位住宿者造成的平均失竊金額 　　　　　　　　　　Chapter3.ipynb

```python
import pandas as pd
import datetime as dt

# 設定每日平均失竊金額
theft_per_day = 5880

# 載入住宿資料
df_info = pd.read_csv("accomodation_info.csv", index_col=0,
parse_dates=[0])

# 篩選出每日平均住宿者人數
x = df_info.resample('D').count()
df_num = x.iloc[:,0]

# 篩選出一個月份的住宿者人數
target_date = dt.datetime(2018,11,30)
df_num_201811 = df_num[df_num.index <= target_date]
```

接續下一頁

```
17  print("一個月份的住宿者人數:",sum(df_num_201811))
18
19  # 根據一個月份的住宿者人數計算每日平均住宿者人數
20  num_per_day = sum(df_num_201811)/len(df_num_201811)
21  print("每日平均住宿者人數:",num_per_day)
22
23  # 每位住宿者造成的平均失竊金額
24  theft_per_person = theft_per_day/num_per_day
25  print("每位住宿者造成的平均失竊金額:",theft_per_person)
```

圖3-6-1　每位住宿者造成的平均失竊金額

```
一個月份的住宿者人數: 3913
每日平均住宿者人數: 130.43333333333334
每位住宿者造成的平均失竊金額: 45.08050089445438
```

預測兩年內的失竊金額　　　　　　　　　　　　　　　　　Chapter3.ipynb

```
1  import numpy as np
2  estimated_theft = np.zeros(len(df_num))
3  for i in range(len(df_num)):
       estimated_theft[i] = df_num.iloc[i]*theft_per_person
4  df_estimated_theft = pd.DataFrame(estimated_theft,index=df_num.
   index,columns=["預估失竊金額"])
5  print("兩年內的預估失竊總額:",sum(df_estimated_theft["預估失竊金額"]))
6  plt.plot(df_estimated_theft,color="k")
7  plt.xticks(rotation=60)
8  plt.show()
```

圖3-6-2　推測兩年內的失竊金額趨勢

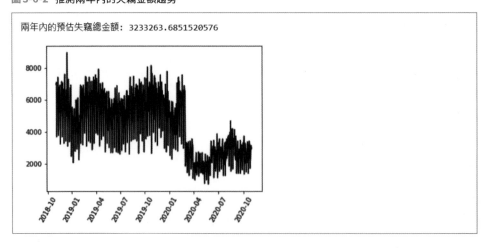

推測年度失竊總金額與對應的信賴區間

在 **3-6** 推測二年內的失竊金額趨勢之後，可根據 **3-4** 算出的母群體標準差算出每位住宿者的標準差，也能畫出信賴區間。這段程式碼的執行結果如下。

推測兩年份失竊金額的信賴區間   Chapter3.ipynb

```python
import matplotlib.pyplot as plt
# 設定標準差
theft_std_per_day = 17864
theft_std_per_person = theft_std_per_day/num_per_day
print("每位住宿者造成的平均失竊金額的標準差:",theft_std_per_person)

# 設定信賴區間
list_estimated_theft = []
for i in range(len(df_num)):
    temp_ave = df_num.iloc[i]*theft_per_person
    temp_std = df_num.iloc[i]*theft_std_per_person
    temp = [temp_ave-temp_std,temp_ave,temp_ave+temp_std]
    list_estimated_theft.append(temp)

# 繪製圖表
plt.boxplot(list_estimated_theft)
plt.xticks(color="None")
plt.show()
```

當住宿者變多，信賴區間就會擴張（信賴區間中心點附近的信賴度會下降），所以疫情爆發前，住宿者較多的時段的信賴區間為 30,000 元至負 10,000 之間，只能得到不太精準的信賴區間。這也讓我們知道，**3-4** 提到的 2018 年 11 月 4 日，電視被偷的失竊金額對信賴區間的寬度造成一定的影響，但也不能就此刪掉這筆資料，否則分析結果很有可能會失準。

因此我們要假設每日平均失竊金額的推估值有一定的意義（暫且不管信賴區間），再於 **3-8** 思考平價客房備品的失竊金額的趨勢。

圖 3-7-1 每位住宿者造成的平均失竊金額的標準差與信賴區間

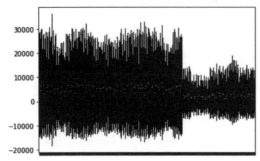

3-8

根據平價客戶備品，重新推測兩年份資料的平均值與標準差

本章「推測統計」的最後一個主題就是該怎麼處理「偏差值」。**3-7** 也提過，2018 年 11 月 4 日電視被偷，造成失竊金額異常的情況，接下來就是要介紹處理這個偏差值的方法。

基本上，不會任意刪除那些看似「偏差值」的資料，而是會「個別分析平價備品與非平價備品」，盡可能不讓分析結果受到個人主觀的影響。

這節會先篩選出「平價備品」，接著再針對 **3-4** 的母群體計算標準差，然後觀察 **3-4** 的結果與這次將重點放在「平價備品」的結果有何不同。

請執行下一頁的程式碼。

第一步是先篩選出「與平價備品有關的資料」。這段程式將 threshold_price 設定為備品金額的上限值，只篩選出價格低於此上限值的備品。最終篩選出 16 種備品。後續的處理雖然與 **3-4** 一樣，但得到的結果卻與 **3-4** 完全不同。

```
1  threshold_price = 10000
2  df_amenity_price_low = df_amenity_price[df_amenity_price["金額
   "]<threshold_price]
3  df_theft_201811_low = df_theft_201811[df_amenity_price[df_
   amenity_price["金額"]<threshold_price].index]
4  print(df_amenity_price_low)
```

圖3-8-1　篩選出平價備品的相關資料

```
            金額
浴巾        2000
手巾        1500
毛巾        1200
衣架         500
原子筆       1000
餐刀         500
叉子         500
湯匙         500
盤子        2000
杯子        1500
玻璃杯       1000
美妝用品      1000
電池         200
床單、床罩    5000
靠枕        7000
遙控器       2000
```

列出「每日失竊金額」可以發現，每天的失竊金額介於200元至7000元之間。「隨機抽樣10天份的資料，再計算平均值的分佈情況」之後，可以發現該分佈的形狀近似於常態分佈，而且標準差也縮小成558元左右，母群體的標準差也只有1,748元。這結果比**3-4**的結果少了一個位數，而且也比較穩定。

3-9則要讓這個結果套用在信賴區間。

```
1  import numpy as np
2  import matplotlib.pyplot as plt
3  list_amount = np.zeros(len(df_theft_201811_low.index))
4  for i_index in range(len(df_theft_201811_low.index)):
5      for i_column in range(len(df_theft_201811_low.columns)):
6          list_amount[i_index] += df_theft_201811_low.
   iloc[i_index,i_column]*df_amenity_price_low["金額"].
7  iloc[i_column]
8  plt.plot(list_amount,color="k")
9  plt.show()
```

圖 3-8-2　列出每日失竊金額

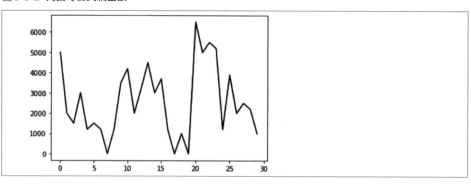

隨機抽樣10天份的資料，算出平均值的分佈情況　　　　📄 Chapter3.ipynb

```python
1  import numpy as np
2  # 設定樣本數(樣本集合的大小)
3  num_sample = 10
4
5  # 設定模擬次數
6  num_trial = 10000
7  x_trial = np.zeros(num_trial)
8
9  # 試算樣本平均值
10 for i in range(num_trial):
11     # 抽樣
12     x = list_amount
13     x_sample = np.random.choice(x,num_sample)
14     # 計算平均值
15     x_ave = np.average(x_sample)
16     # 儲存平均值
17     x_trial[i] = x_ave
18
19 # 計算樣本的平均值與標準差
20 x_trial_ave = np.average(x_trial)
21 x_trial_std = np.std(x_trial)
22 print("平均值:",x_trial_ave)
23 print("標準差:",x_trial_std)
24
25 # 繪製圖表
26 num_bin = 21
27 plt.hist(x_trial, num_bin,color="k")
28 plt.xlim([-50000,50000])
29 plt.show()
30 %matplotlib inline
```

圖 3-8-3　隨機抽樣 10 天份的資料，算出平均值的分佈情況

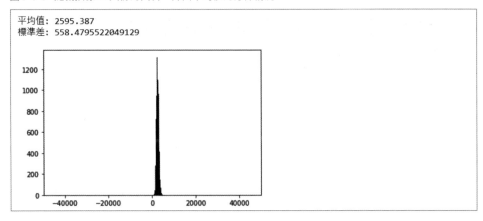

平均值：2595.387
標準差：558.4795522049129

推測平價備品的平均值與標準差 ④　　　　　　　　　　　　📄 Chapter3.ipynb

```python
import numpy as np
# 推測樣本集合的平均值與標準差
sample_std = 553
# 設定樣本集合的規模
num_sample = 10
# 計算群體的變異數
org_std = np.sqrt(num_sample)*sample_std
print("母群體的標準差:",org_std)
```

圖 3-8-4　根據中央極限定理逆推母群體的標準差

母群體的標準差：1748.7395460731138

針對平價備品的二年內失竊金額趨勢設定信賴區間

這節要利用 **3-8** 導出的統計值（平均值與標準差）再次執行 **3-6**、**3-7** 的信賴區間推測。請執行下列的程式碼。這段程式碼幾乎與 **3-6**、**3-7** 的程式碼相同，只有「設定每日平均失竊金額」與「設定標準差」這兩個部分是使用 **3-8** 導出的值。從最後可視化的信賴區間可以看出，信賴區間並未如 **3-7** 般擴張至負數的部分，而是落在平均值附近。

雖然這次只根據平價備品推測，但就一般的做法而言，也可以根據高價備品進行相同的推測，應該也會得到常態分布或近似常態分布的結果。不過，高價備品被偷的頻率較低，要進行相同的分析可能需要觀察更長一段時間。

計算每位住宿者造成的平均失竊金額　　　　　　　　　　　　　　🗋 Chapter3.ipynb

```python
import pandas as pd
import datetime as dt

# 設定每日平均失竊金額
theft_per_day = 2595

# 載入住宿資料
df_info = pd.read_csv("accomodation_info.csv", index_col=0,
parse_dates=[0])

# 篩選出每日平均住宿者人數
x = df_info.resample('D').count()
df_num = x.iloc[:,0]

# 篩選出一個月份的住宿者人數
target_date = dt.datetime(2018,11,30)
df_num_201811 = df_num[df_num.index <= target_date]
print("一個月份的住宿者人數:",sum(df_num_201811))

# 根據一個月份的住宿者人數計算每日平均住宿者人數
num_per_day = sum(df_num_201811)/len(df_num_201811)
print("每日平均住宿者人數:",num_per_day)
```

接續下一頁

```
22
23    # 每位住宿者造成的平均失竊金額
24    theft_per_person = theft_per_day/num_per_day
25    print("每位住宿者造成的平均失竊金額：",theft_per_person)
```

圖3-9-1 計算每位住宿者造成的平均失竊金額

一個月份的住宿者人數: 3913
每日平均住宿者人數: 130.43333333333334
每位住宿者造成的平均失竊金額: 19.895221058011757

推測兩年內失竊總金額與失竊金額的趨勢   📄 Chapter3.ipynb

```
1     import matplotlib.pyplot as plt
2     # 設定標準差
3     theft_std_per_day = 1748
4     theft_std_per_person = theft_std_per_day/num_per_day
5     print("每位住宿者造成的平均失竊金額的標準差：",theft_std_per_person)
6
7     # 設定信賴區間
8     list_estimated_theft = []
9     for i in range(len(df_num)):
10        temp_ave = df_num.iloc[i]*theft_per_person
11        temp_std = df_num.iloc[i]*theft_std_per_person
12        temp = [temp_ave-temp_std,temp_ave,temp_ave+temp_std]
13        list_estimated_theft.append(temp)
14
15    # 繪製圖表
16    plt.boxplot(list_estimated_theft)
17    plt.xticks(color="None")
18    plt.show()
19    %matplotlib inline
```

圖3-9-2 推測兩年內失竊總金額與失竊金額的趨勢

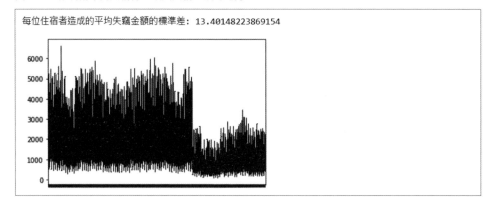

每位住宿者造成的平均失竊金額的標準差: 13.40148223869154

3-10

根據兩年份的資料「驗算」

本章先利用書面的各種資料找出常失竊的備品，之後再根據2018年11月這個月的資料進行分析。

根據這一個月份的資料推測兩年份的資料後，在 **3-6** 發現兩年內的失竊總金額約為323萬元。只要是價格低於一萬元以下的平價備品，信賴區間的範圍就小於每日幾千元的程度，可見是信賴度極高的數字。

之後也看到2018年11月4日電視被偷這筆資料，預測高價的備品也有一定的程度會被偷，所以覺得需要花一些成本整理書面資料，製作一份能說明兩年內失竊情況的詳細資料。

製作這份兩年內的詳細資料之後，便能根據這份資料確認截至目前為止的推測是否正確，而 **thief_list_2y.csv** 就是這份兩年內的詳細資料。

接著，檢視這份資料，確認截至目前為止的推測是否正確。請執行下列的程式碼。

載入兩年內所有備品失竊金額的資料，再繪製相關的趨勢圖，就會發現單件超過10,000元的高單價備品也有一定的頻率被偷。如果能拉長觀察的期間，高單價備品的失竊金額應該也會趨近常態分佈，但很難只憑數個月被偷一次的頻率得知趨勢，所以先將重點放在平價備品算是較理想的做法。

不過，所有備品的失竊總金額約為317萬元，與推測所得的323萬元相當接近，由此可知，即使手邊只有一個月的資料，推測的精確度還是有一定程度的可信度。此外，將重點放在平價備品時，每日平均的失竊金額介於0～10,000元這個範圍內，所以於 **3-9** 推測的信賴區間（數千元的範圍）似乎也有一定的正確性。

像這樣「先以少數的資料推測整體，並在了解資料的必需性之後收集資料」的流程，是將書面資料一步步轉換成數位資料的重要概念。

載入兩年份的資料　　　　　　　　　　　　　　　　　　　　🗋 Chapter3.ipynb

```
1  import pandas as pd
2  df_theft_2y = pd.read_csv("theft_list_2y.csv", index_col=0,
   parse_dates=[0])
3  df_theft_2y
```

圖3-10-1　載入資料

日期	浴巾	手巾	毛巾	浴袍	衣架	原子筆	餐刀	叉子	湯匙	盤子	...	靠枕	遙控器	電腦	吹風機	熨斗	咖啡機	檯燈	電話	電視	地毯
2018-11-01	1.0	1.0	0.0	0.0	0.0	0.0	0.0	0.0	0.0	0.0	...	0.0	0.0	0.0	0.0	0.0	0.0	0.0	0.0	0.0	0.0
2018-11-02	1.0	0.0	0.0	0.0	0.0	0.0	0.0	0.0	0.0	0.0	...	0.0	0.0	0.0	0.0	0.0	0.0	0.0	0.0	0.0	0.0
2018-11-03	0.0	0.0	0.0	0.0	1.0	0.0	0.0	2.0	0.0	0.0	...	0.0	0.0	0.0	0.0	0.0	0.0	0.0	0.0	0.0	0.0
2018-11-04	1.0	0.0	0.0	0.0	0.0	0.0	0.0	0.0	0.0	0.0	...	0.0	0.0	0.0	0.0	0.0	0.0	0.0	1.0	0.0	0.0
2018-11-05	0.0	0.0	1.0	0.0	0.0	0.0	0.0	0.0	0.0	0.0	...	0.0	0.0	0.0	0.0	0.0	0.0	0.0	0.0	0.0	0.0
...																					
2020-10-27	0.0	0.0	0.0	0.0	0.0	0.0	0.0	0.0	0.0	0.0	...	0.0	0.0	0.0	0.0	0.0	0.0	0.0	0.0	0.0	0.0
2020-10-28	0.0	1.0	0.0	0.0	0.0	0.0	0.0	0.0	0.0	0.0	...	0.0	0.0	0.0	0.0	0.0	0.0	0.0	0.0	0.0	0.0
2020-10-29	0.0	0.0	0.0	0.0	1.0	0.0	0.0	0.0	0.0	0.0	...	0.0	0.0	0.0	0.0	0.0	0.0	0.0	0.0	0.0	0.0
2020-10-30	0.0	0.0	0.0	0.0	0.0	0.0	0.0	0.0	0.0	0.0	...	0.0	0.0	0.0	0.0	0.0	0.0	0.0	0.0	0.0	0.0
2020-10-31	0.0	1.0	0.0	0.0	0.0	0.0	0.0	0.0	0.0	0.0	...	0.0	0.0	0.0	0.0	0.0	0.0	0.0	0.0	0.0	0.0

731 rows × 26 columns

計算失竊金額的趨勢／平價備品的失竊金額趨勢　　　📄 Chapter3.ipynb

```python
import numpy as np
import matplotlib.pyplot as plt
list_amount = np.zeros(len(df_theft_2y.index))
threshold_price = 10000
for i_index in range(len(df_theft_2y.index)):
    for i_column in range(len(df_theft_2y.columns)):
        list_amount[i_index] += df_theft_2y.iloc[i_index,i_column]*df_amenity_price["金額"].iloc[i_column]
        if (df_theft_2y.iloc[i_index,i_column]>0)and(df_amenity_price["金額"].iloc[i_column]>threshold_price):
            print(df_theft_2y.index[i_index],df_theft_2y.columns[i_column],df_theft_2y.iloc[i_index,i_column],"件",df_theft_2y.iloc[i_index,i_column]*df_amenity_price["金額"].iloc[i_column],"元")
print("失竊總金額:",sum(list_amount))
plt.plot(list_amount,color="k")
plt.show()
```

繪製平價備品的失竊總金額　　　　　　　　　　　　　　　📄 Chapter3.ipynb

```python
1   import numpy as np
2   import matplotlib.pyplot as plt
3
4   # 篩選出平價備品的相關資料
5   threshold_price = 10000
6   df_amenity_price_low = df_amenity_price[df_amenity_price["金額
    "]<threshold_price]
7   df_theft_2y_low = df_theft_2y[df_amenity_price[df_amenity_
    price["金額"]<threshold_price].index]
8
9   # 失竊金額的趨勢
10  list_amount = np.zeros(len(df_theft_2y_low.index))
11  for i_index in range(len(df_theft_2y_low.index)):
12      for i_column in range(len(df_theft_2y_low.columns)):
13          list_amount[i_index] += df_theft_2y_low.iloc[i_
    index,i_column]*df_amenity_price_low["金額"].iloc[i_column]
14  print("失竊總金額:",sum(list_amount))
15  plt.plot(list_amount,color="k")
16  plt.show()
```

圖 3-10-2 兩年內所有備品的失竊金額趨勢　　　　　　**圖 3-10-3** 顯示平價備品的失竊總金額

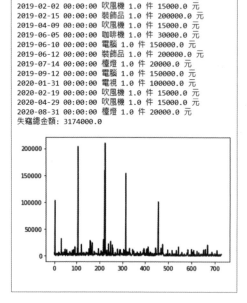

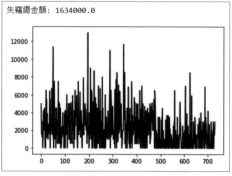

第二篇

數理最佳化篇

第一篇完整介紹了機率、統計、機械學習，也分析了實務的資料，進而找出有潛力的顧客群，也知道後續該朝哪個方向推動業務。

第二篇要介紹的是數理最佳化的知識，學習根據資料分析的結果擬定最佳戰略的流程。許多數理最佳化的專業書籍只有一堆公式與艱澀的說明，很少說明該怎麼應用這些公式，不禁讓人覺得應用這些公式與知識的門檻很高。

所以本書只說明需要了解的公式，再透過圖解與程式碼讓大家掌握這些公式背後的「思考邏輯」。

第 **4** 章

了解解決最佳化問題的流程

透過最佳路徑規劃問題，
了解解決最佳化問題的方法

「該 怎麼學習所謂的數理最佳化，學會了又有什麼用呢？」許多
正在學習數理最佳化或是準備學習的人，都會問我這個問題。
「最佳化」其實算是很常聽到的字眼，資料科學家、企業顧問或是工程師
應該很常聽到客戶要求「不能讓AI幫忙找出最佳答案嗎？（明明不知道該
用什麼方法）」。

數理最佳化可在想讓人手處理的部分自動化、或是設計更有效率的作業
方式時派上用場。想設定某種指標，並讓該指標最大化或最小化的時候，
都可利用「公式化」的方式進行。雖然在這過程中會使用一些公式，但不
需要具備太高深的數學知識，當然也可以把這個過程寫成程式碼。

本章要以「最佳化問題」的「公式化」方式解決問題，同時說明解題的
流程。「最佳化問題」雖然有很多種，但只要了解將這類問題「公式化」
的方法，以及了解解題的流程，之後就只需要思考該以何種公式化的方
法解決眼前的問題。

搜尋最佳化路徑的背景

某間中型倉儲公司委託你解決某個最佳化的問題。了解委託內容之後才發現，該倉儲公司到目前為止都是由第一線的工作人員憑直覺或經驗，規劃各處倉庫與倉庫之間的建材配送路線。

可是第一線的工作人員漸漸凋零，也沒能培育出傳承相關經驗的年輕員工，所以該倉庫公司的高層便問你「有沒有辦法讓AI學習這些經驗」。

接到這項委託之後，你認為應該先建立最佳化配送路徑的演算法，而不是先學習第一線工作人員的直覺與經驗。

接著，思考最佳化配送路線的方法。

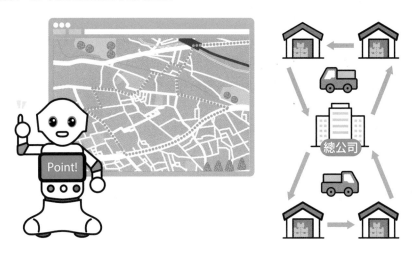

4-1

了解解決數理最佳化問題的方法

不管是配送路線或是其他主題時,通常「最佳化」的步驟都是固定的,簡單來說就是「設定問題」與「解決問題」。

前者的「設定問題」稱為「**公式化**」,主要的內容是找出需要最佳化的部分。以配送路線的最佳化問題而言,不是找出最短的配送路線,就是找出配送成本最低的路線,所以在執行公式化的步驟時,可將「最小總移動距離」或「最小總配送成本」設定為需要最小化的部分。

下個步驟的「解決問題」則通常有兩種方式。第一種方式就是先算出所有模式(路線)再找出公式,然後找出總移動距離或總配送路線最小的路線。這個方法雖然可導出正確答案,但也很耗費時間,因為要算出所有路線。

因此才會出現第二種用來縮短計算時間的方法,那就是所謂的「**啟發式演算法**」。所謂的啟發式演算法是一種能根據經驗快速找到最佳解答的方法,而這類方法又可分成兩種,一種是解決特殊問題的特殊解法,另一種則是可於多數最佳化問題使用的一般解法。
特殊解法雖然可解決特殊問題,但如果不太了解制式化的問題,可試著利用一般解法處理。

不管是特殊解法還是一般解法,啟發式演算法無法算出所有模式(路線),所以雖然可縮短計算時間,但不一定能導出最佳解答,所以把啟發式演算法視為可導出「接近最佳解答的解答」的方法會比較理想。

圖4-1-2與**圖**4-1-3是以上述方法執行最佳化配送路線計算後,找出的最佳化配送路線(總配送路線最短)的結果。

本章的主題是最佳化配送路線,**4-2**要說明「公式化」的步驟,**4-3**則要說明窮舉式演算法與啟發式演算法的使用方法。

話不多說，馬上來解決最佳化配送路線這道題目。

圖4-1-1　數理最佳化問題的全貌

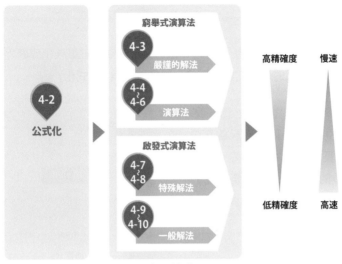

圖4-1-2　搜尋最短移動距離的路線

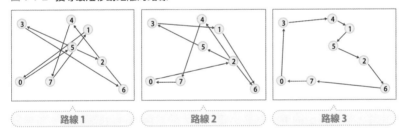

圖4-1-3　慢慢逼近最短移動距離的情況

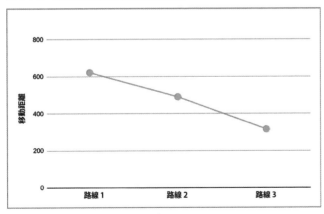

4-2

了解數理最佳化的起點「公式化」

一開始先找出該問題的「目的」以及相關的「條件」，這可是在解決數理最佳化問題之際的重點。這個將問題轉換成公式的過程在數理最佳化的領域稱爲**「公式化」**。

公式化這個過程可幫助我們解決各種問題。比方說，假設我們要切出一塊面積接近10平方公尺的正方形，最理想的邊長應該多長？
由於正方形的面積是邊長的平方，所以當邊長爲x，面積就是x^2，而當x^2無限逼近10之際的x就是「最佳」的邊長。

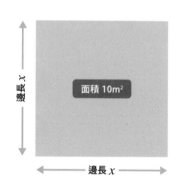

讓這個問題公式化之後，可得到下列的結果。

（目的）x平方和10的差的最小值
（條件）x爲正數

將所有正數x代入這個公式之後，可發現x約等於3.16的時候最接近10公尺平方（x的平方與10最小的差距約等於0）。要利用程式解決最佳化問題時，先將問題轉換成公式卽可。

將問題轉換成公式時，想要得出的解答（最小值或最大值）稱爲「目標函數」，通常會在問題轉換成公式的時候使用下列的用語。

想要最小值（或最大值）的部分 ➡ min（max）
制約（條件）➡ s.t.

若使用上述的用語將前面的問題轉換成公式，可得到下列的公式。

$$\min : |10 - x^2|$$
$$\text{s.t.} : x \geq 0$$

「x平方和10的差的最小值」這個目的可利用「$\min: |10 - x^2|$」這個代表$10 - x^2$最小值的絕對值的公式呈現，此外「x爲正數」這個條件則可寫成「s.t. $x \geq 0$」。

第二篇 數理最佳化篇

這就是公式化大致的流程。接著，根據這個流程將最佳化配送路線這個問題轉換成公式。最佳化配送路線問題的目的在於提升配送效率，換言之，就是縮短前往每處倉庫的總移動距離。

至於制約條件就是已經知道所有倉庫之間的距離，以及每間倉庫只能去一次。這道問題的目的與條件如下。

（目的）最小化配送路線總移動距離

（條件）已知所有倉庫之間的距離，每間倉庫只能去一次

若將目的與條件寫成公式，可得到下列的結果。

$$\min: \sum_{i \in V} \quad \sum_{j \in V} \quad d_{ij} f_{ij}$$

$$\text{s.t.}:$$
$$V \text{（該去的倉庫的集合）}$$
$$d_{ij} \ (\forall i \in V, \ \forall j \in V)$$
$$f_{ij} \in \{0, 1\}$$
$$f_{ij} = 0 \ (\forall i \notin V_{visited})$$
$$f_{ij} = 0 \ (\forall j \in V_{visited})$$

上述公式的意義如下。d 代表倉庫與倉庫之間的移動距離，f 代表是否直接於該倉庫之間移動。換言之，d_{ij} 代表的是倉庫 i 與倉庫 j 之間的移動距離。如果能與倉庫 i 與倉庫 j 之間移動，則 f_{ij} 為 1，如果不行，則 f_{ij} 為 0。當倉庫有 10 間，該去的倉庫的集合 V 將會是 1,2,…10，其中包含 d_{ij} 與 f_{ij} 的 i 與 j。只要 i 或 j 是去過的倉庫，f_{ij} 就會是 0。

要利用程式解決最佳化問題時，不需要了解每個公式，只需要將題目轉換成公式，但有些參考書籍會以這些公式為主題，所以遇到這些公式時，不妨翻閱這類參考書籍。

這次要解決的最佳化配送路線問題屬於最小化總移動距離的問題，而在這類問題之中，最為有名的問題就是「旅行業務員問題」。其他還有下列這些利用額外的條件，試著讓公式變得更複雜的問題。

有些道路在某段時間之內不能經過
有些倉庫之間的路線是單行道

本章的目的在於了解最佳化問題的解法，所以打算介紹最基本的旅行業務員問題。

4-3

執行窮舉式演算法

這節要使用窮舉式演算法這個最基本的最佳化問題解法,解決旅行業務員最佳化配送路線問題。

窮舉式演算法又稱為暴力破解法(brute-force attack)。這種演算法雖然耗時,卻能正確求出最佳解答。

以旅行業務員問題為例,就是找出所有從起點出發,在經過所有頂點一次之後回到起點的路線,然後計算每一條路線的移動距離,再從中找出移動距離最短的路線。

第一步,先繪製將各處倉庫當成頂點的圖表。請執行下列的程式碼。

繪製將各處倉庫當成頂點的圖表 ①　　　　　　　　　　　　　　　　🗋 Chapter4.ipynb

```python
1  import numpy as np
2  np.random.seed(100)
3  import networkx as nx
4  import matplotlib.pyplot as plt
5  import pandas as pd
6
7  # 將頂點數設定為8
8  n = 8
9
10 # 載入各地點的座標
11 vertices = pd.read_csv('vertices.csv').values
12 print('倉庫的座標')
13 print(vertices)
14
15 # 繪製圖表
16 g = nx.DiGraph()
17
18 # 在圖表追加n個頂點
19 g.add_nodes_from(range(n))
20
21 # 將頂點座標的相關資訊整理成容易新增至圖表的格式
22 pos = dict(enumerate(zip(vertices[:, 0], vertices[:, 1])))
23
24 # 繪製圖表
```

接續下一頁

```
25   nx.draw_networkx(g, pos=pos, node_color='c')
26   print('倉庫的相對位置')
27   plt.show()
```

圖 4-3-1　將各處倉庫當成頂點的圖表　　　　圖 4-3-2　計算距離

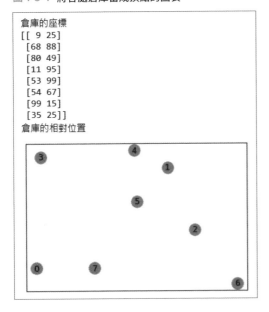

倉庫的座標
```
[[ 9 25]
 [68 88]
 [80 49]
 [11 95]
 [53 99]
 [54 67]
 [99 15]
 [35 25]]
```
倉庫的相對位置

代表倉庫間距離的矩陣
```
[[  0  86  74  70  86  61  90  26]
 [ 86   0  40  57  18  25  79  71]
 [ 74  40   0  82  56  31  38  51]
 [ 70  57  82   0  42  51 118  74]
 [ 86  18  56  42   0  32  95  76]
 [ 61  25  31  51  32   0  68  46]
 [ 90  79  38 118  95  68   0  64]
 [ 26  71  51  74  76  46  64   0]]
```

繪製將各處倉庫當成頂點的圖表 ②　　　　　　　　　🗋 Chapter4.ipynb

```
1    # 以矩陣呈現頂點之間的距離
2    graph = np.linalg.norm(
3        vertices[:, None] - vertices[None, :],
4        axis=-1,
5    )
6    # graph(5, 3) 代表從頂點5到頂點3的距離
7    # graph(0, 7) 代表從頂點0到頂點7的距離
8
9    # 為了方便計算，無條件捨去小數點
10   graph = graph.astype(int)
11
12   print('代表倉庫間距離的矩陣')
13   print(graph)
```

上述的程式碼可繪製倉庫之間的路線。這次使用了 networkx 這個函式庫將頂點與連接頂點的路線繪製成「圖表」。具體來說，繪製成圖表的步驟有 6 個，會一步步標示每個倉庫的位置。

第一個步驟是先決定倉庫（頂點）的數量，而這次的程式碼將倉庫的數量設定為8，第二個步驟是決定每處倉庫的座標，這次的程式碼則是直接載入儲存了這些座標的csv檔案。

第三個步驟是宣告圖表，第四個步驟是將八個倉庫（頂點）新增至剛剛宣告的圖表，第五個步驟是整理這些資料的格式，最後一個步驟則是繪製圖表。

接下來要前往這些倉庫（頂點），算出每個頂點之間的距離。下一頁的程式碼將算出每個頂點之間的距離。

執行下一頁的程式碼之後，會計算所得的各頂點間距離存入 graph 這個矩陣。比，第1列第2欄為0號倉庫（頂點）與1號倉庫（頂點）之間的距離。為了方便計算，頂點之間的距離將無條件捨去小數點以下的數字，直接化為整數使用。依序算出每處頂點之間的距離之後，即可算出總移動距離。之後只需要找出經過所有倉庫的路線（所有可能的移動路線），再計算每一條路線的總移動距離，就能進行比較，從中找出總移動距離最短的路線。執行下列的程式碼可算出所有移動路線的總移動距離。

計算所有巡迴路線的總移動距離   🗋 Chapter4.ipynb

```python
from itertools import permutations

# 決定起點(終點)
src = 0

# 找出所有路線(除了起點之外)
routes = np.array([*permutations(range(1, 8))]).T

# 輸出路線數
m = routes.shape[1]
print(f'路線數：{m}')

# 在開頭與結束追加起點
routes = np.pad(routes, pad_width=((1,1), (0,0)),
constant_values=src)
print('列舉所有路線')
print(routes)

# 算出每條路線的總移動距離
dist = graph[routes[:-1], routes[1:]].sum(axis=0)
print('每條路線的總移動距離')
print(dist)
```

上述的程式碼由兩個步驟組成。第一個步驟是列出所有巡迴路線（抵達每處倉庫的路線），使用的是函式庫 itertools 的 permutations 函數。

permutations 函數可算出數列所有的排列順序（以 [0, 1, 2] 這個數列為例，可算出 [0, 1, 2][0, 2, 1][1, 0, 2][1, 2, 0][2, 0, 1][2, 1, 0] 這 6 種排列順序）。上述的程式將最初與最後的頂點設定為 0。下個步驟則是加總各頂點之間的距離，藉此算出每個路線的總移動距離。

上述程式碼的執行結果請參考以下的圖。變數 m 為路線數量（共 5040 種），routes 為巡迴路線（各欄為巡迴倉庫的路線，第 1 列為第 1 個倉庫，第 2 列為下一個倉庫，以此類推），dist 為每條路線的總移動距離（第一條巡迴路線的總移動距離為 440，第二條巡迴路線為…）。

圖4-3-3 計算所有巡迴路線的總移動距離

```
路線數: 5040
列舉所有路線
[[0 0 0 ... 0 0 0]
 [1 1 1 ... 7 7 7]
 [2 2 2 ... 6 6 6]
 ...
 [6 7 5 ... 3 1 2]
 [7 6 7 ... 1 2 1]
 [0 0 0 ... 0 0 0]]
每條路線的總移動距離
[440 482 485 ... 471 403 440]
```

利用上述的程式碼算出所有路線的總移動距離之後，接著只需要從中挑出最小的結果，就能算出最短的總移動距離以及對應的路線。請執行下列的程式碼。

計算最短距離

```
1  print(f'最短距離: {dist.min()}')
```

圖4-3-4 最短的總移動距離

```
最短距離: 314
```

求出移動距離最短的路線　　　　　　　　　　　　　　　🗎 Chapter4.ipynb

```
1  # 根據由小至大的移動距離排序路線
2  i = np.argsort(dist)
3  routes = routes[:, i]
4  dist = dist[i]
5  print('根據由小至大的移動距離排序路線')
```

接續下一頁

```
6   print(dist)
7
8   path = routes[:, 0]
9   print(f'最短路線: {path}')
10  print(f'最短距離: {dist[0]}')
```

圖 4-3-5 顯示巡迴路線

```
根據由小至大的移動距離排序路線
[314 314 336 ... 618 620 620]
最短路線: [0 3 4 1 5 2 6 7 0]
最短距離: 314
```

上述的程式碼會根據由小至大的移動距離排序路線,再輸出第一條路線,也就是移動距離最短的路線以及對應的距離。最後可執行下列的程式碼繪製移動距離最短的路線。

繪製移動距離最短的巡迴路線　　　　　　　　　　　　　　　🗋 Chapter4.ipynb

```
1   for i in range(n):
2       nx.draw_networkx(g, pos=pos, node_color='c')
3       plt.show()
4       g.add_edge(path[i], path[i+1])
5   nx.draw_networkx(g, pos=pos, node_color='c')
6   plt.show()
7
8
9   for i in range(n):
10      g.remove_edge(path[i], path[i+1])
```

圖 4-3-6 顯示移動距離最短的路線

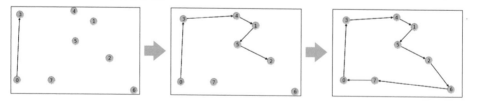

我們透過上述推導出[0, 3, 4, 1, 5, 2, 6, 7, 0]這條移動距離只有314的最短路線,而這就是利用「窮舉式演算法」找出所有巡迴路線,再從中找出最短路線的方法。

如果元素,也就是倉庫的數量不多時,這個方法可快速找出最短路線,但是當元素的數量變多,需要的計算時間就會大增,所以有必要另尋一個更有效率的計算方法。

4-4 之後將介紹縮短「窮舉式演算法」的計算時間,找出最短路線的方法。

了解利用演算法解決問題的方法

雖然在 **4-3** 利用「窮舉式演算法」找出了移動距離最短的巡迴路線，但是這種演算法不太適用於元素的數量增加，也就是要巡迴的倉庫增加的情況，因為計算所需的時間會一口氣增加，所以也必須另循他法，以更有效率的方式找出最短的巡迴路線。在此就為大家介紹數理最佳化不可或缺的「計算量」。

程式執行所需時間可利用「計算量」這個概念衡量。一般來說，計算量會以 O（朗道符號）寫成 $O(N)$，N 代表的是元素的數量，而 $O(N)$ 則代表「執行程式之際，大約需要進行小於等於 N 次的計算」。計算量的標記方式有很多種，在此僅統一為朗道符號。

我們先用個簡單的範例了解計算量是怎麼一回事。執行下列的程式碼之後，可算出 1 至 N（＝100）的總和。

算出1至100的總和　　　　　　　　　　　　　　　　　　　　　📄 Chapter4.ipynb

```
1  # 將n設定為100
2  n = 100
3  s = sum(i for i in range(1, n+1))
4  print(f'總和: {s}')
```

圖 4-4-1　利用 for 迴圈算出總和

```
總和: 5050
```

這個程式會加總 1 至 N（＝100）的值，執行 N 次計算（加法）（所以算出 5050 這個總和）。因此計算量可用 $O(N)$ 表示。
當 N＝100，電腦將進行 100 次計算。

之前我們是以窮舉法尋找最短巡迴路線，解決旅行業務員問題，這次試著找出以這種方式計算之下的計算量。這次的計算量會以 $O(N!)$ 的方式呈現，而 $N!$ 的意思是 N 的階乘（$1×2×\cdots×N$）。當 N＝10，大約會進行 360 萬次計算。

以一般電腦的CPU來看，若以C++這類語言計算，一秒大約可進行10億次計算，若使用的是Python這類處理速度較慢的語言，一秒約可進行1千萬次計算。若使用的是多核心的CPU或是超級電腦進行平行處理，或是利用numpy這類函數取用更多記憶體與執行平行處理，速度會更快，但依舊能以上述的速度推測計算量與計算時間。

以窮舉式演算法解決旅行業務員問題時，若頂點有10個（加入起點的話有11個），大約需要經過360萬次的計算才能算出答案，而且每增加一個頂點，計算量有可能會增加N倍，所以頂點有11個的時候，計算量會是頂點只有10個時的10倍，假設頂點增加至15個，恐怕得三個小時才能算出最佳解。

由此可知，以窮舉法解題時，哪怕N的數字稍微放大，計算量與計算時間都會增加至不符合實際使用情況的程度，所以得另外找一個更有效率的解題方法。接著想想看，其他的演算法能讓計算時間縮短多少。我們先以剛剛從1加總至N的程式（假設N＝10）為例，思考該怎麼縮短計算時間。

由於這個程式只是單純地從1加總至N，所以計算量與N的大小呈正比（也就是線性增加）。所以，接下來要試著讓這個程式更有效率。

假設要計算的總和為S

$$S = 1 + 2 + 3 + 4 + 5 + 6 + 7 + 8 + 9 + 10 \quad \text{（公式①）}$$

公式就會如上，而這個公式也可

$$S = 10 + 9 + 8 + 7 + 6 + 5 + 4 + 3 + 2 + 1 \quad \text{（公式②）}$$

改寫成上述的公式。
若讓公式①與公式②兩式相加，可得到下列的公式。

$$2S = 11 + 11 + 11 + 11 + 11 + 11 + 11 + 11 + 11 + 11 = 11 \times 10 \quad \text{（公式③）}$$

從中可以發現，11出現了10次，因此以2除以等號兩邊

$$S = \frac{11 \times 10}{2} \quad \text{（公式④）}$$

即可整理出上述的公式。如此一來，只需要執行1次乘法，就能算出10次加法的結果。

將上述的乘法整理成程式碼之後，可得到下列的結果。

執行1次乘法，算出1加總至10的結果　　　　　　　　　　　　📄 Chapter4.ipynb

```
1  n = 10
2  s = (1+n)*n//2
3  print(f'總和: {s}')
```

圖4-4-2　利用總和的公式計算

```
總和: 55
```

就算N放大至10000，也能根據前述的邏輯，利用下一頁的程式碼算出結果。

執行1次乘法，算出1加總至10000的結果　　　　　　　　　📄 Chapter4.ipynb

```
1  n = 10000
2  s = (1+n)*n//2
3  print(f'總和: {s}')
```

圖4-4-3　n放大的情況

```
總和: 50005000
```

上述兩個程式的計算量都可寫成$O(1)$，代表計算時間與N無關，只需要計算一次就能算出結果。

接著，以同樣的邏輯讓原本龐大的計算量減少至$O(1)$的程度。試著導出，下列公式定義的總和。

$$S = \sum_{i=1}^{N} \sum_{j=1}^{M} i \times j \quad \text{……（公式⑤）}$$

這是讓1至N的數與1至M的數兩兩相乘，再加總所有相乘結果的公式。假設要以加法算出S，就必須計算1加總至N與1加總至M，計算量就會是$O(NM)$。

我們知道的是，只要調整公式就能有效率地完成這道題目的計算。

（公式⑤）可整理成下列的，

$$S = \sum_{i=1}^{N} i \sum_{j=1}^{M} j \quad \cdots\cdots\cdots \text{（公式⑥）}$$

若以（公式④）的邏輯整理這個公式

$$S = \frac{(1+N)\,N}{2} \times \frac{(1+M)\,M}{2} \quad \cdots\cdots\cdots \text{（公式⑦）}$$

可得到上述的公式[※]。由於（公式⑦）只需要計算一次就能算出答案，所以可將 $O(NM)$ 的計算量壓縮至 $O(1)$。

由此可知，只要改良演算法就能大幅壓縮計算量。目前有許多演算法都很有效率，大量練習解題也能自行開發有效率的演算法。

建議對演算法有興趣的讀者，多了解不同種類的演算法。

[※]（公式⑦）也可利用 $\sum$ 因數分解整理。

$$S = 1 \times 1 + 1 \times 2 + \ldots + 1 \times M + 2 \times 1 + \ldots + 2 \times M + \ldots N \times 1 + \ldots + N \times M$$
$$S = (1+2+\ldots+N) \times 1 + (1+2+\ldots+N) \times 2 + (1+2+\ldots+N) \times M$$
$$S = (1+2+\ldots+N) \times (1+2+\ldots+M)$$
$$S = \frac{(1+N)\,N}{2} \times \frac{(1+M)\,M}{2}$$

4-5

學習以動態規劃演算法算出精確解答的方法

接著要說明以「動態規劃演算法」更快找出最短巡迴路徑的方法。在學習動態規劃演算法之前，我們先複習一下以窮舉法解題的方法。

窮舉法會如下圖列出所有路線，以及計算每條路線的總移動距離。

圖4-5-1 窮舉法的示意圖

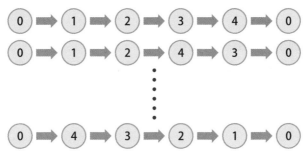

一如**4-4**所述，以窮舉法計算最佳解的時候，計算量為$O(N!)$，而要提升窮舉法的效率，就要找出有沒有多餘的計算，也就是重複的計算。比方說，可透過下列的示意圖確認有無重複的計算。

圖4-5-2 利用窮舉法計算之際，產生重複計算的部分

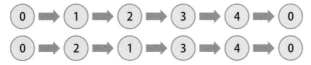

在上述例子之中的兩條路線可以發現，3→4→0的部分重複了，換言之，以窮舉法計算時，3→4→0這段距離會重複計算，而且這類型的重複應該還有很多。

若能處理這些重複的計算，應該就能提升計算的效率，所以我們一邊觀察**圖4-5-2**，一邊假設最短路徑的最後是3→4→0這段路線，此時尚未巡迴的頂點只有1與2，所以

只要計算0→1→2→3與0→2→1→3這兩條路線，再從中選出移動距離最短的路線，就能算出移動距離最短的路線，而這條路線的總移動距離也只需要加上3→4→0這段距離即可算出。

這次假設最短路線的最後一段距離為3→4→0。

最後一段距離若不是3→4→0，而是1→4→0或2→4→0，一樣可算出最短的總移動距離，之後只需要比較1→4→0、2→4→0、3→4→0，就能知道這三段距離哪一段最短。同理可證，就算最後一段距離不是4→0，而是1→0、2→0或3→0，也一樣可以算出最短的總移動距離。如此一來，便能一邊與所有的路線比較，一邊求出最短的路線。

上述的邏輯可標準化為下列的內容。

- 最短路線的最後一個頂點一定是0。
- 該路線若是最短路線，會有下列四種移動順序，其中移動距離最短的順序就是最佳解。
  - 在沒有0的頂點集合之中，計算最後抵達的頂點為1時的最短距離，之後再加上1→0的距離。
  - 在沒有0的頂點集合之中，計算最後抵達的頂點為2時的最短距離，之後再加上2→0的距離。
  - 在沒有0的頂點集合之中，計算最後抵達的頂點為3時的最短距離，之後再加上3→0的距離。
  - 在沒有0的頂點集合之中，計算最後抵達的頂點為4時的最短距離，之後再加上4→0的距離。
- 在上述四種順序之中，要計算沒有0這個頂點且最後抵達的頂點為1的最短路線，會有下列三種移動順序，其中移動距離最短的順序為最佳解。
  - 在沒有0與1的頂點集合之中，計算最後抵達的頂點為2的最短距離，再加上2→1的距離。
  - 在沒有0與1的頂點集合之中，計算最後抵達的頂點為3的最短距離，再加上3→1的距離。
  - 在沒有0與1的頂點集合之中，計算最後抵達的頂點為4的最短距離，再加上4→1的距離。
- 其他三種也可利用歸納法（迴歸）的方式找出最短路線。

若將上述的流程畫成圖，可得到下列的示意圖。

圖 4-5-3　當最短路線爲 0→3→1→4→2→0

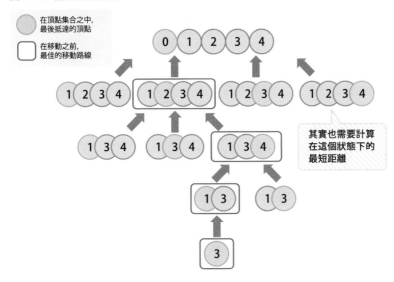

在頂點集合之中，
最後抵達的頂點

在移動之前，
最佳的移動路線

其實也需要計算
在這個狀態下的
最短距離

這種固定終點，以及將路線拆成多段再進行比較，從中找出最短路線的方法稱爲「**動態規劃法**」。動態規劃法的英文爲 Dynamic Programming，又可簡寫爲 **DP**。

與其說動態規劃法是一種手法，不如說是一種結合拆解與比較的演算法，也可說成是以迴歸方式求出最佳解的「漸進式演算法」。

此外，也可利用漸進式演算法將計算最短距離的過程整理成下列的公式。這個公式也僅供大家參考。

$$DP_{S \cup v,v} = min_{u \in S}\ (DP_{S,u} + dist_{u,v})$$

$$DP_{\phi,0} = 0$$

在這個公式之中，頂點集合 $_{S \cup v}$ 的意思是，以頂點 v 爲最後抵達的頂點，此時「在沒有 v 的頂點集合 S 之中，若 u 是最後抵達的頂點，那麼在各種從 S 抵達 u 的路線加上 u→v 的距離，接著從中挑出移動距離最短的路線，就能算出 S 至 v 的最短距離」。

4-6 將實際執行程式，體驗以動態規劃法導出最短路線的過程。

4-6

了解動態規劃法的程式碼

接下來要將 **4-5** 解說的動態規劃法（DP）寫成程式碼。

第一步是定義需要的類別，並且確認這個程式的確能有效率地找出最短路線之後，再說明類別的函數。

先確認在下列程式碼定義的類別。

定義比較動態規劃法（DP）與窮舉法所需的類別①   🗂 Chapter4.ipynb

```
1   from itertools import combinations
2   import pandas as pd
3   import random
4   inf = float('inf')
5
6   class Graph:
7       class Edge:
8           def __init__(self, weight=1, **args):
9               self.weight = weight
10
11          def __repr__(self):
12              return f'{self.weight}'
13
14
15      def __init__(self, n):
16          self.N = n
17          self.edges = [{} for _ in range(n)]
18
19
20      # 追加邊
21      def add_edge(self, u, v, **args):
22          self.edges[u][v] = self.Edge(**args)
23
24
25      @classmethod
26      def from_csv(cls, path):
27          nodes = pd.read_csv(path).values
28          n = nodes.shape[0]
29          print(f'頂点數: {n}')
30          weights = cls.weights_from_nodes(nodes)
31
```

接續下一頁

```
32          g = cls(n)
33          g.generate_network(nodes)
34
35          for u in range(n):
36              for v in range(n):
37                  g.add_edge(u, v, weight=weights[u, v])
38          return  g
39
40
41      @staticmethod
42      def generate_nodes(n):
43          nodes = np.random.randint(low=0, high=100, size=(n,
2))
44          return nodes
45
46
47      def generate_network(self, nodes):
48          n = len(nodes)
49          network = nx.DiGraph()
50          network.add_nodes_from(range(n))
51          pos = dict(
52              enumerate(zip(nodes[:, 0], nodes[:, 1]))
53          )
54          nx.draw_networkx(network, pos=pos, node_color='c')
55          self.network = network
56          self.pos = pos
57          return network
58
59
60      @staticmethod
61      def weights_from_nodes(nodes):
62          return np.linalg.norm(
63              nodes[:, None] - nodes[None, :],
64              axis=-1,
65          ).astype(np.int64)
66
67
68      # 隨機產生邊的函數(若需要建立csv以外的模式可以使用這個函數)
69      def generate_edges(self):
70          random.seed(0)
71          for u, v in combinations(range(self.N), 2):
72              weight = random.randint(1, 100)
73              self.add_edge(u, v, weight=weight)
74              self.add_edge(v, u, weight=weight)
```

接續下一頁

```
75        for u in range(self.N):
76            self.add_edge(u, u, weight=0)
77
78
79    # 計算路線的總移動距離(窮舉法)
80    def calculate_dist(self, route):
81        n = self.N
82        source = route[0]
83        route += [source]
84        return sum(
85            self.edges[route[i]][route[i+1]].weight
86            for i in range(n)
87        )
88
89
90    def show_path(self, path):
91        n = self.N
92        network = self.network
93        pos = self.pos
94        for i in range(n):
95            network.add_edge(path[i], path[i+1])
96        nx.draw_networkx(
97            network,
98            pos=pos,
99            node_color='c',
100        )
101        plt.show()
102        self.remove_edges()
103
104
105    def remove_edges(self):
106        network = self.network
107        network.remove_edges_from(
108            list(network.edges)
109        )
```

定義比較動態規劃法（DP）與窮舉法所需的類別②　　　　　　　　　Chapter4.ipynb

```
1    class TSPBruteForce(Graph):
2        # 窮舉式演算法(用來與DP演算法比較,不會使用numpy撰寫相關的程式碼)
3        def __call__(self, src=0):
4            n = self.N
5            stack = [([src], 1<<src)]
6            dist = float('inf')
7            calc_count = 0
```

接續下一頁

```
8      while stack:
9          route, visited = stack.pop()
10         if visited == (1<<n) - 1:
11             calc_count += 1
12             d = self.calculate_dist(route)
13             if d >= dist: continue
14             dist = d
15             res_route = route
16
17         for i in range(n):
18             if i==src or visited>>i & 1: continue
19             nxt_route = route.copy()
20             nxt_route.append(i)
21             stack.append((nxt_route, visited|(1<<i)))
22
23         print(f'計算次數: {calc_count}')
24         return dist, res_route
```

定義比較動態規劃法（DP）與窮舉法所需的類別③　　　📄 Chapter4.ipynb

```
1   class TSPDP(Graph):
2       # DP演算法
3       def __call__(self, src=0):
4           n = self.N
5           dp = [[(inf, None)] * n for _ in range(1<<n)]
6           dp[1][src] = (0, None)
7           calc_count = 0
8           for s in range(1<<n):
9               for v in range(n):
10                  if s>>v&1: continue
11                  t = s|(1<<v) # t是在s追加v的集合
12                  for u in range(n):
13                      if ~s>>u&1: continue
14                      d = dp[s][u][0] + self.edges[u][v].weight
15                      if d >= dp[t][v][0]:
16                          continue
17                      dp[t][v] = (d, u)
18                      calc_count += 1
19
20          print(f'計算次數: {calc_count}')
21
22          dist = inf
23          predecessor = []
24          for u in range(1, n):
```

接續下一頁

```
25              s = (1 << n) - 1
26              d = dp[s][u][0] + self.edges[u][src].weight
27              if d >= dist: continue
28              dist = d
29              predecessor = [src]
30              while True:
31                  v = u
32                  predecessor.append(v)
33                  u = dp[s][v][1]
34                  if u is None: break
35                  s &= ~(1 << v)
36
37          return dist, predecessor[::-1]
```

上述的程式碼定義了 Graph 類別，指派了巡迴路線之中的倉庫的資訊，並且計算各倉庫之間的移動距離，同時從中找出最短路線。接著爲大家簡單地說明一下程式碼。

於 Graph 類別定義的 Edge 類別具有「邊」的資訊（頂點與頂點之間的資訊）。於 Edge 類別定義的變數 weight 則用來儲存倉庫之間的移動距離。產生實體的 __init__ 函數的參數 n 則代表圖表的頂點數量（也就是倉庫數量）。
add_edge 函數會在頂點 u 與 v 之間追加邊。generate_edge 函數則會在所有頂點之間貼上隨機長度的邊。calculate_dist 函數會在接收到路線之後計算與傳回該路線距離。繼承 Graph 類別的 TSPBruteForce 類別與 TSPDP 類別，則會分別以窮舉式演算法與動態規劃法計算最短路線。

在說明上述的類別之前，先執行程式與確認結果。第一步先定義 Graph 類別，再利用 **4_6_nodes.csv** 這個 csv 檔案指派倉庫（頂點）的座標。

定義Graph類別與指派倉庫之間的距離　　　　　　　　　　　　　　　　　📋 Chapter4.ipynb

```
1   print('DP')
2   g1 = TSPDP.from_csv('4_6_nodes.csv')
3   print('窮舉式')
4   g2 = TSPBruteForce.from_csv('4_6_nodes.csv')
```

圖4-6-1　根據 csv 產生圖表 Graph

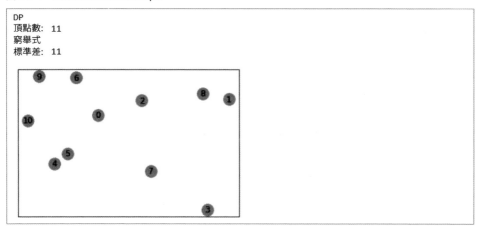

接著要利用動態規劃法（DP）計算 Graph 類別的最短距離以及確認計算時間（此數值會因電腦規格的不同而出現大幅落差）。

利用動態規劃法找出最短路線　　　　　　　　　　　　　　　Chapter4.ipynb

```
1   %%time
2   d, path = g1(src=0)
3   print(f'距離：{d}')
4   print(f'路線：{path}')
```

圖4-6-2　利用 DP 算出距離與路線（path）

```
計算次數：10633
距離：331
路線：[0, 6, 9, 10, 4, 5, 7, 3, 1, 8, 2, 0]
Wall time: 169 ms
```

計算10,633次之後，總算求得最短路線，也算出這條路線的距離（總移動距離）。為了確認這個計算結果是否正確，也為了比較計算時間，讓我們與窮舉法的結果比較。

利用窮舉法計算最短路線　　　　　　　　　　　　　　　　　Chapter4.ipynb

```
1   %%time
2   d, path = g2(src=0)
3   print(f'距離：{d}')
4   print(f'路線：{path}')
```

第4章
透過最佳路徑規劃問題，了解解決最佳化問題的方法

129

圖4-6-3 利用窮舉法計算距離與路線path

```
計算次數: 3628800
距離: 331
路線: [0, 6, 9, 10, 4, 5, 7, 3, 1, 8, 2, 0]
Wall time: 40.9 s
```

執行窮舉法之後，會發現結果與動態規劃法的結果相同，而且計算次數高達3628800次，代表計算了10!次。

從結果來看動態規劃法只需要窮舉法百分之一的計算時間就能算出最短距離。

這兩種演算法都會輸出下列這條最短路線。

輸出路線　　　　　　　　　　　　　　　　　　　　　　　　　　　📄 Chapter4.ipynb

```
1   g2.show_path(path)
```

圖4-6-4 可視化路線path

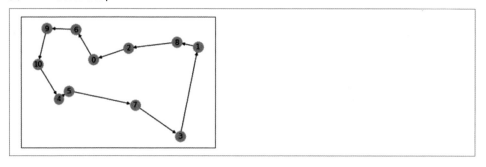

接著要確認動態規劃法與窮舉法計算最短路線的函數。這部分有點困難，讀者若不想深究程式碼的內容，可以直接跳過，從 **4-7** 開始閱讀即可。

一開始會先說明窮舉法的函數，之後再說明動態規劃法的函數，藉此比較差異。

下列是窮舉法計算最短路線的TSPBruteForce類別。

```
1   class TSPBruteForce(Graph):
2       # 窮舉式演算法(用來與DP演算法比較，不會使用numpy撰寫相關的程式碼)
3       def __call__(self, src=0):
4           n = self.N
5           stack = [([src], 1<<src)]
6           dist = float('inf')
7           calc_count = 0
8           while stack:
```

接續下一頁

```
9           route, visited = stack.pop()
10          if visited == (1<<n) - 1:
11              calc_count += 1
12              d = self.calculate_dist(route)
13              if d >= dist: continue
14              dist = d
15              res_route = route
16
17          for i in range(n):
18              if i==src or visited>>i & 1: continue
19              nxt_route = route.copy()
20              nxt_route.append(i)
21              stack.append((nxt_route, visited|(1<<i)))
22
23      print(f'計算次數：{calc_count}')
24      return dist, res_route
```

執行窮舉法的時候，通常會使用 **4-3** 介紹的 permutations 函數，但這個方法的毛病在於記憶體會在頂點（也就是倉庫）的數量大增時不足，導致程式無法正常執行，所以這次的程式不使用 permutations 函數（頂點增至 13，電腦的記憶體就有可能不足）。

若想暴力算出所有路線，就必須將 for 迴圈寫成 N 重迴圈，但是當 N 為浮動的數值時，這個程式就會變得非常複雜。

因此在此要介紹「**深度優先搜尋**」這個找出所有路線的方法。

圖 4-6-5　深度優先搜尋（DFS）的示意圖

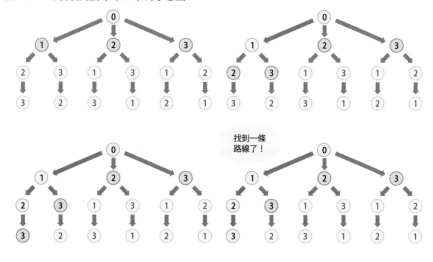

接續下一頁

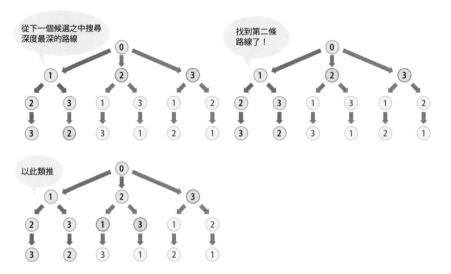

深度優先搜尋（DFS）是一種不需過度佔用記憶體就能執行窮舉法的演算法，上圖也列出路線的順序。找到0→1→2→3這條路線之後，先計算這時候的距離，接著在找到0→1→3→2這條路線後，計算這條路線的距離，只要重複這種處理，就不需要在算出距離之後，讓這個計算結果繼續佔用記憶體。

像這樣列出路線就能減少記憶體的消耗。

接著讓我們一邊比較這個方法，一邊了解以動態規劃法計算最短路徑的 TSPDP 類別的內容。

```
1   class TSPDP(Graph):
2       # DP演算法
3       def __call__(self, src=0):
4           n = self.N
5           dp = [[(inf, None)] * n for _ in range(1<<n)]
6           dp[1][src] = (0, None)
7           calc_count = 0
8           for s in range(1<<n):
9               for v in range(n):
10                  if s>>v&1: continue
11                  t = s|(1<<v)  # t是在s追加v的集合
12                  for u in range(n):
13                      if ~s>>u&1: continue
14                      d = dp[s][u][0] + self.edges[u][v].weight
15                      if d >= dp[t][v][0]:
```

接續下一頁

```
16                            continue
17                dp[t][v] = (d, u)
18                calc_count += 1
19
20        print(f'計算次數: {calc_count}')
21
22        dist = inf
23        predecessor = []
24        for u in range(1, n):
25            s = (1 << n) - 1
26            d = dp[s][u][0] + self.edges[u][src].weight
27            if d >= dist: continue
28            dist = d
29            predecessor = [src]
30            while True:
31                v = u
32                predecessor.append(v)
33                u = dp[s][v][1]
34                if u is None: break
35                s &= ~(1 << v)
36
37        return dist, predecessor[::-1]
```

這個函數的前半段先利用 DP 尋找最佳解，再於後半段還原路線。可能大家會覺得這函數出現了一些不常見的處理，比方說「1<<n」是**位元運算**，「<<」或「|」是**位元運算子**。位元運算的細節會在後續說明，在此僅簡單地說明這段處理的意思。

- range（1<<n）：列出所有的頂點集合
- s>>v&1：判斷頂點集合 s 是否包含頂點 v
- s|1<<v：代表於頂點集合 s 加入頂點 v 的頂點集合
- ~s>>u&1：判斷頂點集合是否包含頂點 u

演算法與 **4-4** 的漸進式幾乎相同，是以歸納的方式（Bottom-Up）以及 DP_ϕ、src 計算最短距離。不過撰寫這個程式的時候，爲了方便而從 $DP\{src\}, src = 0$ 開始計算。

這個演算法的計算量爲 $O(2^N N^2)$，與窮舉式的 $O(N!)$ 相較，計算速度快上許多。

（參考）**關於位元運算**

大家可能很少看到 1 << n 或 visited >> i & 1 這種寫法，其實這種寫法稱爲**位元運算**，使用的數值是二進位，而不是十進位。

本書不打算說明二進位，但簡單來說，就是以下列的方式代替整數。

$$11111_{(2)} = 2^0 + 2^1 + 2^2 + 2^3 + 2^4 = 31$$

（10 進位的整數 31 若換成二進位的格式，寫成 11111）

接著爲大家說明可於 Python 使用的位元運算子。建議大家邊實際使用，邊記住這些運算子。

表 4-6-1　可於 Python 使用的位元運算子

運算子	意義	讀法	示例
&	位元且	and	$01 \& 11 \to 01 = 1$
|	位元包含或	or	$01 \mid 11 \to 11 = 3$
~	位元相反	inverse	$\sim 0011 \to -0100 = -4$
<<	位元向左位移	left shift	$0011 << 1 \to 0110 = 6$
>>	位元向右位移	right shift	$1100 >> 2 \to 0011 = 3$
^	位元互斥或	xor	$01 \wedge 11 = 10 = 2$

※ Python 的 int 並非 64 位元整數，而是多精度整數，所以～雖然代表倒數，但在其他語言通常代表的是反相。不過就實務而言，倒數與反相的使用方法一樣，所以不需要太過在意這件事（有興趣的讀者可自行搜尋）。

關於函數中的演算過程

- visited == (1 << n) − 1：除了終點之外，是否去過其他頂點
- visited >> i & 1：是否去過頂點 i
- visited | (1 << i)：追加了下個頂點 i 的頂點集合

那麼學會二進位演算有什麼好處呢？若能以二進位代表頂點集合，集合運算就會變得很簡單。可將二進位的各位元視爲頂點是否存在的旗標，要在集合追加或刪除頂點也會變得很簡單，而且運算速度也會變得非常快。

學習求出近似解的方法

到目前爲止，已挑戰了以窮舉法與動態規劃法解決「旅行業務員問題」，求出了最短路徑。到目前爲止使用的方法屬於「**全面搜尋**」的方式，這部分已在 **4-1** 介紹數理最佳化問題的全貌時提過，而 **4-3** 介紹的窮舉法屬於「嚴謹的解法」，**4-5** 與 **4-6** 介紹的動態規劃法則屬於「**演算法**」。

圖 4-7-1 **數理最佳化問題的全貌**（舊圖）

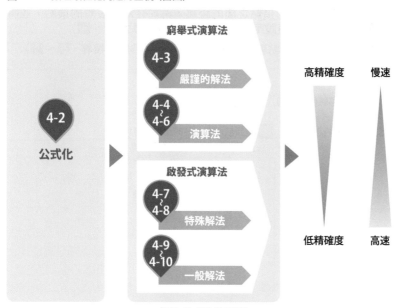

解決公式化的問題

這兩種「全面搜尋」的方法雖然很嚴謹，也能求出最佳解，但計算速度實在不快，一旦 N 變大，所需的計算時間也會爆增。窮舉法的計算量爲 $O(N!)$，動態規劃法則爲 $O(2^N N^2)$。因此才需要利用「**啟發式演算法**」根據經驗算出趨近最佳解的「近似解」，雖然這種方式無法搜尋所有路線，也不算是最佳解。接下來就爲大家說明最能快速找出最短路徑的「最近鄰居法」，並在後續的 **4-9** 說明通用的啟發式演算法。

最近鄰居法是專爲找出最短路徑這類問題設計的方法，可透過「持續從目前的頂點前往最接近的頂點」一步步找出最短路徑，核心思維則是「貪婪演算法」。所謂的貪婪演

第 4 章

透過最佳路徑規劃問題，了解解決最佳化問題的方法

算法就是不管整體的最短路徑，只針對當下計算最佳解（找出局部最短路徑）的方法，除了最短路徑這類問題之外，也很常用來處理其他問題。

由於這種方法不會執著於算出整體的最短路徑，所以不一定能找出最佳解（嚴謹的答案），但往往能快速求出接近最佳解的近似解。

具體來說，最近鄰居法是利用下列這種演算法找出最短路徑的近似解。從下面的圖來看，大致能以三個步驟求出最短路徑的近似解。

❶ 一開始在起點（**1**）

❷ 從目前的頂點計算與沒去過的頂點之間的距離，再前往距離最短的頂點，並將該頂點設定爲「已抵達」，同時設定爲目前所在位置的頂點（**2**～**4**）

❸ 假設目前所在位置的頂點爲終點就結束搜尋，否則回到❷繼續搜尋（**5**～**7**）

圖4-7-2 利用最近鄰居法搜尋路線的示意圖

1 一開始先設定目前所在位置的起點

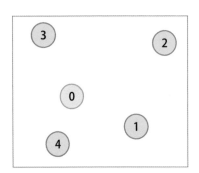

2 從目前所在位置的起點計算與所有「未抵達」的頂點之間的距離

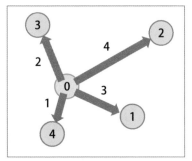

3 找出距離最短的頂點

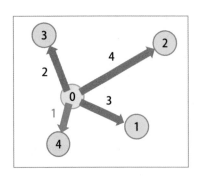

4 前往該頂點後，將該頂點更新爲目前所在位置的起點

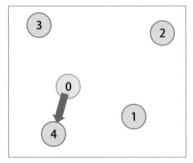

5 重複同樣的處理

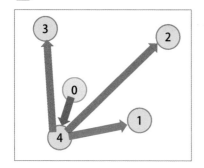

6 如果沒有「未抵達」的頂點

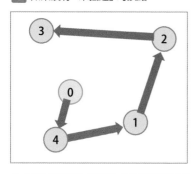

7 前往終點（起點）

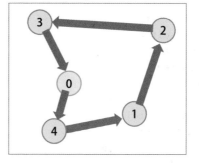

4-8將利用程式碼執行最近鄰居法，確認這個演算法的效果。

利用最近鄰居法求出近似解

接著，透過程式碼體驗一下 **4-7** 介紹的最近鄰居法。第一步要先定義需要的類別，並在執行程式之後，確認是否能有效率地找出最短路徑，再一起了解類別的函數。先了解定義的類別。

定義最近鄰居法所需的函數	📄 Chapter4.ipynb

```python
1   class TSPNearestNeighbour(Graph):
2       def __call__(self, src=0):
3           n = self.N
4           visited = [False] * n
5           visited[0] = True
6           dist = 0
7           u = src # 前一個頂點
8           path = [src]
9           calc_count = 0
10          for _ in range(n-1):
11              cand = []
12              for v in range(n): # 下一個前往的頂點
13                  calc_count += 1
14                  if visited[v]: continue
15                  cand.append((v, dist + self.edges[u][v].weight))
16
17              cand.sort(key=lambda x: x[1])
18              u, dist = cand[0] # 前往距離最近的頂點
19              visited[u] = True
20              path.append(u)
21          path.append(src)
22          print(f'計算次數: {calc_count}')
23
24          return dist + self.edges[u][src].weight, path
```

上述的程式與 **4-6** 一樣，先定義 Graph 類別，建立要巡迴的倉庫，再計算倉庫之間的移動距離，從中找出最短路徑。

此外，繼承了於 **4-6** 定義的 Graph 類別，還另外定義了以最近鄰居法搜尋最短路徑的 TSPNearestNeighbour 類別。這個類別將以 **4-6** 的流程執行。

第一步先定義 Graph 類別，再利用 csv 檔案 **4_8_nodes.csv** 指定倉庫（頂點）的座標。

```
1  print('最近鄰居法')
2  g = TSPNearestNeighbour.from_csv('4_8_nodes.csv')
3  print('DP')
4  g2 = TSPDP.from_csv('4_8_nodes.csv')
```

圖 4-8-1　從 csv 載入 Graph

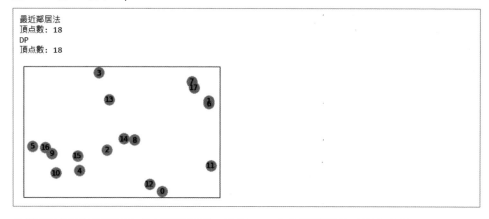

```
最近鄰居法
頂點數: 18
DP
頂点數: 18
```

接著要利用最近鄰居法求出最短距離，確認 Graph 類別的計算時間有多長。

請執行下一頁的 TSPNnearestNeighbour 的程式碼。

```
1  %%time
2  d, path = g(src=0)
3  print(f'距離: {d}')
4  print(f'路線: {path}')
5  g.show_path(path)
```

圖 4-8-2　從 csv 載入 Graph

```
計算次數: 306
距離: 375
路線: [0, 12, 11, 8, 14, 2, 15, 4, 10, 9, 16, 5, 13, 3, 7, 17, 1, 6, 0]
```

Wall time: 240 ms

第 4 章

透過最佳路徑規劃問題，了解解決最佳化問題的方法

總移動距離是從目前位置移動至最接近的頂點時的移動距離總和。由於每次都是移動到最接近的頂點，所以計算次數爲 N 的平方次。接著要利用動態規劃法（DP）進行相同的計算，再與最近鄰居法的結果比較差異。

圖 4-8-3　利用 DP 計算距離與路徑

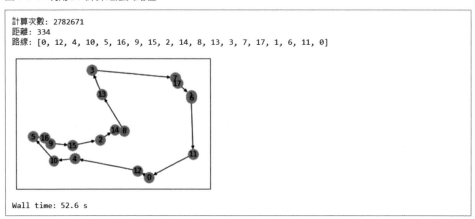

相較於窮舉法，動態規劃法的計算速度的確比較快，但最近鄰居法的計算時間更是難以比擬地快速，而且雖然只能算出近似解，但的確能導出與動態規劃法（DP）相近的路徑，不過還是要記住「只要是計算近似解的演算法，就無法算出嚴謹的答案」這點。

接著，與動態規劃法（DP）求得的精確解比較，看看最近鄰居法的近似解有多少誤差。

比較動態規劃法 (DP) 的精確解，與最近鄰居法的近似解有多少誤差　　🗂 Chapter4.ipynb

```
1   print(f'相對誤差：{(d-d2)/d2}')
```

圖 4-8-4　計算距離的相對誤差

```
相對誤差：0.12275449101796407
```

從這次的計算來看，可以知道雙方的誤差約爲20%。

這個數值會隨著狀況驟變，所以大家可試著改寫csv檔案的內容，比較看看會產生多少程度的誤差。有時誤差會小於等於5%，但有時甚至會大於等於100%。

由於最近鄰居法的計算量只有$O(N^2)$，所以就算頂點有10,000個，也能快速算出近似解。

最後要利用**4-3**的類別畫出近似解的路徑。第一步要先利用networkx繪製圖表。

可視化近似解的路徑	🗋 Chapter4.ipynb

```python
1   import numpy as np
2   np.random.seed(100)
3   import networkx as nx
4   import matplotlib.pyplot as plt
5
6   n = 8
7   vertices = np.random.randint(1, 100, (n, 2))
8   g = nx.DiGraph()
9   g.add_nodes_from(range(n))
10  pos = dict(enumerate(zip(vertices[:, 0], vertices[:, 1])))
11  print('倉庫的相對位置')
12  nx.draw_networkx(g, pos=pos, node_color='c')
13  plt.show()
```

圖4-8-5 可視化最近鄰居法的搜尋過程

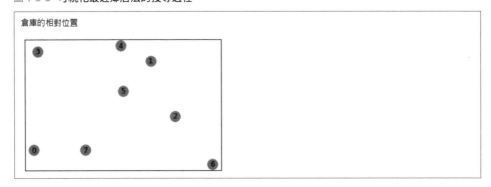

接著要繪製自行定義類別的圖表，再追加倉庫之間的邊。

繪製自行定義類別的圖表，再追加倉庫之間的邊	🗋 Chapter4.ipynb

```python
1   dist = vertices[:,None] - vertices[None, :]
2   dist = np.sqrt((dist**2).sum(axis=-1)).astype(int)
3   print('倉庫間距離的矩陣')
4   print(dist)
5
```

接續下一頁

```
6    graph = Graph(n)
7    for i in range(n):
8        for j in range(n):
9            graph.add_edge(i, j, weight=dist[i,j])
```

圖 4-8-6 顯示倉庫間距離

```
倉庫間距離的矩陣
[[  0  86  74  70  86  61  90  26]
 [ 86   0  40  57  18  25  79  71]
 [ 74  40   0  82  56  31  38  51]
 [ 70  57  82   0  42  51 118  74]
 [ 86  18  56  42   0  32  95  76]
 [ 61  25  31  51  32   0  68  46]
 [ 90  79  38 118  95  68   0  64]
 [ 26  71  51  74  76  46  64   0]]
```

最後再利用最近鄰居法計算近似解，並且繪製對應的路徑。

利用最近鄰居法計算近似解　　　　　　　　　　　　　　　　📄 Chapter4.ipynb

```
1    d, path = graph(src=0)
2    n = len(path) - 1
3    for i in range(n):
4
5        nx.draw_networkx(g, pos=pos, node_color='c')
6        plt.show()
7        g.add_edge(path[i], path[i+1])
8    nx.draw_networkx(g, pos=pos, node_color='c')
9    plt.show()
10
11   for i in range(n):
12       g.remove_edge(path[i], path[i+1])
```

圖 4-8-7 繪製近似解的路徑

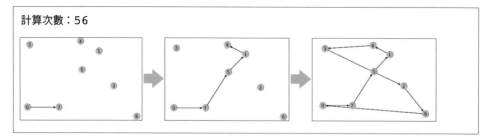

除了啟發式演算法之外，計算近似解的演算法還有 insertion 法、2-opt 法、模擬退火法與各種演算法。目前最優異的解法之一就是 LKH，有興趣的可自行調查看看，說不定會覺得很有趣喲。

利用基因演算法學習計算近似解的方法

4-7 與 **4-8** 為了介紹計算最短路徑的近似解法，說明了最近鄰居法，也實際執行了程式，確認了計算過程。在計算最短路徑近似解的啟發式演算法中，最近鄰居法是實用度極高的演算法，而且也是專為搜尋最短路徑這類問題（旅行業務員問題）設計的演算法。

如果有能於多數最佳化問題使用的演算法，那麼許多問題都能利用相同的方式解決，而這次要介紹的「**基因演算法**」就是應用範圍極為廣泛的演算法之一。

基因演算法是一種模仿生物進化的演算法，會藉由不斷地改良，找出接近最佳解的解答。由於英文為 Genetic Algorithm，所以有時會簡寫成 **GA**。

目前已知的是，基因演算法（GA）雖然不一定能算出接近精確解的解答，但是在處理路徑搜尋問題（旅行業務員問題）或其他最佳化問題時，的確能算出接近精確解的解答。下圖的路徑是由 GA 算出的結果之一，而從人類的角度來看，這種基因演算法的確是能導出近似解的演算法之一。

圖4-9-1　利用基因演算法（GA）導出的其中一種路徑

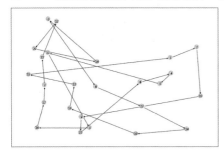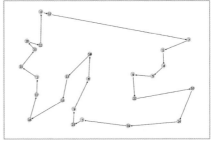

接著要為大家介紹基因演算法（GA）的基本流程。這種演算法的靈感來自生物的進化過程，所以基本的流程如下。

❶ 產生初始世代的個體族群
❷ 產生次世代的個體族群
　ⓐ 互換
　ⓑ 突變
　ⓒ 選取（淘汰）
❸ 將次世界的個體族群視爲目前的世代，再執行❷的步驟

重複這三個步驟之後，就能如下圖般增生「優秀」的世代，接著再從中產生更優秀的世代。如果處理的是旅行業務員問題，就能讓幾條效率不彰的路徑進化，再從中找出優秀的路徑（接近最短路徑）。

圖4-9-2 利用基因演算法進化的示意圖

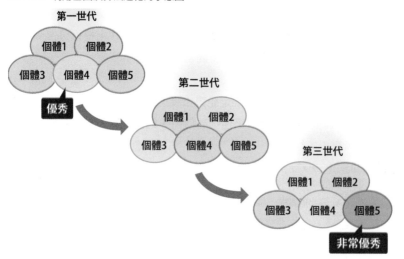

基因演算法的重點在於產生次世代族群的方法，大致上就是透過「**互換**」、「**突變**」、「**選取**」這三種方式的組合產生。但三種方式充其量是概念，必須視情況思考該以何種方式達成這三種概念。

旅行業務員問題通常會使用下列這種方式解決。

ⓐ **互換**

所謂的互換就是從目前的世代隨機選出一組樣本，接著讓這組樣本互換部分基因，藉此產生次世代（後代）。

圖4-9-3　互換的流程

1 選擇要互換的樣本

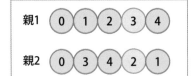

2 尋找成對的部分

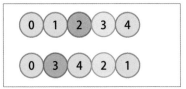

3 交換

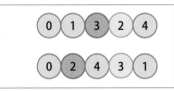

4 讓次世代的個體繼承基因

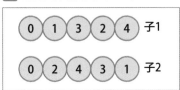

ⓑ **突變**

突變是讓繼承的部分基因隨機變化的過程，換言之，產生的後代不會直接繼續親世代的基因。

圖4-9-4　突變的過程

1 隨機選擇兩個部分

2 交換

ⓒ **選取**

也稱為菁英選擇法，也就是將較優秀、適應性較高（總距離較短）的親世代，直接當成子世代的方法。

圖4-9-5　選取的過程

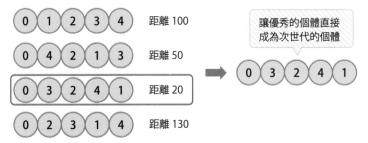

4-10 將試著把上述的方法寫成程式碼。

4-10

了解基因演算法的程式碼

接著要將 **4-9** 解說的基因演算法（GA）寫成程式碼，再實際執行看看。

一開始一樣要先定義必需的函數，並在執行程式碼之後，確認能有效率地找出最短路徑，再解說函數的內容。

第一步，先了解下列函數的內容。

載入模組　　　　　　　　　　　　　　　　　　　　　　　　📄 Chapter4.ipynb

```
1   import numpy as np
2   import random
3   import pandas as pd
4   import matplotlib.pyplot as plt
5   import networkx as nx
```

定義基因演算法 (GA) 所需的函數　　　　　　　　　　　　📄 Chapter4.ipynb

```
1   # 這次為了方便起見，將起點與終點固定為0。
2   class GATSP:
3       def __init__(self, n=10):
4           self.N = n
5
6       def generate_nodes(self):
7           np.random.seed(0)
8           self.nodes = np.random.uniform(size=(self.N, 2))
9           self._dist = np.linalg.norm(
10              self.nodes[:,None] - self.nodes[None,:],
11              axis=-1,
12          )
13
14
15      @classmethod
16      def from_csv(cls, path):
17          nodes = pd.read_csv(path).values
18          n = nodes.shape[0]
19          tsp = cls(n)
20          tsp._dist = np.linalg.norm(
21              nodes[:,None] - nodes[None,:],
22              axis=-1,
23          )
24          tsp.nodes = nodes
25          return tsp
```

接續下一頁

```
26
27
28     def generate_route(self):
29         return np.random.permutation(np.arange(1, self.N))
30
31     @staticmethod
32     def routes_from_csv(path):
33         routes = pd.read_csv(path).values
34         return routes
35
36
37     def init_routes(self, m=100):
38         routes = np.array([self.generate_route() for _ in
range(m)])
39         return np.pad(routes, pad_width=((0,0), (1,0)),
constant_values=0)
40
41
42     def dist(self,routes):
43         routes = np.pad(routes, pad_width=((0,0), (0,1)),
constant_values=0)
44         return self._dist[routes[:,:-1],routes[:,1:]].
sum(axis=1)
45
46
47     def fitness(self, routes): return 1/self.dist(routes)
48
49
50     def select_parents(self, routes, m=None):
51         if m is None: m = routes.shape[0]//2
52         assert 2*m <= routes.shape[0]
53         f = self.fitness(routes)
54         p = f/f.sum()
55         pair = np.random.choice(routes.shape[0], (m, 2),
replace=True, p=p)
56         i = np.argsort(routes, axis=1)
57         return routes[pair], i[pair]
58
59     def crossover(self, routes, m=None):
60         if m is None: m = routes.shape[0]//2
61         parents, i = self.select_parents(routes, m)
62         for j in range(m): # 讓每對互換
63             k = np.random.randint(1,self.N-1)
64             parents[j,np.arange(2),i[j,np.arange(2),
parents[j,::-1,k]]], parents[j,:,k] \
65             = parents[j,:,k], parents[j,np.arange(2),
i[j,np.arange(2),parents[j,::-1,k]]]
```

接續下一頁

```python
 66         childs = parents.reshape(-1, self.N)
 67         return childs
 68
 69     def mutate(self, routes, p=0.7):
 70         m = routes.shape[0]
 71         bl = np.random.choice((0,1), m, replace=True, p=(1-p,
     p)).astype(bool) #指定發生突變的機率
 72         k = np.arange(m)[bl]
 73         i, j = np.random.randint(1, self.N-1, (m, 2))[bl].T
 74         routes[k,i], routes[k,j] = routes[k,j], routes
     [k,i]
 75         return routes
 76
 77
 78     def extract_elites(self, routes, elite_cnt):
 79         return routes[np.argsort(self.fitness(routes))
     [-elite_cnt:]]
 80
 81
 82     def generate_nxt(self, routes, elite_cnt=2):
 83         elites = self.extract_elites(routes, elite_cnt)
 84         childs = self.crossover(routes, m=(routes.shape[0]-
     elite_cnt)//2)
 85         childs = self.mutate(childs)
 86         return np.vstack([elites, childs])
 87
 88
 89
 90     def show(self, routes):
 91         path = list(routes[np.argsort(tsp.dist(routes))]
     [0])+[0]
 92         plt.figure(figsize=(15, 10))
 93         g = nx.DiGraph()
 94         g.add_nodes_from(range(n))
 95         pos = dict(enumerate(zip(tsp.nodes[:, 0], tsp.
     nodes[:, 1])))
 96         nx.draw_networkx(g, pos=pos, node_color='c')
 97         for i in range(len(path)-1):
 98             g.add_edge(path[i], path[i+1])
 99         nx.draw_networkx(g, pos=pos, node_color='c')
100         plt.show()
101         plt.clf()
```

上述的程式碼使用了GA（基因演算法），也定義了搜尋最短路徑（解決旅行業務員問題）所需的類別。

__init__函數指定了圖表的頂點數，也產生了實體。

generate_cities是隨機決定各頂點的座標，再計算頂點間距離的函數。generate_route是隨機產生個體，也就是路徑的函數，會利用init_routes產生第一代的個體族群（m個體）。dist函數會在接收到個體族群之後，算出每個個體的路徑長度，再傳回計算結果。

crossover、mutate、extract_elites則是執行互換、變異、選取這三個步驟的函數。select_parents會在執行互換的過程中挑選親個體，fitness則會用來計算個體的適應性。generate_nxt則是利用上述的函數產生次世代個體族群的函數，show則是在接收個體族群之後，繪製最優秀（路徑最短）個體的函數。

第一步先定義類別，再從csv檔案**4_10_nodes.csv**載入倉庫資訊與倉庫間距離的資訊，接著再利用csv檔案**4_10_routes.csv**指定做爲初始值的路徑。

定義類別，指派倉庫間距離、設定初始的路徑	Chapter4.ipynb

```
1  tsp = GATSP.from_csv('4_10_nodes.csv')
2  n = len(tsp.nodes)
3  routes = tsp.routes_from_csv('4_10_routes.csv')
4  print('第0世代的路徑群')
5  print(routes)
```

圖4-10-1 從csv載入倉庫(nodes)的座標，產生求解器實體

```
第0世代的路徑群
[[ 0  4 16 ... 11 18  6]
 [ 0  3 17 ... 18 19 16]
 [ 0 11 19 ...  4 13  5]
 ...
 [ 0  1  9 ... 19 17 12]
 [ 0 17 13 ... 19  4  2]
 [ 0  9 11 ...  3  5  7]]
```

完成上述的步驟之後，基因演算法的前置作業就完成了。接下來要進行5,000次的基因繼承（計算5,000次），算出最短路徑。

執行基因演算法	Chapter4.ipynb

```
1  for i in range(2001):
2      routes = tsp.generate_nxt(routes)
3      if i % 1000 == 0:
4          print(f'第{i}世代')
5          tsp.show(routes)
```

執行上述程式碼之後,可看到第0世代至第2,000世代的「進化」過程。由於基因演算法會隨機產生第一代的個體族群,而互換與變異也都是基於亂數執行,所以每次都會得到不同的計算結果。

圖4-10-2 執行基因演算法

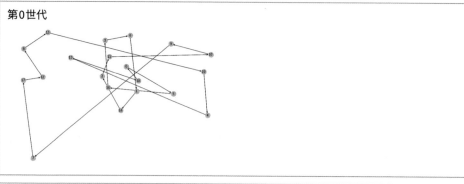

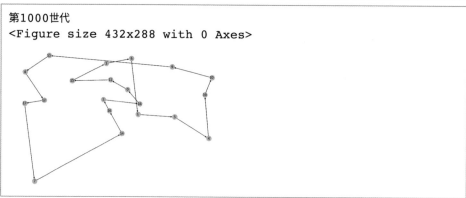

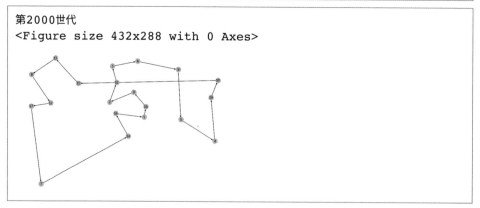

計算量是不固定的。基因演算法求出的路徑充其量是近似解,不一定會等於精確解,但的確能快速算出接近的答案。

```
def generate_nodes(self):
    np.random.seed(0)
    self.nodes = np.random.uniform(size=(self.N, 2))
    self._dist = np.linalg.norm(
        self.nodes[:,None] - self.nodes[None,:],
        axis=-1,
    )


@classmethod
def from_csv(cls):
    n = 20
    m = 100
    tsp = cls(n)
    nodes = pd.read_csv('4_10_nodes.csv').values
    tsp._dist = np.linalg.norm(
        nodes[:,None] - nodes[None,:],
        axis=-1,
    )
    tsp.nodes = nodes
    return tsp


def generate_route(self):
    return np.random.permutation(np.arange(1, self.N))

@staticmethod
def routes_from_csv():
    routes = pd.read_csv('4_10_routes.csv').values
    return routes


def init_routes(self, m):
    routes = np.array([self.generate_route() for _ in range(m)])
    return np.pad(routes, pad_width=((0,0), (1,0)), constant_values=0)


def dist(self,routes):
    routes = np.pad(routes, pad_width=((0,0), (0,1)), constant_values=0)
    return self._dist[routes[:,:-1],routes[:,1:]].sum(axis=1)
```

最後簡單地說明上述函數的內容。

generate_nodes 函數是於一開始產生頂點的函數。init_routes 函數可產生第一代的個體族群，接著再以 generate_route 產生每個個體。dist 函數會根據個體族群（路徑族群）計算每條路徑的總距離，再傳回計算結果。

```python
47      def fitness(self, routes): return 1/self.dist(routes)
48
49
50      def select_parents(self, routes, m=None):
51          if m is None: m = routes.shape[0]//2
52          assert 2*m <= routes.shape[0]
53          f = self.fitness(routes)
54          p = f/f.sum()
55          pair = np.random.choice(routes.shape[0], (m, 2),
    replace=True, p=p)
56          i = np.argsort(routes, axis=1)
57          return routes[pair], i[pair]
58
59      def crossover(self, routes, m=None):
60          if m is None: m = routes.shape[0]//2
61          parents, i = self.select_parents(routes, m)
62          for j in range(m): # 讓每對互換
63              k = np.random.randint(1,self.N-1)
64              parents[j,np.arange(2),i[j,np.arange(2),
    parents[j,::-1,k]]], parents[j,:,k] \
65                  = parents[j,:,k], parents[j,np.arange(2),
    i[j,np.arange(2),parents[j,::-1,k]]]
66          childs = parents.reshape(-1, self.N)
67          return childs
68
69      def mutate(self, routes, p=0.7):
70          m = routes.shape[0]
71          bl = np.random.choice((0,1), m, replace=True, p=(1-p,
    p)).astype(bool) #指定發生突變的機率
72          k = np.arange(m)[bl]
73          i, j = np.random.randint(1, self.N-1, (m, 2))[bl].T
74          routes[k,i], routes[k,j] = routes[k,j], routes
    [k,i]
75          return routes
76
77
78      def extract_elites(self, routes, elite_cnt):
79          return routes[np.argsort(self.fitness(routes))]
```

```
     [-elite_cnt:]]
80
81
82      def generate_nxt(self, routes, elite_cnt=2):
83          elites = self.extract_elites(routes, elite_cnt)
84          childs = self.crossover(routes, m=(routes.shape[0]-
     elite_cnt)//2)
85          childs = self.mutate(childs)
86          return np.vstack([elites, childs])
```

generate_nxt是產生次世代路線族群的函數。這個函數會執行菁英選擇法（挑出移動距離更短的路徑），也會執行互換與突變，與這些執行內容對應的函數如下。

- 互換：crossover
- 突變：mutate
- 菁英選擇法：extract_slites

用於執行上述步驟的子函數為計算個體適應性（路線的長度）的fitness，以及於互換之際，隨機挑選親世代的select_parents。

```
90       def show(self, routes):
91           path = list(routes[np.argsort(tsp.dist(routes))]
     [0])+[0]
92           plt.figure(figsize=(15, 10))
93           g = nx.DiGraph()
94           g.add_nodes_from(range(n))
95           pos = dict(enumerate(zip(tsp.nodes[:, 0], tsp.
     nodes[:, 1])))
96           nx.draw_networkx(g, pos=pos, node_color='c')
97           for i in range(len(path)-1):
98               g.add_edge(path[i], path[i+1])
99           nx.draw_networkx(g, pos=pos, node_color='c')
100          plt.show()
101          plt.clf()
```

show函數會在產生5,000世代的過程中繪製路徑。

以上就是基因演算法的全貌。基因演算法不僅可用來解決旅行業務員問題，還可視情況改寫成解決各類最佳化問題的內容。

第 **5** 章

了解最佳化問題的全貌與各種解法

透過排班問題了解
最佳化問題的全貌

前一章我們透過倉庫配送路線最佳化問題（旅行業務員問題）這個主題，了解了剖析最佳化問題的方法，也試著解決這類問題。
也透過程式碼介紹了將問題轉換成公式的方法，同時在計算量較少的情況下使用精確解法，以及在計算量較多的情況下，使用啟發式演算法（近似解法）。

不管是哪種最佳化問題都可透過上述的流程解決。一如配送路線最佳化問題的目的是找出總移動距離最短的路徑，針對不同的問題決定最小化（或最大化）的對象（目標函數），找出相關的制約條件以及所有模式之後，再從中找出目標函數最小（或最大）的模式，可說是解決最佳化問題的基本流程。至於該怎麼解決才是最有效率的方法，則與問題的種類有關。

因此我們要先了解問題的種類，才能討論出更具體的解題方式。

本章一開始會先帶大家了解有哪些最佳化問題，之後再帶著大家動手操作「線性最佳化」、「非線性最佳化」與「組合最佳化」這三種模式，讓大家透過實際的解題過程熟悉解決最佳化問題的流程。

熟悉各種解法之後，就算遇到新的問題，也能立刻熟門熟路地調查相關資料與解題。

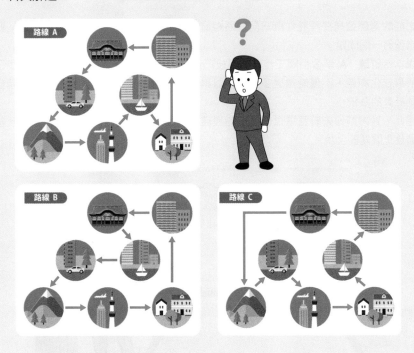

全貌

統整最佳化問題全貌的背景

之前的倉儲公司在拜託你撰寫配送路線最佳化的程式碼後，希望你能繼續幫他們處理另一個問題。

原本希望讓「AI 學習相關工作經驗與技巧」的倉儲公司窗口發現，「只要進一步了解最佳化問題，不僅能讓更多工作經驗與技巧轉換成公式，還能就此開發一套自動計算的系統」。

因此，對方請你先統整這世上所有的最佳化問題。請想想看，該怎麼做才能統整最佳化問題的全貌。

了解最佳化問題的種類

第4章曾經提過，只要能將最佳化問題轉換成公式，就能利用窮舉法導出最佳解，如果要搜尋的模式太多，計算時間太長，還可以試著改良演算法再進行全面搜尋，或是使用需要經驗的啟發式演算法算出近似解。不管是窮舉法還是啟發式演算法，只要能將問題轉換成公式就能找出解答的數理最佳化手法，可以應用在各種場合。

數理最佳化問題可根據解決方式分成「**線性最佳化**」、「**非線性最佳化**」、「**組合最佳化**」這三種模式。

線性最佳化的由來已久，主要是以線性（一次函數）呈現目標函數的模式。比方說，「如何以最便宜的價錢從超市77種食品中購入9種營養素」這類問題，目標函數是以加法計算77種食品的營養素，所以最終會呈現線性（一次函數）的形狀。前一章介紹的最佳化路徑問題（旅行業務員問題）的目標函數，也是以加法處理每一條路徑，所以也算是線性最佳化問題的一種。

非線性最佳化則是目標函數爲二次函數這類非線性（直線）形狀的函數，比方說土地面積、售價隨著產量降低的商品的總銷售金額，都屬於目標函數爲非線性形狀的問題。人類社會有很多這類問題，而解決這類問題，找出最佳解（例加算出總銷售金額最高）的手法就是非線性最佳化。

最後則是組合最佳化，也就是從各種組合中，挑出最適當的組合。比方說，以四種顏色替日本的都道府縣地圖填色，而且相鄰的都道府縣必須是不同顏色的問題；或是該怎麼將不同大小的行李，以最有效率的方式塞進背包的背包問題；或是替相親派對撮合有緣人的配對問題。這些問題通常能在改造目標函數之後，轉換成線性最佳化問題。

接著要爲大家簡單地統整一下組合最佳化問題、線性最佳化問題與非線性最佳化問題的解題方式以及在人類社會與商場應用的情況。

✚「線性最佳化問題」是什麼？

線性最佳化問題就是目標函數能以線性（一次函數）呈現的問題。解決線性最佳化問題的手法稱爲「**線性規劃**」，是將問題轉換成公式的時候，將問題視爲線性最佳化問題，再以線性最佳化問題的方式解題，就能解決任何一種問題（姑且不論計算時間有多長）。

解決線性最佳化問題的「線性規劃」可處理許多社會上的問題，甚至有人認為「世界是根據線性規劃運作的」，可見應用範圍十分廣泛。不管是擬定國家政策、擬定企業經營計畫，線性規劃都可用來擬定這類戰略。

之後會根據前述的「如何以最便宜的價格從超市77種商品中購入9種營養素」，這個在1945年於美國研究的「主婦問題」為例，說明利用線性規劃擬定戰略的方法。

第一步，先將77種食品標記為（食品1）、（食品2）……（食品77）這種格式。由於這次是將一天所需的營養素視為100%，所以在**表5-1-1**列出了這些食品的營養素，以及以百分比的方式標記這些營養素的比例，至於這些食品的價格則於**表5-1-2**列出。那麼，我們該怎麼將這道問題轉換成公式呢？

表5-1-1　食品所含的營養素

食品	營養素1	營養素2	營養素3	……	營養素9
食品1	1%	3%	55%	……	90%
食品2	35%	0%	0%	……	20%
⋮				……	
食品77	90%	120%	0%	……	0%

表5-1-2　食品的價格

食品	食品1	食品2	食品3	……	食品77
價格	1,000元	150元	300元	……	2,000元

這次的目的並非最大化9種營養素的攝取量，以及77種食品的購買量，而是「以最便宜的價格」購買9種營養素，所以目標函數為「購買各種食品的總金額」。這代表目的是要以下列的公式算出最小的結果。

（食品1的個數）×（食品1的價格）＋（食品2的個數）×（食品2的價格）＋

…＋（食品77的個數）×（食品77的價格）

也就是以最低金額的組合攝取9種營養素的意思。至於條件則是「這9種營養素必須滿足每日必需營養素的量」。
所以可利用下列的公式呈現。

（營養素1的攝取量）≧100%
（營養素2的攝取量）≧100%
⋮
（營養素9的攝取量）≧100%

這些營養素可根據77種食品的個數如下列的方式計算。

(營養素1的攝取量)＝(食品1的個數)×(食品1所含的營養素1)
                ＋(食品2的個數)×(食品2所含的營養素1)
                        ⋮
                ＋(食品77的個數)×(食品77所含的營養素1)
(營養素2的攝取量)＝(食品1的個數)×(食品1所含的營養素2)
                ＋(食品2的個數)×(食品2所含的營養素2)
                        ⋮
                ＋(食品77的個數)×(食品77所含的營養素2)
                        ⋮
(營養素9的攝取量)＝(食品1的個數)×(食品1所含的營養素9)
                ＋(食品2的個數)×(食品2所含的營養素9)
                        ⋮
                ＋(食品77的個數)×(食品77所含的營養素9)

此外，個數只會是正整數，沒有負的個數，所以可追加下列的條件。

(食品1的個數)≧0
(食品2的個數)≧0
        ⋮
(食品77的個數)≧0

上述的目標函數與條件可簡化成下列的公式。

目標函數：最小化(食品 i 的個數)×(食品 i 的價格)的總和
                                (i 介於1至77)
條件：(營養素 j 的攝取量)≧100%   (j 介於1至9)
      (食品 i 的個數)≧0   (i 介於1至77)

若轉換成公式，可得到下列的結果。

$$\min : \sum_{i=1}^{77} x_i p_i$$

$$\text{s.t.} \sum_{i=1}^{77} x_i n_{ij} \geq 0 \ \text{for } j = 1, 2, \cdots, 9$$

$$x_i \geq 0 \ \text{for } i = 1, 2, \cdots, 77$$

在這個公式中，x_i代表的是食品i的個數，p_i則是食品i的價格，n_{ij}是食品i所含的營養素j的份量。

那麼，該如何利用上述這麼複雜的公式，解決公式化之後的「主婦問題」呢？我們先將注意力放在食品1。

從**表5-1-1**來看，即使是份量最少的營養素1，也含有1%的營養素，所以購買100個食品1，就能攝取一天所需的所有營養素，但這種購買方式的效率很差，金額也會是食品1的價格1,000元的100倍，也就是100,000元。

因此需要搭配其他食品。假設搭配的是營養素1含量有35%的食品2，那麼只需要購入3個食品2就能攝取一天所需的營養素，而且金額也只是食品2的150元的3倍，也就是450元而已。

若將上述的相關性繪製成圖表，可得到下列的結果。

圖5-1-1 取得營養素1所需的食品1與2的個數

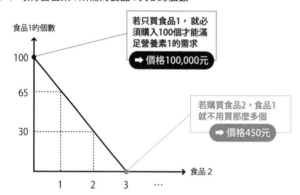

像這樣思考只有食品1的情況、追加食品2之後的情況，以及追加食品3的情況……以此類推，追加所有食品的情況，就能一邊滿足營養素1的條件，一邊算出最小金額。只要一邊考慮9種營養素的條件，一邊更換食品的組合，就能解決這次的問題。

這種將各種因素整理成表格，並以加法的形式呈現目標函數與條件的手法，可在各種情況應用。例如，在處理都市設置多少處公園，才能讓市民滿意度提升至最高的都市計畫問題時，地方政府與國家都可透過最佳化問題的解題方式擬定策略；也可用來擬定經營策略，找出該開發哪些商品才能創造最高的業績。

一邊滿足條件，一邊最小化目標函數的流程，可說是以線性規劃手法解決最佳化問題之際的共通流程。所以就算不撰寫這部分的程式，也能利用「**求解器**」這種工具完成這個流程。

本章將於**5-2**利用求解器解決線性最佳化問題,並於**5-4**之後介紹將組合最佳化問題,轉換成線性最佳化問題的流程。這個流程可於多數的線性最佳化問題應用,我們要試著將其應用於各種實際的案例。

✛「非線性最佳化問題」是什麼?

目標函數不一定能以線性最佳化問題的加法呈現。
以訂立商品價格的問題爲例。

2001年,大型牛丼連鎖店吉野家將原本一碗400元的中碗牛丼調降至280元。在這次降價之前,吉野家先舉辦了中碗牛丼250元的活動,結果來客數增加3倍,所以吉野家也調查了價格與來客數之間的相關性,得到了「最佳化」價格爲280元的結論。我們試著將這個案例轉換成公式。

在簡單計算之下,一碗牛丼的利潤爲價格減掉原物料費用、人事費這些成本之後的餘額,所以可轉換成下列的公式。

(每碗牛丼的利潤)=(每碗牛丼的定價)-(每碗牛丼的成本)

降價至250元之後,來客數增加至3倍,代表牛丼的銷售數量會隨著價格調降而增加,所以可寫成下列的公式。

(牛丼的總銷售數量)=-(係數1)×((每碗牛丼的定價)-(係數2))

如此一來,從牛丼業績賺取的利潤就能以下列的公式呈現,而目標函數就是讓這個利益最大化。

(總利潤)=(每碗牛丼的利潤)×(牛丼的總銷售數量)

從這個公式可以發現,不管是(每碗牛丼的利潤)或是(牛丼的總銷售數量)都包含了「每碗牛丼的定價」,所以總利潤可利用下列二次函數的公式呈現。

目標函數:**最大化-(係數1)×((每碗牛丼的定價)-(係數2))×(每碗牛丼的定價)**
 -(每碗牛丼的成本)
條件:**(每碗牛丼的定價)≧0**

試著利用公式呈現目標函數與條件。

$$\max : -\alpha \, (p - \beta) \, (p - c)$$
$$\text{s.t.} \, p \geqq 0$$

由上述的公式可以知道，目標函數就是每碗牛丼的價格 p 的二次函數。將二次函數畫成下列的圖表，即可求出目標函數的最佳值。

圖 5-1-2　計算最佳金額的示意圖

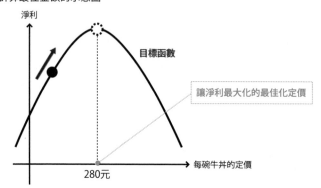

若能自行繪製二次函數的圖表，應該就能算出最佳解，不過，對於不會畫圖表，也看不懂圖表的電腦而言，要算出最佳解並不輕鬆，所以 **5-3** 要透過程式碼，介紹以二次函數與其他非線性函數呈現的目標函數算出最佳解的方法。

一如前述的商品定價問題，人類社會與企業很常遇到這類非線性最佳化問題。
本節的最後要稍微介紹一下人類社會有哪些線性／非線性問題，這些問題又發揮了哪些效果。

✛ 人類社會的最佳化問題

人類社會的最佳化問題通常會出現在「希望變得更有效率」的步驟或工作，所以只要是人類或機械的工作場所，就一定會找得到最佳化問題。在此要透過五種場景，為大家介紹最佳化問題。

第一個場景是鐵路。鐵路班次的安排非常複雜，而從中選出最佳班表可說是最典型的最佳化問題，而這類問題又稱為班次安排問題。其他還有站務員的排班問題、換乘路線導覽問題、解決閘門排隊問題的多智能體系統模擬這類最佳化問題。

第二個場景是辦公大樓。自動調整空調強度屬於需量反應這類最佳化問題，而電梯控制或專案人力調度也都是最佳化問題的一種。

便利超商也有很多最佳化問題，例如排班管理問題、預測顧客動線的商品陳列最佳化問題、商品配送最佳化問題、庫存管理最佳化問題（供應鏈管理），以及利用POS系統預測需求的最佳化問題。

第4章介紹的倉庫路線或產品工廠，也都是利用最佳化手法提升效率的典型場所。具體來說，就是能源的供給與分配（最佳化控制、啟動停止規劃問題）、生產計畫、排班這類最佳化問題。

最後要介紹鮮為人知的行政機關。以振興地區為使命的行政機關會利用多智能體系統替避難或防災計畫擬定最佳策略，也會擬定各地設施位置最佳化的都市規劃計畫、或基礎建設計畫。

各位若能從這些實例找到工作中的最佳化問題，或許就能提升業務效率以及找到有待改善的部分。

➕ 常見於商場的最佳化問題

解決社會中的最佳化問題，當然也會與商業有關。在此要為大家介紹一些與商界有關的最佳化問題，而且這些最佳化問題都已經過長期的研究。

第一個要介紹的是處理第4章倉儲物流的物流網路規劃問題。這類問題與決定資訊量或倉庫這類據點的位置、數量、生產線能力、生產量、庫存量、運輸量有關，很常用來解決工廠的這類問題。

排班問題則是安排站務員、員工、兼職人員班次的問題。

最小成本流問題則是為了滿足每刻需求，透過船隻、車輛將多餘的物資載往不足之處，同時必須滿足最低物流費用的問題。

安全庫存問題則是平衡庫存費用與斷貨風險的問題，以便滿足不同時期的需求。

批量規劃問題則是在大量製造較有效率的情況下，思考生產量與庫存費用如何拿捏平衡的問題。

停車問題則是如何有效率地將貨物裝進貨櫃這類容器的問題，常用來規劃最佳的停車方式。

收益管理問題則是透過定價讓陳年庫存商品得以獲得最大利潤的問題。

上述這些問題都經過長年研究之外，最大的好處在於對應的解題方式已經成熟。如果發現手邊的問題屬於上述問題之一，不妨參考一些專業書籍，或是沿用別人撰寫的程式碼，就能快速解決問題。

線性最佳化／非線性最佳化

處理線性最佳化／非線性最佳化問題的背景

先前發案的倉儲公司負責人又提出了另一項工作。

「最佳化問題已於各種社會場景應用之外，也可於商場應用。尤其線性規劃更是可以用來制定經營策略。所以不知道能不能利用一些簡單的範例，說明最佳化問題可以解決哪些問題呢？」

接到這項工作之後，你打算介紹「主婦問題」這個最傳統的線性最佳化問題，同時還要示範「利用非線性規劃手法將土地邊長轉換成公式，藉此找出最大面積的」的方法。讓我們一起透過這兩個問題掌握線性最佳化問題與非線性最佳化問題的輪廓。

5-2

試著利用求解器解決線性最佳化問題

接下來，要來嘗試解決線性最佳化之中，最具代表性的「主婦問題」。一如 **5-1** 的介紹，這是「從超市的食品中，以最便宜的價格買到營養素」的問題。

若要依照 **5-1** 介紹的內容，找出77種食品與9種營養素的所有組合，恐怕會耗費不少時間，所以這次先試著思考3種食品與4種營養素的組合。

食品的營養素與價格分別儲存在 **nutrition.csv** 與 **price.csv** 這兩個檔案。請執行下列的程式碼載入這兩個檔案，再試著計算最便宜的4種營養素組合。

利用求解器解決主婦問題　　　　　　　　　　　　　　　Chapter5.ipynb

```python
import numpy as np
import pandas as pd
from itertools import product
from pulp import LpVariable, lpSum, value
from ortoolpy import model_min, addvars, addvals
from IPython.display import display

# 載入資料
df_n = pd.read_csv('nutrition.csv', index_col="食品")
df_p = pd.read_csv('price.csv')
print("食品與營養素的關係")
display(df_n)
print("食品的價格")
display(df_p)

# 初始設定 #
np.random.seed(1)
np = len(df_n.index)
nn = len(df_n.columns)
pr = list(range(np))

# 建立數理模型 #
m1 = model_min()
# 目標函數
v1 = {(i):LpVariable('v%d'%(i),cat='Integer',lowBound=0)
  for i in pr}
# 條件
m1 += lpSum(df_p.iloc[0][i]*v1[i] for i in pr)
```

接續下一頁

```
28  for j in range(nn):
29      m1 += lpSum(v1[i]*df_n.iloc[i][j] for i in range
    (np)) >= 100
30  m1.solve()
31
32  # 計算總成本 #
33  print("最佳解")
34  total_cost = 0
35  for k,x in v1.items():
36      i = k
37      print(df_n.index[i],"的個數:",int(value(x)),"個")
38      total_cost += df_p.iloc[0][i]*value(x)
39
40  print("總成本:",int(total_cost),"元")
```

上述這段程式碼會先載入兩個檔案，再於「初始設定」的部分，計算檔案裡的食品與營養素的種類。

接著在「建立數理模型」的部分將問題轉換成公式。在轉換成公式的過程中，撰寫了目標函數與條件。最後再利用 solve 函數解決公式化的問題，再於「計算總成本」的部分輸出結果。

右下圖為輸出的結果。

除了輸出檔案的內容，還算出食品1、2、3分別為0個、3個、1個的最佳解，總成本（金額）則是750元。

大家可試著改寫檔案的內容或是增加食品、營養素的數量，看看能否得到正確解答，也可以試著以這套方法處理其他的問題。

圖5-2-1 主婦問題的條件與最佳解

食品與營養素的關係

	營養素1	營養素2	營養素3	營養素4
食品				
食品1	0	0	90	10
食品2	10	50	40	70
食品3	80	0	0	0

食品的價格

	食品1	食品2	食品3
0	1000	150	300

最佳解
食品1 的個數: 0 個
食品2 的個數: 3 個
食品3 的個數: 1 個
總成本: 750 元

試著解決非線性最佳化問題

接著要試著解決，目標函數以二次函數這類非線性函數呈現的最佳化問題。

二次函數與其他相似的函數一定有「最大值」或「最小值」，而且只要將函數畫成圖表，就能立刻找到最大值或最小值，但在計算這兩個值的時候，不太可能「看著」圖表。

所以要解決非線性最佳化問題，通常會一邊縮小計算範圍，一邊算出近似解。

圖 5-3-1　正方形面積的示意圖

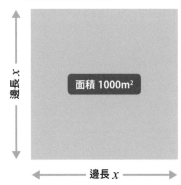

接下來，試著計算 **4-2** 提到的正方形土地最佳邊長問題。如果要如上圖切出面積近似 1000 ㎡ 的正方形，邊長多長最爲理想呢？由於正方形的面積爲邊長 x 的平方，所以當這個 x 平方越能逼近 10，該 x 就越是「理想」的長度。

這個問題的公式如下：

（目的）最小化 x 平方與 1000 的差距

（條件）x 爲正數

若將目的與條件寫成公式，可得到下列的結果。

$$\min : |1000 - x^2|$$

$$\text{s.t.} : x \geq 0$$

第 4 章只將這道問題轉換成公式，沒有實際動手解題，所以這次要透過這道問題介紹二元搜尋演算法與牛頓法。

所謂的二元搜尋演算法就是不斷地從兩端將範圍分成兩個，藉此不斷縮小範圍的方法。
請執行下列的程式碼。

利用二元搜尋演算法計算 $f(x)$ 為0的 x 值　　　　　　　　　　Chapter5.ipynb

```python
def f(x):
    return x**2 - 1000

# 初始設定
lo = -0.1
hi = 1000.1
eps = 1e-10 # 容許誤差

# 執行二元搜尋演算法
count = 0
while hi-lo > eps:
    x = (lo + hi) / 2
    if f(x) >= 0:
        hi = x
    else:
        lo = x
    count += 1

print(f'結果：{hi}')
print(f'搜尋次數：{count}次')
```

圖5-3-2　利用二元搜尋演算法計算1000的平方根

```
結果：31.622776601731587
搜尋次數：44次
```

上述程式會依照**圖5-3-3**的計算流程計算函數 $f(x)$ 為0的 x 值。

計算流程的第一步是先決定搜尋範圍的兩端（lo, hi），接著在兩端的中心點大於等於0
的時候縮小 hi 的範圍，若小於等於0就縮小 lo 的範圍，直到 hi 與 lo 的差距小於等於
容許誤差（eps）為止。

從結果可以得知，只要搜尋（縮小範圍）44次就能得到答案。若將二元搜尋演算法的
過程畫成圖，就可看出搜尋範圍縮小的過程。

圖 5-3-3 二元搜尋演算法的示意圖

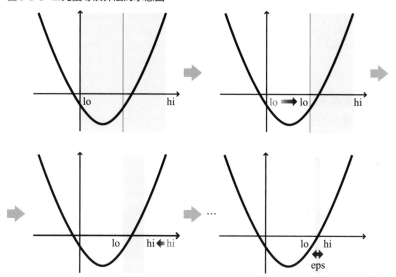

接著要介紹以牛頓法解決同一個問題的方法。牛頓法是計算函數與x軸相交點的手法，可用來計算函數值爲0之際的x值。

請執行下列的程式碼。

利用牛頓法計算$f(x)$爲0時的x值　　　　　　　　　　　　　📄 Chapter5.ipynb

```python
1   # 牛頓法的函數
2   # x0, eps爲預設值
3   def square_root(y, x0=1, eps=1e-10):
4       x = x0
5       count = 0
6       while abs(x**2 - y) > eps:
7           x -= (x*x - y) / (2*x)
8           count += 1
9       return x, count
10
11  # 執行牛頓法
12  x, count = square_root(1000)
13  print(f'結果：{x}')
14  print(f'搜尋次數：{count}次')
```

圖 5-3-4 利用牛頓法計算 1000 的平方根

```
結果：31.622776601684333
搜尋次數：9次
```

一如**圖5-3-5**所示，牛頓法會在設定x的預設值之後，將該點的接線與x軸的相交點當成新的x，藉此陸續算出$f(x)$與x軸的相交點。

具體來說，牛頓法的內容如下。

---

❶ 在符合條件的範圍內決定適當解$x0$
❷ 從該點畫一條接線
❸ 接線與x軸的相交點爲新的x
❹ 重新執行步驟**❷**，直到誤差縮小爲止

執行上述的程式碼之後，會發現搜尋次數只有9次，也知道牛頓法比二元搜尋演算法的計算速度更快。

圖5-3-5 牛頓法示意圖

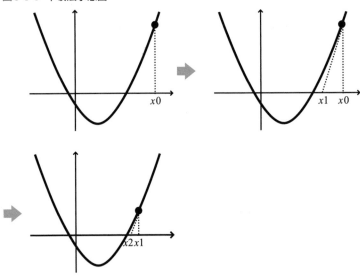

組合最佳化

處理配對問題的背景

對最佳化問題有了進一步了解的倉儲公司負責人拜託你下面這件事。

「我現在對於最佳化問題以及該怎麼解決這類問題已經有了初步的了解,所以想試著解決迫在眉梢的問題,那就是倉庫的鐘點員工排班問題。我們公司的倉儲業務除了正式員工之外,也有輔助正式員工的鐘點員工。由於之前的倉庫不算大,所以負責人可依照鐘點員工的需求排班,但最近倉庫越來越大,就很難排出天衣無縫的班表。不知道排班問題能不能以最佳化問題的方式轉換成公式再計算呢?」

這種問題稱為配對問題,也是組合最佳化問題的一種。接著,我們就來學習解決配對問題的方法,同時透過配對問題進一步了解組合最佳化的真面目。

5-4

試著設計自動安排鐘點員工班表的方法

從本節到 **5-10** 為止，都會一邊介紹組合最佳化問題之一的配對問題，同時學習解決組合最佳化問題的流程。

一開始要先載入檔案，完成事前準備。

在排班表的時候，會請鐘點員工提出排班意願表。排班時間分成星期一～星期五的早、中、晚，總共有 15 格可以填寫，鐘點員工可在希望排班的日子與時段畫「○」，否則就畫「×」。

圖 5-4-1　排班意願表的範例

	一	二	三	四	五
早	○	×	○	×	×
中	×	×	×	○	×
晚	×	○	×	×	○

將每位鐘點員工的這張表整理成一張表之後，可得到每位鐘點員工的申請結果。

圖 5-4-2　排班意願表的彙整結果

	星期一早上	星期一中午	星期一晚上	星期二早上	星期二中午	星期二晚上	星期三早上	星期三中午	星期三晚上	星期四早上	星期四中午	星期四晚上	星期五早上	星期五中午	星期五晚上
鐘點員工1	○	×	×	×	×	○	×	×	×	○	×	×	×	×	○
鐘點員工2	×	○	×	×	○	×	×	×	○	×	○	×	×	○	×

這張排班意願表已製作成 **schedule.csv**，請利用下一頁的程式碼載入這個檔案。

```python
import pandas as pd
def schedules_from_csv(path):
    return pd.read_csv(path, index_col=0)

schedules_from_csv('schedule.csv')
```

圖 5-4-3　載入排班意願表

	星期一早上	星期一中午	星期一晚上	星期二早上	星期二中午	星期二晚上	星期三早上	星期三中午	星期三晚上	星期四早上	星期四中午	星期四晚上	星期五早上	星期五中午	星期五晚上
鐘點員工 0	0	0	0	0	0	0	0	0	1	0	0	0	0	0	0
鐘點員工 1	0	1	0	0	0	0	0	0	1	0	0	0	0	0	0
鐘點員工 2	0	1	1	0	0	0	0	0	0	0	0	1	0	0	0
鐘點員工 3	1	0	0	1	0	0	0	0	1	0	1	0	0	0	0
鐘點員工 4	0	0	0	0	0	0	0	0	0	0	0	0	0	1	0
鐘點員工 5	1	0	0	0	0	1	0	0	0	0	0	0	0	0	1
鐘點員工 6	0	0	0	1	0	0	0	0	0	0	0	0	0	0	0
鐘點員工 7	0	1	0	0	1	0	0	0	0	0	1	1	0	0	0
鐘點員工 8	0	0	1	0	0	0	0	1	0	0	0	0	0	0	1
鐘點員工 9	0	0	1	0	0	0	0	0	0	0	0	0	0	0	0
鐘點員工 10	0	0	0	0	0	1	0	0	0	1	0	0	0	0	0
鐘點員工 11	0	0	0	0	0	0	1	0	0	0	0	0	0	0	0
鐘點員工 12	0	0	0	1	0	0	0	0	0	0	0	0	0	0	0
鐘點員工 13	0	0	0	1	1	0	0	0	0	0	0	0	0	0	0
鐘點員工 14	0	0	0	1	0	0	0	0	0	0	0	0	1	0	0

執行上述的程式碼之後，可得到上列的班表。接下來要盡可能依照這張排班意願表替鐘點員工排出最妥善的班表。

在正式排班之前，要先於 **5-5** 學習以 Graph Network 具體顯示排班意願的方法。

第5章

透過排班問題了解最佳化問題的全貌

5-5

利用 Graph Network 可視化排班意願

本節為了可視化在 **5-4** 載入的排班意願表以及排班之後的班表，要使用第 4 章也使用過的 Graph Network，下一節則要將鐘點員工排入班表的空格裡。從本節至 **5-8** 為止，都是可視化排班意願與配對演算法的解說，到了 **5-9** 之後則會介紹根據上述知識撰寫的程式。

由於解說有點長，建議大家先讀個大概，以及試著執行 **5-9** 之後的程式碼，然後再回頭重讀一遍，應該就能更了解箇中內容。

此外，Graph Network 可利用下圖呈現。頂點除了座標之外，還有各種資訊，而點與點之間的「邊」則有距離與成本這類資訊。

圖 5-5-1 Graph Network 的示意圖

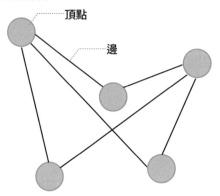

一如 **5-4** 的使用方法，Graph Network 可說明頂點（節點・Node）與邊（Edge）組成的資料結構。

資料結構的部分請參考本節尾聲的內容。

以這次的問題為例，可在建立網絡時，建立兩個群組。

- 鐘點員工群組
- 班表群組

在Graph Network之中，各群組的元素就是頂點。之後會依照排班意願表從鐘點員工群組的頂點往班表群組的頂點畫一個箭頭，而這就是Graph Network的邊。

圖5-5-2 將排班意願表畫成網絡的範例

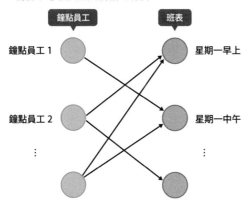

熟悉Graph Network之後，就能一眼看懂排班意願表。這張圖表的鐘點員工與班表之間有所謂的邊，但鐘點員工與鐘點員工之間，或是班表的格子之間沒有邊。而這種圖表能將頂點分成兩個群組，所以又被稱為「**二分圖**」。

在解決配對問題的時候，可以試著想像這個問題就是，鐘點員工群組與班表群組的鐘點員工與班表格子都只能配對一次，並且試著配出最多對的題目。

(參考) 何謂資料結構

資料結構就是像Graph Network的頂點與邊一樣，方便電腦快速運算的「資料格式」。一如資料結構常與演算法一起提及，這兩者的關係可說是非常密切。比方說，「使用○○演算法就能快速算出答案」的時候，往往只要使用「□□資料結構」就能讓「○○演算法」更快算出答案。

Graph Network也是資料結構的一種，只要善用資料結構，就能快速解決這次的最佳化鐘點員工排班問題。

接著為大家介紹資料結構對演算法有多麼重要的例子。下列是確認某個集合之中，是否有某個元素的程式。

- 利用list這個資料結構確認
- 利用set這個資料結構確認

比較list與set的處理結果	Chapter5.ipynb

```python
1   import numpy as np
2
3   print(f'隨機產生100個1 ~ 100的整數')
4   a = np.random.randint(1, 100, 100)
5   print(a)
6
7   l = list(a)
8   s = set(a)
9
10  x = 50
11
12  # 下列2行程式會得到相同的結果
13  print(f'是否包含50這個數字：{x in l}')
14  print(f'是否包含50這個數字：{x in s}')
```

圖 5-5-3　list 與 set 的處理結果

```
隨機產生100個1 ~ 100的整數
[38 13 73 10 76  6 80 65 17  2 77 72  7 26 51 21 19 85 12 29 30 15 51 69
 88 88 95 97 87 14 10  8 64 62 23 58  2  1 61 82  9 89 14 48 73 31 72  4
 71 22 50 58  4 69 25 44 77 27 53 81 42 83 16 65 69 26 99 88  8 27 26 23
 10 68 24 28 38 58 84 39  9 33 35 11 24 16 88 26 72 93 75 63 47 33 89 24
 56 66 78  4]
是否包含50這個數字: True
是否包含50這個數字: True
```

由於前者與後者的結果一樣，所以乍看之下，似乎是一樣的處理，但多執行幾次就會發現差異。

list的執行所需時間	Chapter5.ipynb

```python
1   %%time
2   for _ in range(10**6):
3       x in l  # 以list確認的情況
```

圖 5-5-4　list 的計算結果

```
Wall time: 9.07 s
```

set的執行所需時間	Chapter5.ipynb

```python
1   %%time
2   for _ in range(10**6):
3       x in s  # 以set確認的情況
```

圖 5-5-5 set 的計算結果

```
Wall time: 311 ms
```

前者是利用 list 搜尋的時間，後者則是 set 的搜尋時間。從中可以發現，後者遠比前者快速，速度也與搜尋次數呈正比。爲什麼兩者的搜尋速度會如此明顯呢？

兩者的差異只在一邊使用的是 list 這個資料結果，另一邊則使用 set 資料結構。

其實搜尋這兩種資料結構的流程可說是截然不同。
要確認 List 是否具有某個值時，程式是從 list 的開頭依序比對。
反觀要確認 set 如具有某個值的時候，會使用雜湊函數將目標值轉換成雜湊值，接著將該雜湊值當成 Set 的索引值，以 $O(1)$ 確認該元素是否存在。

圖 5-5-6 list 與 set 的搜尋流程示意圖

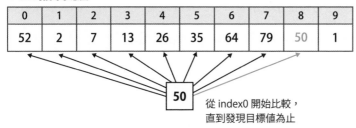

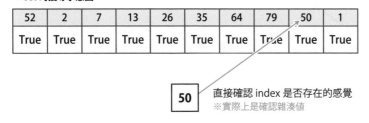

雜湊函數的部分請恕本書割愛，但結論就是，list 與 set 的資料結構不同，所以就算處理的內容相同，計算所需的時間也會出現相當程度的落差。
除了這個例子之外，其實大部分的演算法都會因爲資料結構的不同，導致所需的處理時間出現明顯差距。

5-6

學習讓配對問題轉換成最大流問題的方法

5-5 將排班意願表畫成了 Graph Network，也了解了二分圖的配對問題。接著要一起了解解決二分圖最大配對問題的演算法。

第一個要了解的演算法就是找出鐘點員工與班表格子所有的組合，盡可能滿足鐘點員工需求的窮舉法，不過這種演算法的計算量非常大，所以需要使用更具效率的方法。

首先想到的方法之一就是第4章介紹的貪婪演算法。利用啟發式演算法之一的貪婪演算法解決配對問題時，可依序搜尋鐘點員工，再將鐘點員工排入他希望的時段，只要該時段還是空白的。

乍看之下，這種演算法似乎可算出正確解答，但其實隱藏著一些問題。請大家先看看下面的範例。

圖5-6-1 排班意願表的其中一例

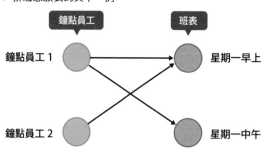

圖5-6-2 正確的排班範例

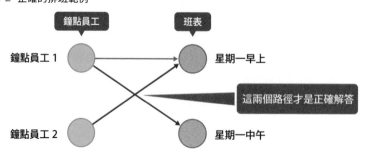

圖 5-6-3 利用貪婪演算法選擇錯誤路徑的例子

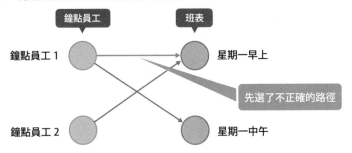

圖 5-6-1的排班意願表是根據兩位鐘點員工意願排班的示意圖。

從圖 5-6-2的正確排班範例可以發現，鐘點員工1被分配到星期一中午的時段，鐘點員工2被分配到星期一早上的時段，兩個人都按照意願分配到需要的時段。可是若使用貪婪演算法這種啟發式演算法，從鐘點員工1開始分配，就會出現圖 5-6-3的結果，也就是鐘點員工1先分配到星期一早上的時段，導致鐘點員工2無法分配到需要的時段（換言之，很有可能導出與最佳解完全不同的答案）。

那麼該怎麼做，才能有效率地算出最大配對問題的最佳解呢？

目前已知的是，只要將 Graph Network 視為「水路」，就能解決二分圖的最大配對問題。一開始可先將 Graph Network 畫成水路（圖 5-6-4），接著建立水源與出口（圖 5-6-5），之後再讓水從源頭流出，然後測量流水量，就能找到最佳路徑。這種計算最大流水量的問題稱為「**最大流問題**」，只要能解決這種最大流問題，就等於能解決配對問題了。

圖 5-6-4 將排班意願表畫成水路的示意圖

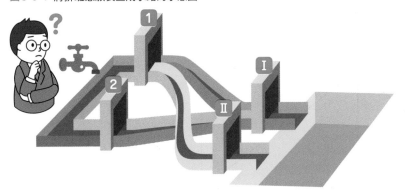

圖5-6-5　透過讓水流入水路，求出最佳路徑的最大流問題示意圖

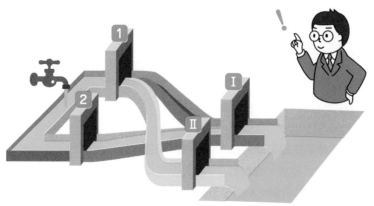

解決最大流問題的流程將於下列的圖說明。

圖5-6-6最左邊的頂點稱爲「**source**」，最右邊的頂點稱爲「**sink**」，而最大流問題就是試問從source流至sink的最大水量（flow）。

頂點之間的邊稱爲有向邊（流向固定的邊），箭頭指向的頂點稱爲「**子節點**」，位於反邊的頂點則稱爲「**父節點**」。各邊的值稱爲「**capacity**」，代表有多少水量可從這條水路經過。

只要解決最大流問題，就能在**圖5-6-6**的圖表中，如**圖5-6-7**一般，讓流至sink的總水量放至最大。當然也可以反過來觀察從source流出多少水量，但可根據每條水路能承受的水量，算出最終流至sink的總水量爲12。

圖5-6-6　解決最大流問題的圖表

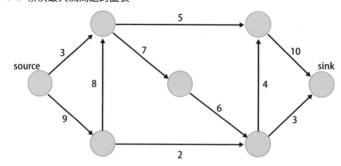

圖 5-6-7　最大流問題正解的水路

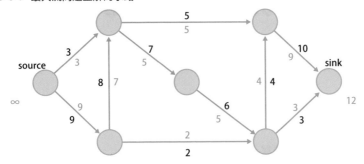

接著要透過「Dinic 的演算法」解說解決最大流問題的流程。可用來解決最大流問題的演算法還有「Ford Fulkerson 的演算法」、「Push Relabel 演算法」、「Push Relabel 演算法」以及其他的演算法。

Dinic 演算法的概要如下，箇中細節將留待 5-7 之後的章節介紹。

① 先使用寬度優先搜尋（BFS）決定從 source 放水的順序（5-7）

② 如果水無法從任何一條水路（邊）流至 sink，就結束運算，此時流至 sink 的總水量就是最大流（最佳解）

③ 利用深度優先搜尋（DFS）的方式，讓水根據步驟 1 決定的放水方式，從 source 流至 sink，接著依照水量減掉水路的 capacity，接著再反向拉出 capacity 相同的邊（5-8）

④ 回到步驟 **①**

從下一節開始，本書要介紹寬度優先搜尋（5-7）與深度優先搜尋（5-8），之後還要試著執行最大流問題的程式碼（5-9）。
最後要執行二分圖配對問題的程式碼（5-10），藉此了解配對問題的全貌。

5-7

了解「寬度優先搜尋」這個解決最大流問題的方法

以何種順序讓水從Graph Network的source流至sink，是解決最大流問題的Dinic演算法的第一步。

決定順序的方法就是「**寬度優先搜尋（BFS）**」。

BFS的示意圖為**圖5-7-1**。第一步是將source設定為層級0，也就是放水順序的開頭，接著將直接與層級0連接的頂點視為層級1，接著將直接與層級1連接的頂點視為層級2，以此類推，直到終點的sink為止。

如此一來，就能利用層級這個概念說明各頂點至少會有幾條水路（邊）經過。

圖5-7-1 利用BFS決定層級的示意圖

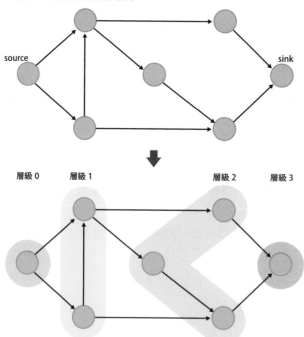

具體來說，BFS演算法的內容如下。

---

① 將Source的層級設定爲0
② 從已設定層級，但是還沒搜尋過的頂點之中，搜尋從層級最低的頂點出發的邊。
假設所有頂點都已搜尋過就停止計算。
③ 關於各邊的部分
 ⓐ 假設子節點（接下來的節點）已設定了層級，就不更新層級，並將連往該節
  點的水路（邊）設定爲「不可通行」
 ⓑ 假設子節點尚未設定層級就設定層級。
④ 回到步驟②，重複相同的步驟

執行上述的演算法，一邊確定各頂點的層級，一邊確認各邊的狀態屬於可通行（水可
以流過）或不可通行（水不可流過），再根據這些資訊執行於**5-8**說明的深度優先搜尋
（DFS）。

圖5-7-2 利用BFS確定頂點的層級與每一邊是否可通行／不可通行的範例

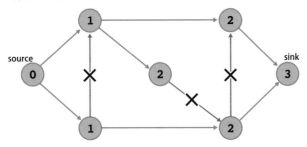

了解「深度優先搜尋」這個解決最大流問題的方法

利用 BFS 確定各頂點的層級後，就能利用深度優先搜尋（DFS）執行解決最大配對問題的 Dinic 演算法。

在 **5-7** 以 BFS 求出可通行的水路之後，DFS 會讓 source 的水沿著這類水路盡可能地流往 sink。本質上，「盡可能地流往 sink」這點與 **5-5** 介紹的「貪婪演算法」相同，所以 Dinic 演算法可說是從貪婪演算法改良而來的演算法。

Dinic 演算法的 DFS 與貪婪演算法的差異在於採用了「反向邊」這個概念，這是一種讓水盡量流，再從終點的 sink 逆推，確認水流量是否達到最大的思維。如此一來，就能一邊決定「最佳的水流路線」，一邊調整其他邊與頂點。

DFS 的流程請參考**圖 5-8-1**。

第一步先如（a）一般，從取得可通行的水路（以 BFS 算出的水路）開始。各水路的數字代表可流經的水量。接著如（b）的方式，選擇一條可從 source 出發的水路，再灌入這條水路可流經的水量，然後再讓水從這條水路的另一個頂點流往其他可通行的水路。假設遇到（d）這種沒有可通行的水路的情況，就將水量設定為 0，如果遇到的是（e）這種有可通行的水路，就讓水往容量較小的水路流，直到水如（f）般流到 sink 之後，再從 sink 走原路回去，畫出「反向邊」。當水流到 sink 之後，如（g）確定流入 sink 的水量（在頂點標記「3」），接著再於反向的箭頭標記與該水量相同的數字，再從原本的水路的容量扣掉這個數字。此時剩下的數字就是這條水路的「剩餘容量」，之後如果水從其他水路流往這條水路，這個剩餘容量就是判斷水能不能流入這條路線的基準。這個反向邊要一路畫到（h）的 source 為止。

上述的處理要針對從 source 出發的各邊實施，直到如（i）的情況，沒有可通行的水路為止，即可停止計算。

從上述的處理可以知道，**圖 5-8-1** 的例子是從 source 流出「5」的水量，而從反向邊的數字便可知道，流經上下兩條反向邊的水量分別是「3」與「2」。這就是這個 Graph

Network的最大流量，以這種方法處理配對問題時，從各鐘點員工連往班表格子的邊（水路）會被設定為容量「1」，至於該不該讓水流往這條水路（是0還是1），則是由Dinic演算法決定。

圖5-8-1　Dinic的流程

（a）設定初始狀態

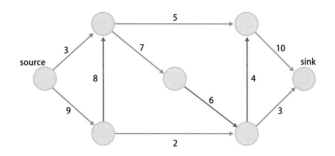

（b）讓水從source流出

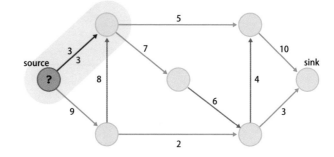

（c）讓水從現在的頂點往下個頂點流

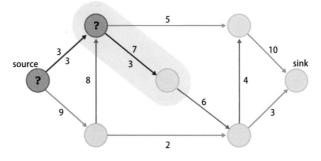

（d）假設沒有可通行的水路，就將水量設定為0

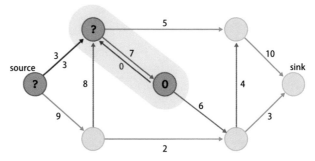

(e) 假設有可通行的水
路，讓水流過去

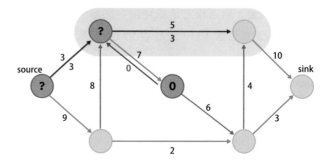

(f) 讓水不斷往下一條水
路流，直到抵達 sink
為止

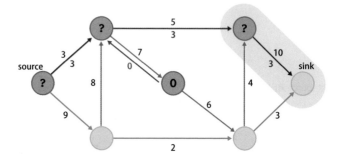

(g) 確認流往 sink 的水量，
再根據反向邊的容量減
去原本的容量

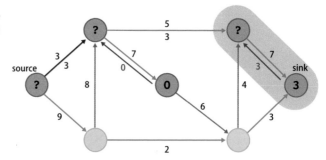

(h) 不斷地沿原路走回去，
直到抵達 source 為止

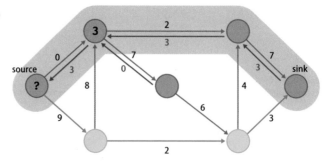

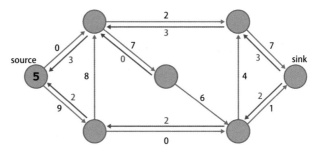

(ⅰ)讓水流往所有的水路，
再畫出反向邊，直到沒
有可通行的水路爲止，
就可以停止運算

最後爲大家統整DFS演算法的內容。

演算法：DFS (u,flow_in)：從節點u流至sink的流量

① 確定水量

 ⓐ 如果u是sink，那麼flow_in（流入量）就等於水量

 ⓑ 如果u不是sink，那麼對層級比u還高的節點v執行DFS (v, (u流往v的容量與剩餘容量的min))，這些確定的水量總和與流入u的水量的最小值，就是從u流往sink的水量

② 讓父節點連往u的邊減去確定的水量，再畫一條從u連往父節點的相同容量的邊

5-9 要執行最大流問題的程式碼，確認上述的流程。

5-9

試著解決最大流問題

5-5～**5-8**以決定鐘點員工班表的配對問題，解說了解決最大流問題的流程，至於解決最大流問題的解法之一的Dinic演算法，則分成前半段的寬度優先搜尋（BFS）與後半段的深度優先搜尋（DFS）解說。

這一節要執行計算最大流問題最佳解的程式碼，確認執行的流程，**5-10**則要利用這個程式碼解決配對問題。

下列的程式碼會先建立Graph類別，並在這個類別定義執行BFS與DFS的函數。

定義解決最大流問題的Graph類別　　　　　　　　　　　　　　　　📄 Chapter5.ipynb

```python
1   from collections import deque
2   inf = float('inf')
3
4   class Graph:
5       class __Edge:
6           def __init__(self, capacity=1, **args):
7               self.capacity = capacity
8
9
10      def __init__(self, n=0):
11          self.__N = n
12          self.edges = [{} for _ in range(n)]
13
14
15      # 追加邊的函數
16      def add_edge(self, u, v, **args):
17          self.edges[u][v] = self.__Edge(**args)
18
19
20      # 執行BFS(寬度優先搜尋)的函數
21      def bfs(self, src=0):
22          n = self.__N
23          self.lv = lv = [None]*n
24          lv[src] = 0
25          q = deque([src]) # BFS使用了queue這種資料結構(Python則是使用
    dequeue)
26          while q:
27              u = q.popleft()
```

接續下一頁

```
28        for v, e in self.edges[u].items():
29            if e.capacity == 0: continue # 無法讓水流過去(沒有邊)
30            if lv[v] is not None: continue # 層級已確定
31            lv[v] = lv[u] + 1
32            q.append(v)
33
34    # 執行DFS(深度優先搜尋)的函數
35    def flow_to_sink(self, u, flow_in, sink):
36        if u == sink:
37            return flow_in
38        flow = 0
39        for v, e in self.edges[u].items():
40            if e.capacity == 0: continue
41            if self.lv[v] <= self.lv[u]: continue
42            f = self.flow_to_sink(v, min(flow_in, e.capacity),
    sink)
43            if not f: continue
44            self.edges[u][v].capacity -= f
45            if u in self.edges[v]:
46                self.edges[v][u].capacity += f
47            else:
48                self.add_edge(v, u, capacity=f)
49            flow_in -= f
50            flow += f
51        return flow
52
53
54    # 不斷執行BFS與DFS，直到求出最大水流為止
55    def dinic(self, src, sink, visualize=False):
56        flow = 0
57        while True:
58            if visualize:
59                self.visualizer(self)
60            self.bfs(src)
61            if self.lv[sink] is None:
62                return flow
63            flow += self.flow_to_sink(src, inf, sink)
64
65    # 設定可視化函數
66    def set_visualizer(self, visualizer):
67        self.visualizer = visualizer
```

這個類別的 bfs 函數屬於利用寬度優先搜尋的方式，找出頂點層級的部分，flow_to_sink 函數則是利用深度優先搜尋的方式，搜尋從 source 流往 sink 的水量。dinic 函數

第
二
篇

數
理
最
佳
化
篇

則會不斷地呼叫上述這兩個函數，藉此求出最大水流。

執行下列程式碼，就能利用上述的類別求出最大流問題的最佳解。此外，頂點、邊、
capacity的部分與之前圖中記載的相同。

解決最大流問題的演算法　　　　　　　　　　　　　　　　　📄 Chapter5.ipynb

```python
import networkx as nx
import matplotlib.pyplot as plt
plt.figure(figsize=(10,5))

# 設定邊
edges = [
    ((0, 2), 3),
    ((0, 1), 9),
    ((1, 2), 8),
    ((2, 3), 7),
    ((1, 4), 2),
    ((2, 5), 5),
    ((3, 4), 6),
    ((4, 5), 4),
    ((4, 6), 3),
    ((5, 6), 10)
]

# 設定頂點座標
nodes = [
    (0, 1),
    (1, 0),
    (1, 2),
    (2, 1),
    (3, 0),
    (3, 2),
    (4, 1),
]

n = len(nodes)

# 可視化使用的圖表
graph = nx.DiGraph()

# 在圖表追加頂點編號
graph.add_nodes_from(range(n))

# 將頂點座標的資訊，整理成方便在圖表新增的格式
pos = dict(enumerate(nodes))

# 繪製最初的狀態
```

接續下一頁

```
42  plt.figure(figsize=(10, 5))
43
44  for (u, v), cap in edges:
45      graph.add_edge(u, v, capacity=cap)
46
47  labels = nx.get_edge_attributes(graph,'capacity')
48  nx.draw_networkx_edge_labels(graph,pos,edge_labels=labels,
    font_color='r', font_size=20)
49  nx.draw_networkx(graph, pos=pos, node_color='c')
50  plt.show()
51  graph.remove_edges_from([e[0] for e in edges])
```

圖 5-9-1 利用演算法解決最大流問題之後的結果

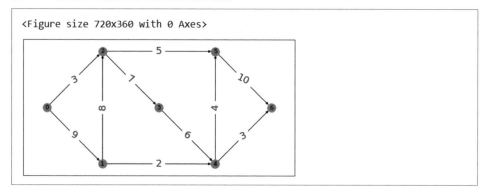

執行這個程式之後,即可從**圖 5-9-1** 發現,最大水流爲「12」,因爲從 source 流往上下兩個頂點的最大水量爲「3」與「9」,所以可藉此推導出最大水流。爲了確認這個計算結果是否正確,所以接下來要畫出從 source 流往 sink 的水量。

請執行下列可視化最大水流計算流程的程式碼。

可視化最大水流計算流程   Chapter5.ipynb

```
1   # 產生計算最大水流的圖表
2   g = Graph(n)
3
4   for (u, v), cap in edges:
5       g.add_edge(u, v, capacity=cap)  # 追加邊
6
7
8   # 繪製中途水流情況的函數
9   def show_progress(g):
10      plt.figure(figsize=(20, 10))
11
12      for (u, v), cap in edges:
13          e = g.edges[u][v]
```

接續下一頁

```
14          if e.capacity >= cap:
15              continue
16          graph.add_edge(u, v, capacity=cap-e.capacity)
17
18      labels = nx.get_edge_attributes(graph,'capacity')
19      nx.draw_networkx_edge_labels(graph,pos,edge_
    labels=labels, font_color='g', font_size=20)
20      nx.draw_networkx(graph, pos=pos, node_color='c')
21      plt.show()
22      graph.remove_edges_from([e[0] for e in edges])
23
24  # 設定可視化函數
25  g.set_visualizer(show_progress)
26
27  print(f'最大水流: {g.dinic(src=0, sink=6, visualize=True)}')
```

圖5-9-2 可視化最大水流計算流程

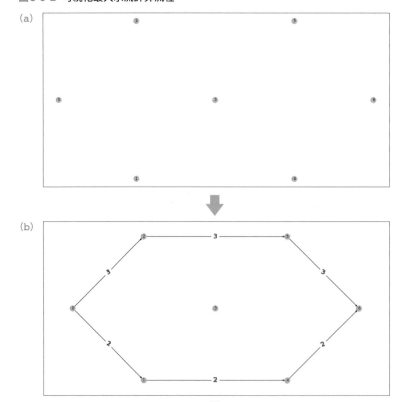

192

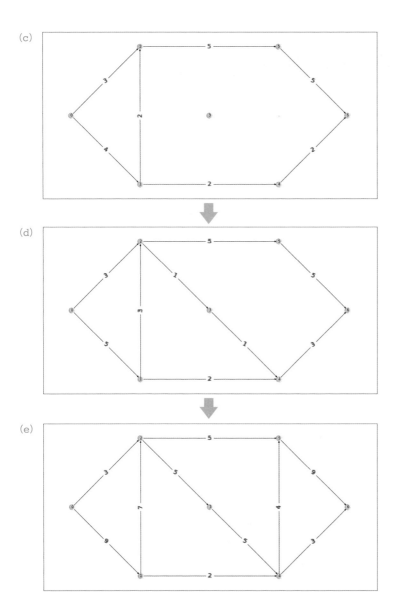

執行可視化最大水流計算流程的程式碼之後，會先於（a）步驟以綠色數值標記流經各邊的水量。

（b）的部分則可看到**5-8**說明的「5」（水量），接著依序執行從（c）至（e）的處理，一步步接近最大水流的「12」。若是調整上述程式碼的「設定邊」的部分，就能計算各種 Graph Network 的最大水流。

下一節總算要在配對問題執行上述最大流問題的程式碼，排出鐘點員工的班表。

5-10

試著利用最大流問題的解法解決配對問題

5-6～5-9除了解說解決最大流問題的方法，也執行了相關的程式，確定解題過程。本節總算要透過這個程式解決配對問題，藉此確認解題過程，以及排出鐘點員工的班表。

一如前述，這種決定鐘點員工班表的配對問題可歸類爲二分圖的最大流問題。

圖 5-10-1 於 Graph Network 顯示排班意願表的例子

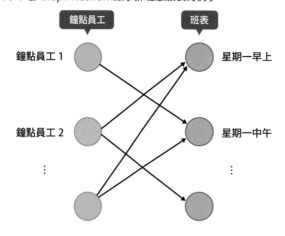

在**圖 5-10-1** 的二分圖追加 source 與 sink 的節點，將二分圖整理成處理最大流問題的 Graph Network 的格式，思考最大流問題的分類。下一頁的**圖 5-10-2** 是追加了 source 與 sink 這兩個節點的 network，**圖 5-10-3** 則是將邊的容量（capacity）全部設定爲「1」的 network。

整理成上述的格式之後，就能利用最大流問題的解法排出鐘點員工的班表。

圖5-10-2 在二分圖追加source與sink的範例

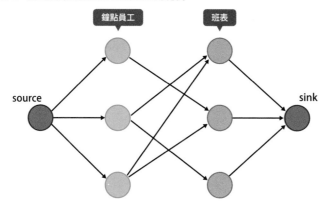

圖5-10-3 將邊的容量全部設定爲1的network

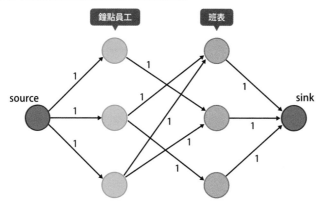

接下來總算要執行程式，載入排班意願表。

載入排班意願表　　　　　　　　　　　　　　　　　　　　　　📄 Chapter5.ipynb

```
1  import numpy as np
2
3  import pandas as pd
4  def schedules_from_csv(path):
5      return pd.read_csv(path, index_col=0)
6
7  schedules = schedules_from_csv('schedule.csv')
8  n, m = schedules.shape
9  schedules
```

圖 5-10-4 載入的班表

	星期一早上	星期一中午	星期一晚上	星期二早上	星期二中午	星期二晚上	星期三早上	星期三中午	星期三晚上	星期四早上	星期四中午	星期四晚上	星期五早上	星期五中午	星期五晚上
鐘點員工 0	0	0	0	0	0	0	0	0	1	0	0	0	0	0	0
鐘點員工 1	0	1	0	0	0	0	0	0	1	0	0	0	0	0	0
鐘點員工 2	0	1	1	0	0	0	0	0	0	0	0	1	0	0	0
鐘點員工 3	1	0	0	1	0	0	0	1	0	1	0	0	0	0	0
鐘點員工 4	0	0	0	0	0	0	0	0	0	0	0	0	0	1	0
鐘點員工 5	1	0	0	0	0	1	0	0	0	0	0	0	0	0	1
鐘點員工 6	0	0	0	1	0	0	0	0	0	0	0	0	0	0	0
鐘點員工 7	0	1	0	0	1	0	0	0	0	0	1	1	0	0	0
鐘點員工 8	0	0	0	0	0	1	0	0	0	0	0	0	0	0	1
鐘點員工 9	0	0	1	0	0	0	0	0	0	0	0	0	0	0	0
鐘點員工 10	0	0	0	0	0	1	0	0	0	1	0	0	0	0	0
鐘點員工 11	0	0	0	0	0	0	1	0	0	0	0	0	0	0	0
鐘點員工 12	0	0	0	0	0	0	0	0	0	0	0	0	0	0	0
鐘點員工 13	0	0	0	1	1	0	0	0	0	0	0	0	0	0	0
鐘點員工 14	0	0	0	1	0	0	0	0	0	0	0	0	1	0	0

接著要透過下一頁的程式碼將剛剛載入的班表轉換成 network。

將排班意願表轉換成 network   Chapter5.ipynb

```python
import networkx as nx
import matplotlib.pyplot as plt

plt.figure(figsize=(20, 10))

# 可視化使用的圖表
graph = nx.DiGraph()

N = n + m + 2
graph.add_nodes_from(range(N))
# 在圖表追加n個頂點
center = 10
vertices = [(center,9)] + [(center + (i-n//2), 6) for i in
range(n)] + [(center+ (i-m//2), 3) for i in range(m)] +
[(center, 0)]


# 建立邊
schedules = schedules.values
edges = np.argwhere(schedules)
edges += 1
edges[:,1] += n
```

接續下一頁

```
21  edges1 = np.array([(0, i+1) for i in range(n)]).reshape(-1, 2)
22  edges2 = np.array([(i+n+1, n+m+1) for i in range(m)]).
    reshape(-1, 2)
23  edges = np.vstack([edges1, edges, edges2])
24
25  # 將頂點座標的資訊整理成容易於圖表新增的格式
26  pos = dict(enumerate(vertices))
27
28  # 追加邊
29  for u, v in edges:
30      graph.add_edge(u, v, capacity=1)
31
32  # 繪製圖表
33  nx.draw_networkx(graph, pos=pos, node_color='c')
34  plt.show()
```

圖5-10-5 繪製network

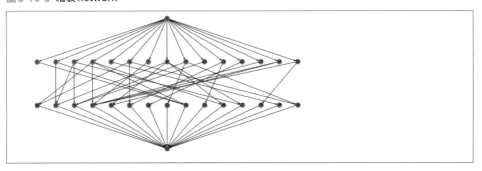

接著要根據上述的排班意願表執行最佳化配對的程式。由於解決最大流問題的Graph
類別已先行撰寫完畢，所以這裡只需執行Graph類別的dinic函數，就能求出最大流問
題的最佳解。邊的capacity全部設定為1。請執行下列的程式碼。

解決最大流問題的演算法　　　　　　　　　　　　　　　　　　　📄 Chapter5.ipynb

```
1  g = Graph(N)
2
3  # 追加邊
4  for u, v in edges:
5      g.add_edge(u, v, capacity=1)
6
7  print(f'最大水流：{g.dinic(src=0, sink=N-1)}')
```

圖5-10-6 計算最大流問題的最佳解

最大水流：14

執行上述的程式碼之後，就能算出最大水流。

這個數值代表最多可以將幾個人排入有意願的時段。請執行下列的程式碼，將最終的配對結果畫成圖表。

畫出配對結果的network　　　　　　　　　　　　　　　　　　　　　Chapter5.ipynb

```python
1   import networkx as nx
2   import matplotlib.pyplot as plt
3
4   plt.figure(figsize=(20, 10))
5
6   # 可視化使用的圖表
7   graph = nx.DiGraph()
8
9   N = n + m + 2
10  graph.add_nodes_from(range(N))
11  center = 10
12
13  # 決定繪圖的座標
14  vertices = [(center,9)] + [(center + (i-n//2), 6) for i in
    range(n)] + [(center+ (i-m//2), 3) for i in range(m)] +
    [(center, 0)]
15
16  # 建立邊
17  edges = np.argwhere(schedules)
18  edges += 1
19  edges[:,1] += n
20
21  # 將頂點座標的資訊整理成適合新增至圖表的格式
22  pos = dict(enumerate(vertices))
23
24  # 初始化班表
25  shift_table = np.zeros(shape=(n, m), dtype=np.int8)
26
27  # 追加邊
28  for u, v in edges:
29      e = g.edges[u][v]
30      if e.capacity == 1:# 不繪製還沒配對的邊
31          continue
32      graph.add_edge(u, v, capacity=1)
33      u -= 1 # 轉換成鐘點員工的index
34      v -= 1 + n # 轉換成班表格子的index
35      shift_table[u, v] = 1
36
37  # 繪製圖表
38  nx.draw_networkx(graph, pos=pos, node_color='c')
39  plt.show()
```

圖 5-10-7 畫出結果

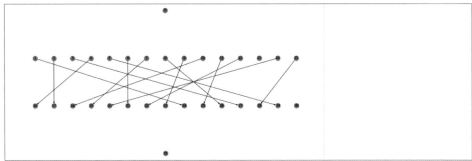

執行上述的程式碼即可算出排班問題的最佳解（圖中的 source 與 sink 是為了將配對問題歸類為最大流問題再加入，實際上這兩個節點是不存在的）。從結果可以發現，雖然未能滿足所有鐘點員工的意願，但還是盡可能讓更多鐘點員工排至有意願的時段，最終也滿足了 14 個人的意願。

經過上述的流程，我們總算能算出配對問題的最佳解了。

最後可執行下列的程式碼，確認最終的班表。

```
輸出最終的班表                                         Chapter5.ipynb
1   # 轉換成資料框架
2   shift_table = pd.DataFrame(shift_table)
3
4   # 設定欄位與索引
5   idx = [f'鐘點員{i}' for i in range(n)]
6   col = [
7       f'{day}{time}'
8       for day in ['星期一', '星期二', '星期三', '星期四', '星期五']
9       for time in ['早上', '中午', '晚上']
10  ]
11  shift_table.rename(index=dict(enumerate(idx)),
    columns=dict(enumerate(col)))
```

圖 5-10-8　輸出最終的班表

	星期一早上	星期一中午	星期一晚上	星期二早上	星期二中午	星期二晚上	星期三早上	星期三中午	星期三晚上	星期四早上	星期四中午	星期四晚上	星期五早上	星期五中午	星期五晚上
鐘點員工 0	0	0	0	0	0	0	0	0	1	0	0	0	0	0	0
鐘點員工 1	0	1	0	0	0	0	0	0	0	0	0	0	0	0	0
鐘點員工 2	0	0	0	0	0	0	0	0	0	0	0	1	0	0	0
鐘點員工 3	1	0	0	0	0	0	0	0	0	0	0	0	0	0	0
鐘點員工 4	0	0	0	0	0	0	0	0	0	0	0	0	0	1	0
鐘點員工 5	0	0	0	0	0	1	0	0	0	0	0	0	0	0	0
鐘點員工 6	0	0	0	1	0	0	0	0	0	0	0	0	0	0	0
鐘點員工 7	0	0	0	0	0	0	0	0	0	0	1	0	0	0	0
鐘點員工 8	0	0	0	0	0	0	0	1	0	0	0	0	0	0	0
鐘點員工 9	0	0	1	0	0	0	0	0	0	0	0	0	0	0	0
鐘點員工 10	0	0	0	0	0	0	0	0	0	1	0	0	0	0	0
鐘點員工 11	0	0	0	0	0	0	1	0	0	0	0	0	0	0	0
鐘點員工 12	0	0	0	0	0	0	0	0	0	0	0	0	0	0	0
鐘點員工 13	0	0	0	0	1	0	0	0	0	0	0	0	0	0	0
鐘點員工 14	0	0	0	0	0	0	0	0	0	0	0	0	1	0	0

從上表可以發現，除了「鐘點員工12」之外，所有人都排進了有意願的時段，我們也解決了組合最佳化問題之一的配對問題。

除了配對問題之外，組合最佳化問題還有很多種類，也各有專屬的解題方法，如果能多了解不同種類的組合最佳化問題，就能利用這些解題方法解決各種問題。
接著，進一步了解其他組合最佳化問題的演算法。

第三篇

數值模擬篇

在經過第一篇、第二篇洗禮之後，大家應該已經對於在職場分析資料與導出最佳解的流程有些概念了吧？以資料科學家或資料分析師的職場而言，視情況選擇適當的基礎數學，比熟悉艱深的數學更能解決問題。

接下來我們將透過模擬數值的過程，了解如何根據手邊的資料預測未來的變化。這次會用到「微分方程式」與「數值計算」這類數學。我發現，若是翻開這類數學的專業書籍，常會看到許多看也看不懂的數學公式。

不過，這些艱深的公式往往是爲了說明特殊的自然科學法則所設計，很難直接於職場的業務應用。所以接下來要依照前面的方法，只說明需要的公式，並且透過圖解與程式碼，幫助大家了解這些公式背後的「邏輯」。

第 **6** 章

試著預測傳染病的影響

「**數**值模擬」可幫助我們根據目前的情況，預測傳染病在一天、兩天，甚至更久以後的情況。所以若能了解數值模擬，除了可預測傳染病的蔓延模式，還能預測商品的銷路、口耳傳播的速度，也能量化未來的變化，幫助企業擬定經營策略，而且還能將這些模擬結果畫成圖表。

本章會跳過困難的公式，直接以圖解與程式碼幫助大家直覺地了解進行數值模擬之際，最為重要的「微分方程式」。第一步，先試著驅動傳染病的模型，進一步了解數值模擬的原理。

模擬傳染病的背景

你是一名餅乾製造商的資料科學家，一邊在公司分析必要的資料，一邊提出增加業績或提升利潤的方案。

某天，你的上司突然問你：**「最近用於預測傳染病的 SIR 模型很熱門，能不能利用這個模型建立預測商品業績以及口耳傳播速度的機制呢？」**

所以你開始研究傳染病模型(SIR 模型)，也整理了數學相關的背景知識。接下來，就來了解這個模型與相關的數學。

了解傳染病模型的輪廓

SIR 模型在預測傳染病的模型中是最知名的，也最基本的模型（微分方程式），這個模型是由易感者（Susceptible）、感染者（Infected）、康復者（Recovered 或移出者：Removed）的首字 S、I、R 所命名。為了讓大家更直覺地了解 SIR 模型，先執行建立這個模型的程式碼，並將結果畫成圖表。

圖 6-1-1　利用 SIR 模型繪製的圖表

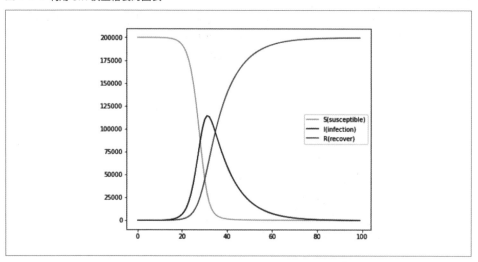

上述的圖表是以人口數 2,000 人的村子為例，說明傳染病在這個村子蔓延的情況，以及感染者慢慢康復（或隔離）的情況。縱軸是個體數（人口），橫軸則是天數，全體人口（Susceptible）會慢慢變成感染者（Infection），之後再慢慢康復或隔離（Recover）。過程請參考下列的圖。

圖 6-1-2　利用 SIR 模型說明全體人口（S）慢慢變成感染者（I）、康復者、隔離者（R）的過程

該如何進行這次的數值模擬呢？首先，先來了解於數值模擬使用的微分方程式的程式碼。

微分方程式的程式碼結構   🗐 Chapter6.ipynb

```python
1   %matplotlib inline
2   import numpy as np
3   import matplotlib.pyplot as plt
4
5   # 設定參數 ──────────────────────────────────── 設定參數
6   dt = 1.0
7   beta=0.000003
8   gamma=0.1
9   S=200000
10  I=2
11  R=0
12  alpha=I/(S+I+R)
13  num = 100
14
15  # 初始化(設定初始值) ──────────────────── 初始化(設定初始值)
16  inf = np.zeros(num)
17  sus = np.zeros(num)
18  rec = np.zeros(num)
19  inf[0] = I
20  sus[0] = S
21  rec[0] = R
22
23  # 時間發展方程式 ──────────────────────────── 時間發展方程式
24  for t in range(1,num):
25      # 計算時間t-1至t的變化量 ──────────── 計算時間 t−1 至 t 的變化量
26      S = sus[t-1]
27      I = inf[t-1]
28      R = rec[t-1]
29      alpha=I/(S+I+R)
30      delta_R=I*gamma
31      delta_S=-beta*S*I
32      if delta_S>0:
33          delta_S=0
34      delta_I = -delta_S-delta_R
35      # 計算時間t的值 ──────────────────────── 計算時間 t 的值
36      I = I + delta_I*dt
37      R = R + delta_R*dt
38      S = S + delta_S*dt
39      if S<0:
```

接續下一頁

```
40          S=0
41      sus[t] = S
42      inf[t] = I
43      rec[t] = R
44
45  # 繪製圖表                                                    繪製圖表
46  plt.figure(figsize=(16,6))
47  plt.subplot(1,2,1)
48  plt.plot(sus,label="S(susceptible)",color="orange")
49  plt.plot(inf,label="I(infection)",color="blue")
50  plt.plot(rec,label="R(recover)",color="green")
51  plt.legend()
52  plt.subplot(1,2,2)
53  plt.plot(inf,label="I(infection)",color="blue")
54  plt.legend()
```

微分方程式的程式碼由上述四個區塊組成。第一個區塊為設定參數，第二個區塊為初始化（設定初始值），第三個區塊為時間發展方程式，第四個區塊為繪製圖表。

為了更直覺地了解上述程式碼的結構，不妨將微分方程式想像成「骨牌」。

圖 6-1-3 像是骨牌的微分方程式

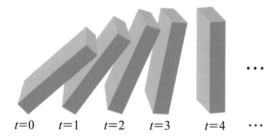

$t=0$　$t=1$　$t=2$　$t=3$　$t=4$　…

一開始先假設開始計算的第一個時間點，也就是設定時間 $t = 0$ 這個值。上述的程式假設 S、I、R 的初始值已經確定。知道初始值與會產生什麼變化之後，時間 $t = 0$ 的值、$t = 0$ 的值以及 $t = 2$ 之後的值也會依序確定。

決定下個時間點的是時間發展方程式。只要先設定這個時間發展方程式的參數，就能依照 $t = 1, 2, 3, 4, \cdots$ 的順序，陸續決定未來的值。

換言之，只要利用時間發展方程式的 for 迴圈更新初始值，就能預測時間 t 的狀態。

第三篇 數值模擬篇

206

簡單來說，微分方程式的程式碼會先設定推倒骨牌的參數，接著設定時間 $t = 0$ 的值（也就是初始值），再根據時間發展方程式依序設定 $t = 1, 2, 3, 4, \cdots$ 的值。

最後只要將上述依序設定的值畫成圖表，就能觀察未來的值如何變化。

圖 6-1-4 簡單地說明了 SIR 的時間發展方程式，是根據何種法則進行計算，請大家一邊參考實際的程式碼，一邊確認該法則透過程式碼實現的過程。

圖 6-1-4 SIR 模型的時間發展法則

R（康復者/隔離者）的增加量　**I**（感染者）× **γ**（常數）

 ……

「在感染者之中，會有一定數量的人成為 **R**（康復者/隔離者）」

I（感染者）的增加量　　**S**（整體）的減少量　**R**（康復/隔離）的增加量

 …… －

「**I**（感染者）的增加量等於 **S**（整體）的減少量，之後再減去變成 **R** 的量」

S（整體）的增加量　　　**S**（整體）　　　**I**（感染者）

 …… × × **β**（常數）

當 **S**（整體）越多，而且 **I**（感染者）越多時，兩者之間呈正比，所以可利用 **S**（整體）× **I**（感染者）× **β**（常數），算出「在 **S**（整體）之中有多少變成 **I**（感染者）」

在疫情正如火如荼蔓延的現代，SIR 模型當然是了解傳染病機制的重要工具，但要了解 SIR 模型的核心，也就是所謂的微分方程式與數值模擬手法，可能得多費一些工夫。

接下來要帶著大家了解最簡單的微分方程式「幾何級數」，同時慢慢地讓模型變得複雜，藉此了解微分方程式的全貌，進而學會微分方程式與數值模擬手法。

用於了解傳染病模型的幾何級數

接著要來學習最單純的微分方程式「幾何級數」。常有人比喻老鼠增生就像是幾何級數，2 隻會生出 4 隻，4 隻會生出 8 隻，而這種微分方程式的模型可用來形容謠言無限散播，或是每個人都想要的商品於推出之際的口耳相傳現象。

圖 6-2-1 利用幾何級數計算老鼠增生的情況

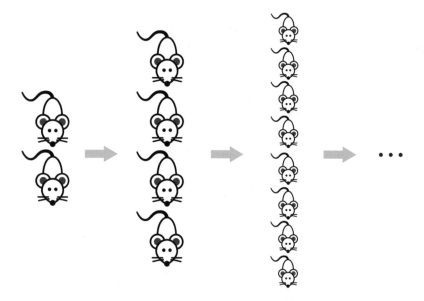

執行下列的程式碼，了解以微分方程式的程式進行幾何級數計算的方法。

執行幾何級數的程式碼　　　　　　　　　　　　　　📄 Chapter6.ipynb

```
1   %matplotlib inline
2   import numpy as np
3   import matplotlib.pyplot as plt
4
5   # 設定參數
6   dt = 1.0
7   a = 1.0
8   num = 10
9
```

接續下一頁

```
10   # 初始化(設定初始值)
11   n = np.zeros(num)
12   n[0] = 2.0
13
14   # 時間發展方程式
15   for t in range(1,num):
16       delta = a*n[t-1]
17       n[t] = delta*dt + n[t-1]
18
19   # 繪製圖表
20   plt.plot(n)
21   plt.show()
```

執行上述程式碼之後,可看到圖中的初始值從 2 隻增加至 4 隻,4 隻增至 8 隻,數量
陸續增加的曲線。此外,上述的程式碼與 SIR 模型一樣,第一個區塊是設定參數,第
二個區塊是初始化(設定初始值),第三個區塊是時間發展方程式,第四個區塊是繪製
圖表,從中也可以了解微分方程式的程式碼具有哪些基本構造。

圖 6-2-2 利用幾何級數繪製的圖表

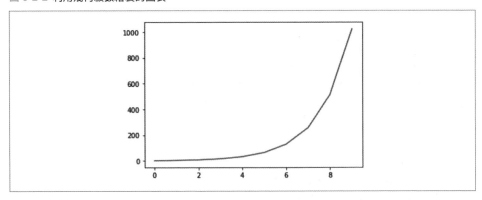

雖然只有這張曲線圖表,也能進行個體數的分析,但既然要進行「數值模擬」,當然還
是稍微改良一下「呈現方式」。若能有效地展示分析結果,上司或顧客也會對分析結果
比較感興趣。

至於該怎麼做才能有效地展示分析結果呢?目前有不少這類「資料視覺化」的研究,但
在此要介紹以動畫呈現數值模擬結果的方法。
請執行下一頁的程式碼。

執行幾何級數的動畫   🗂 Chapter6.ipynb

```python
1   import numpy as np
2   import matplotlib.pyplot as plt
3   from matplotlib import animation, rc
4   from IPython.display import HTML
5
6   # 設定參數
7   dt = 1.0
8   a = 1.0
9   num = 10
10  x_size = 8.0
11  y_size = 6.0
12
13  # 初始化（設定初始值）
14  n = np.zeros(num)
15  n[0] = 2
16  list_plot = []
17
18  # 時間發展方程式
19  fig = plt.figure()
20
21  for t in range(1,num):
22      delta = a*n[t-1]
23      n[t] = delta*dt + n[t-1]
24      x_n = np.random.rand(int(n[t]))*x_size
25      y_n = np.random.rand(int(n[t]))*y_size
26      img = plt.scatter(x_n,y_n,color="black")
27      list_plot.append([img])
28
29  # 繪製圖表（動畫）
30  plt.grid()
    anim = animation.ArtistAnimation(fig, list_plot,
31  interval=200, repeat_delay=1000)
32  rc('animation', html='jshtml')
33  plt.close()
34  anim
```

可從動畫了解老鼠數量呈幾何級數增加的情況（光看本書靜態的圖片看不出變化，請務必試著執行程式）。

圖 6-2-3 老鼠數量呈幾何級數變化的情況

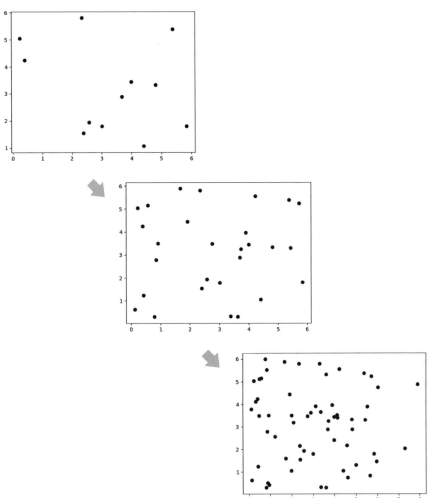

上述的幾何級數雖然單純,但將計算結果畫成圖表,以及將圖表畫成動畫的流程已包含了數值模擬完整的基本流程。

接下來要帶著大家進一步了解幾何級數的程式碼,並且一邊調整參數,一邊理解於實際的問題應用這個程式碼的方法。

調整幾何級數的參數，直觀了解微分方程式

接下來，要爲大家解說 **6-2** 幾何級數微分方程式的程式碼的參數。如果學會自由微調參數的方法，就能根據實際的資料做出合乎真實情況的預測。

來看看 **6-2** 的程式碼有哪些細節。

幾何級數程式碼的說明　　　　　　　　　　　　　　　　　　Chapter6.ipynb

```
1    %matplotlib inline
2    import numpy as np
3    import matplotlib.pyplot as plt
4
5    # 設定參數
6    dt = 1.0
7    a = 1.2                          讓時間發展方程式成立的參數
8    capacity = 100
9    num = 20
10
11   # 初始化(設定初始值)
12   n = np.zeros(num)
13   n[0] = 2
14
15   # 時間發展方程式
16   for t in range(1,num):           時間發展程式的核心
17       delta = int(a*n[t-1]*(1-n[t-1]/capacity))
18       n[t] = delta*dt + n[t-1]
19   plt.plot(n)
20   plt.show()
```

上述這段程式的重點當然是時間發展方程式的核心公式。

$$n[t] = delta \times dt + n[t-1]$$

只要大家回想一下先前「時間發展方程式就像是推倒骨牌」的說明，應該就會發現這個公式就是推倒骨牌的法則。

$n[t]$ 代表的是老鼠在時間 t 的隻數，$n[t-1]$ 則代表在時間 $t-1$ 的隻數，這也意味著當時間從 $t-1$ 變成 t，老鼠會增加 $delta \times dt$ 的數量。

由於從時間 $t-1$ 到 t 的時間差距爲 1，所以上述的程式碼在設定參數的程式區塊設定了「$dt=1.0$」這個參數與參數值，而且不會讓這個參數有任何改變。

此外，決定時間從 $t-1$ 變成 t 的時候，當下的老鼠會增加多少隻，也就是平均每隻老鼠會生出幾隻小老鼠的參數爲 a。

由於上述的程式設定爲 $a=1.0$，所以平均每隻老鼠會產下一隻小老鼠，換言之，老鼠的數量會呈倍數成長。

圖 6-3-1 爲增加數量變化的示意圖。

圖 6-3-1　老鼠數量呈幾何級數增加的示意圖

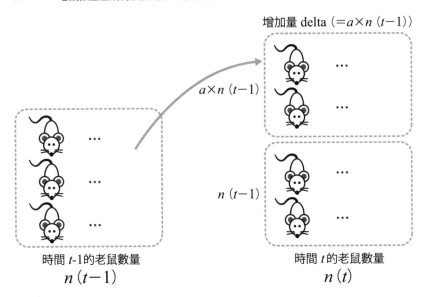

增加量 delta（$=a \times n(t-1)$）

$a \times n(t-1)$

$n(t-1)$

時間 t-1的老鼠數量
$n(t-1)$

時間 t 的老鼠數量
$n(t)$

假設 t 的單位爲「1 個月」，那麼老鼠生下小老鼠的速度爲每對（2 隻）12 隻（不同種類的老鼠有不同的速度）。

由於平均一隻老鼠可產下 6 隻小老鼠，所以將 a 的值設定爲 6，再算算看 1 年會有幾隻小老鼠出生。由於一年有 12 個月，所以將 num 設定爲 12。

圖 6-3-2 將 a 設定爲 6 的幾何級數圖表

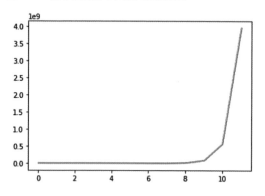

從結果來看，可以發現增加了 3,954,653,486 隻，數量直逼 40 億隻這麼多。若想實際套用在老鼠數量增加速度的計算，可試著將 a 這個參數設定爲 6，藉由調整參數的過程，讓隨著時間增減的老鼠數量更接近眞實的情況。

繼續討論這次的計算結果。就實際的情況而言，不太可能眞的增加至 40 億隻這麼多，因爲營養、棲息地、環境條件都不足，所以當數量增至一定程度之後就會「遇到瓶頸」。

如果只利用幾何級數的方式運算，就無法說明「遇到瓶頸」的現象，不過 SIR 模型的 R（康復者）的圖表也會出現一樣的現象，所以會導出不正確的預測。爲了解決這個問題，於是有人發明「邏輯方程式」這個微分方程式。

接下來，就透過邏輯方程式進一步了解老鼠數量的增加模式。

6-4

說明實際的生物或社會現象的邏輯方程式

說明老鼠呈幾何級數增加的微分方程式模型，雖然可用來描述謠言無盡傳播，或是每個人都想要的商品於推出之際的口耳相傳現象。但就實際情況而言，當老鼠的數量成長至一定程度，就會因為營養、棲息地不足而「遇到瓶頸」。

能兼顧這個現象的微分方程式就是「**邏輯方程式**」。

請執行下列的程式碼。

執行邏輯方程式　　　　　　　　　　　　　　　　　　　　🗋 Chapter6.ipynb

```
1   %matplotlib inline
2   import numpy as np
3   import matplotlib.pyplot as plt
4
5   # 設定參數
6   dt = 1.0
7   a = 1.2
8   capacity = 100
9   num = 20
10
11  # 初始化 (設定初始值)
12  n = np.zeros(num)
13  n[0] = 2
14
15  # 時間發展方程式
16  for t in range(1,num):
17      delta = int(a*n[t-1]*(1-n[t-1]/capacity))
18      n[t] = delta*dt + n[t-1]
19  plt.plot(n)
20  plt.show()
```

一如圖 6-4-1 所示，邏輯方程式會在超過環境負載量的時候讓曲線無法繼續上升。這種性質可利用下列的時間發展方程式呈現與計算。

$$delta = int(a^*n[t-1]^*(1 - n[t-1]/capacity))$$

215

圖 6-4-1 利用邏輯方程式繪製的圖表

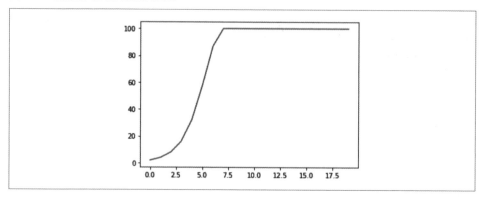

如果上述的公式沒有「$-n[t-1]/capacity$」這個部分，老鼠數量從時間 $t-1$ 至 t 的增加量 $delta$ 就會與前述的幾何級數公式相同，但有了這個部分就會發生下列的情況。

當 $n[t-1]$ 的值越逼近 $capactiy$ 的值，$n[t-1]/capacity$ 的值就會越接近 1，所以$(1-n[t-1]/capacity)$ 的值也會越接近 0。如此一來，$delta$ 的值將會趨近於 0，老鼠的數量也就幾乎不會增加。

請執行下列的程式碼，透過動畫確認老鼠的增加情況。

執行邏輯方程式的動畫　　　　　　　　　　　　　　　📄 Chapter6.ipynb

```
1   import numpy as np
2   import matplotlib.pyplot as plt
3   from matplotlib import animation, rc
4   from IPython.display import HTML
5
6   # 設定參數
7   dt = 1.0
8   a = 1.2
9   capacity = 100
10  num = 20
11  x_size = 8.0
12  y_size = 6.0
13
14  # 初始化(設定初始值)
15  n = np.zeros(num)
16  n[0] = 2
17  list_plot = []
```

接續下一頁

```
18
19  # 時間發展方程式
20  fig = plt.figure()
21  for t in range(1,num):
22      delta = int(a*n[t-1]*(1-n[t-1]/capacity))
23      n[t] = delta*dt + n[t-1]
24      x_n = np.random.rand(int(n[t]))*x_size
25      y_n = np.random.rand(int(n[t]))*y_size
26      img = plt.scatter(x_n,y_n,color="black")
27      list_plot.append([img])
28
29  # 繪製圖表(動畫)
30  plt.grid()
31  anim = animation.ArtistAnimation(fig, list_plot,
    interval=200, repeat_delay=1000)
32  rc('animation', html='jshtml')
33  plt.close()
34  anim
```

圖 6-4-2 邏輯方程式的個體數遇到瓶頸的情況

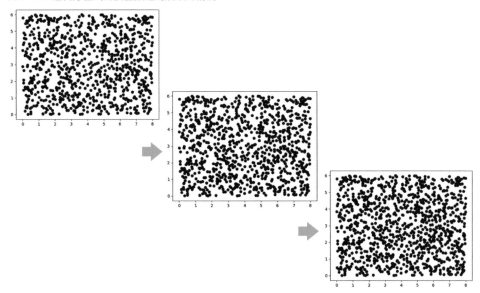

一如**圖 6-4-2** 所示,一旦遇到瓶頸,個體數就不會繼續增加,只有個體的位置會隨機變化(因為程式讓個體的位置隨機變化)。

接下來,調整邏輯方程式的參數,進一步了解這個微分方程式。

217

6-5

調整邏輯方程式的參數，直覺了解微分方程式

讓我們重新檢視邏輯方程式的時間發展法則。

$$delta = int(a^*n[t-1]^*(1-n[t-1]/capacity))$$

上述的公式有兩個可調整的參數，一個是代表幾何級數增加量的 a，以及環境負載量的 $capacity$。在程式碼的「設定參數」調整這兩個值，不僅可自由地調整結果的值，還能利用這段程式碼計算更多實例。

比方說，雖然有點失禮，但接下來要利用邏輯方程式，說明鑽石公主號這艘遊輪的新冠肺炎感染者的增加情況。

以這個實例來看，3,000 名乘客之中，感染了新冠肺炎的患者約有 700 名（根據日本厚生勞動省的報告）[1]。為了重現當時的情況，這次將 $capacity$ 設定為 700，再將 a 設定為 1.1。重新設定這些參數，再執行 **6-4** 的程式碼，可得到下列的圖表。

＊1：新冠疫情目前的情況與日本厚生勞動省的措施，請參考下列網站（2020 年 3 月 23 日）
　　　https://www.mhlw.go.jp/stf/newpage_10385.html

圖 6-5-1 邏輯方程式的確診者增加情況

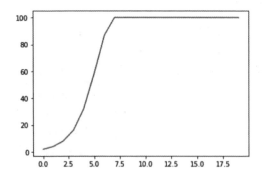

如此一來就能畫出近似真實情況的曲線圖，也就是在第 11 天的時候，確診人數停止上升的情況。感染情況當然無法只用「幾何級數」或「遇到瓶頸」這類說詞解釋，專家使用的微分方程式也比上述的程式複雜許多。但如果只是要粗略地說明現象，具有「幾何級數」以及能設定「瓶頸」的邏輯方程式可說是非常實用的模型。

6-6

說明生物或公司互相競爭的
羅特卡弗爾特拉方程式（競爭方程式）

每個人都知道，若是尚未免疫的傳染病，實際的「幾何級數」一定會比環境負載量造成的「瓶頸」更加複雜。接下來要思考的是，老鼠為了生存，一定會爭奪地盤與糧食，所以必須設想生物之間的「競爭」是什麼樣的情況。若是將「競爭」這個因素放入微分方程式，這個微分方程式就能用來預測銷售相同商品的公司之間的競爭情況。

請執行下列的程式碼。

羅特卡弗爾特拉方程式（競爭方程式）　　　　　　　　　　　　🗋 Chapter6.ipynb

```
1   %matplotlib inline
2   import numpy as np
3   import matplotlib.pyplot as plt
4
5   # 設定參數
6   dt = 1.0
7   r1 = 1
8   K1 = 110
9   a = 0.1
10  r2 = 1
11  K2 = 80
12  b = 1.1
13  num = 10
14
15  # 初始化 (設定初始值)
16  n1 = np.zeros(num)
17  n2 = np.zeros(num)
18  n1[0] = 2
19  n2[0] = 2
20
21  # 時間發展方程式
22  for t in range(1,num):
23      delta_n1 = int(r1*n1[t-1]*(1-(n1[t-1]+a*n2[t-1])/K1))
24      n1[t] = delta_n1*dt + n1[t-1]
25      delta_n2 = int(r2*n2[t-1]*(1-(n2[t-1]+b*n1[t-1])/K2))
26      n2[t] = delta_n2*dt + n2[t-1]
27
```

接續下一頁

```
28  plt.plot(n1,label='n1')
29  plt.plot(n2,label='n2')
30  plt.legend()
31  plt.show()
```

圖 6-6-1 利用羅特卡弗爾特拉方程式（競爭方程式）繪製的圖表

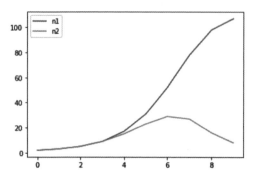

一如這張圖表所示，生物 1 的個數 $n1$ 與生物 2 的個數 $n2$ 互相競爭下，生物 2 的個數 $n2$ 因競爭失利而銳減的現象。爲了透過動畫確認數量急速下滑的現象，請執行下列的程式碼。

| 執行羅特卡弗爾特拉方程式（競爭方程式）的動畫 | Chapter6.ipynb |

```
1   import numpy as np
2   import matplotlib.pyplot as plt
3   from matplotlib import animation, rc
4   from IPython.display import HTML
5
6   # 設定參數
7   dt = 1.0
8   r1 = 1
9   K1 = 110
10  a = 0.1
11  r2 = 1
12  K2 = 80
13  b = 1.1
14  num = 10
15  x_size = 8.0
16  y_size = 6.0
17
18  # 初始化(設定初始值)
19  n1 = np.zeros(num)
```

接續下一頁

```
20  n2 = np.zeros(num)
21  n1[0] = 2
22  n2[0] = 2
23  list_plot = []
24
25  # 時間發展方程式
26  fig = plt.figure()
27  for t in range(1,num):
28      delta_n1 = int(r1*n1[t-1]*(1-(n1[t-1]+a*n2[t-1])/K1))
29      n1[t] = delta_n1*dt + n1[t-1]
30      delta_n2 = int(r2*n2[t-1]*(1-(n2[t-1]+b*n1[t-1])/K2))
31      n2[t] = delta_n2*dt + n2[t-1]
32      x_n1 = np.random.rand(int(n1[t]))*x_size
33      y_n1 = np.random.rand(int(n1[t]))*y_size
34      img = [plt.scatter(x_n1,y_n1,color="blue")]
35      x_n2 = np.random.rand(int(n2[t]))*x_size
36      y_n2 = np.random.rand(int(n2[t]))*y_size
37      img += [plt.scatter(x_n2,y_n2,color="red")]
38      list_plot.append(img)
39
40  # 繪製圖表(動畫)
41  plt.grid()
42  anim = animation.ArtistAnimation(fig, list_plot,
    interval=200, repeat_delay=1000)
43  rc('animation', html='jshtml')
44  plt.close()
45  anim
```

圖 6-6-2 羅特卡弗爾特拉方程式的生物 1(藍色)與 2(紅色)的競爭情況

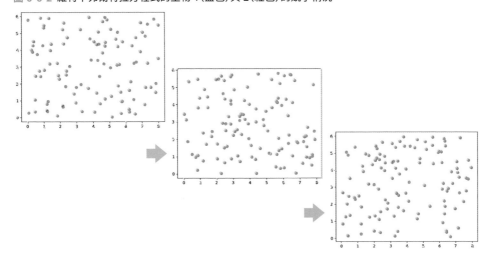

從動畫可以得知，生物 2（畫面裡的紅點）因為競爭失利導致個體數不斷減少，反觀生物 1（畫面裡的藍點）的個體數不斷增加。

羅特卡弗爾特拉方程式（競爭方程式）是根據發明者的美國數學家阿弗雷德羅特卡、與維多弗爾特拉（沃爾泰拉）的姓名而命名的方程式，**6-8** 介紹的羅特卡弗爾特拉方程式（掠食者）也是由他們發明。由於羅特卡弗爾特拉方程式（競爭方程式）是說明兩種物種競爭關係的微分方程式，所以自由度較高，也就是可調整的參數較多，所以可導出更接近真實情況的結果。

接下來，進一步了解這個方程式的參數之間有哪些關係。

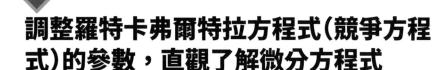

調整羅特卡弗爾特拉方程式（競爭方程式）的參數，直觀了解微分方程式

爲了進一步了解羅特卡弗爾特拉方程式（競爭方程式），讓我們重新檢視時間發展法則。

$$delta\_n1 = int(r1^*n1[t-1]^*(1-(n1[t-1]+a^*n2[t-1])/K1))$$

$$delta\_n2 = int(r2^*n2[t-1]^*(1-(n2[t-1]+b^*n1[t-1])/K2))$$

在兩個時間發展方程式中，$delta\_n1$ 爲 $n1$ 的增加量，$delta\_n2$ 爲 $n2$ 的增加量。
先從 $delta\_n1$ 開始了解。在這個方程式中，重要的參數有三個，分別是 $r1$、a、$K1$，若沒有$-(n1[t-1]+a^*n2[t-1])/K1)$這個部分，計算方式就與「幾何級數」無異，若沒有$+a^*n2[t-1]$這個部分，則與邏輯方程式相同。
$r1$ 代表的是增加量，這點與幾何級數的部分相同，而 $K1$ 則是 $n1$ 的環境負載量，換言之，羅特卡弗爾特拉方程式的特徵是由$+a^*n2[t-1]$這個部分呈現。

當個體數 $n2$ 越多，個體數 $n1$ 的環境負載量 $K1$ 就會受到排擠，導致個體數 $n1$ 很難增加，而設定排擠程度的參數爲 a。
6-6 的程式碼將 a 的值設定爲 0.1。請試著慢慢調升這個值，看看要調到多高，個體數 $n2$ 的競爭優勢才會高於 $n1$，也就是 $n2$ 贏過 $n1$ 的意思。

圖 6-7-1 以 $a = 2.1$ 的羅特卡弗爾特拉方程式（競爭方程式）繪製圖表

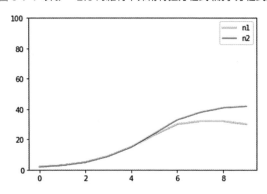

就結論而言，當 a 的值超過 1.9，$n2$ 的競爭優勢就高於 $n1$。**圖 6-7-1** 則是 $a = 2.1$ 的時候 $n1$ 與 $n2$ 的情況，相較於 *delta_n2* 公式的排擠度 $b = 1.1$，這算是比較大的值。相較於環境負載度 $K1 = 110$，這個公式的環境負載度 $K2$ 只有 80，所以要贏過環境負載度較高的 $K1$，環境負載度就必須更高，所以就結論來看，不調高 a 值，$n2$ 就無法在競爭之中佔得上風。

此外，用於推測競爭結果的微分方程式不只有上述的參數重要，比方說「初始值」也是非常重要的參數之一，雖然這個參數在只處理單一種類增減的 **6-1～6-5** 的程式中，不算舉足輕重的參數。

將 a 的值調回 0.1，再試著將 $n2$ 的初始值調整爲 10。

將 $n2[0] = 2$ 的初始值調整爲 $n2[0] = 10$ 之後，可畫出下列的圖表。

圖 6-7-2　以 $n2[0] = 10$ 的羅特卡弗爾特拉方程式（競爭方程式）繪製的圖表

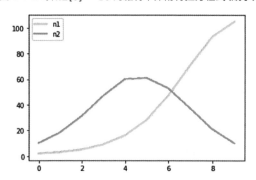

卽使將 $n2$ 的初始值調整爲 10，排擠度 b 與環境負載量 $K1$ 較大的個體數 $n1$ 還是比較佔有優勢，但也可以發現前半段是由 $n2$ 保有優勢。這種情況很常在企業之間的競爭發生。

初始值較大的意思代表起步順利的商品雖然可在一開始佔得市場，但慢慢地會被具有競爭優勢的商品搶走市場，到了最後甚至再也賣不出去。

若從另一個角度來看，上述的圖表也告訴我們「商品數 $n1$ 雖然在前半段賣得不好，但此時若沒發現自身的競爭優勢而提早退出市場，就無法後來居上」。

徹底了解羅特卡弗爾特拉方程式（競爭方程式）的性質，就能在上述的企業戰略中應用這個方程式。

6-8

說明生物或公司互相競爭的羅特卡弗爾特拉方程式（掠食方程式）

生物之間不只有互搶糧食與棲息地的競爭關係，還有「掠食」與「被獵捕」的「食物鏈」關係，而這種關係可利用微分方程式的羅特卡弗爾特拉方程式（掠食方程式）說明。

雖然「掠食」與「被獵捕」常用來形容大自然的食物鏈，但企業或社會也很常見到這類相關性。

請執行下列的程式碼。

執行羅特卡弗爾特拉方程式（掠食方程式）　　　　　　　　　　　　🗋 Chapter6.ipynb

```
1   %matplotlib inline
2   import numpy as np
3   import matplotlib.pyplot as plt
4
5   # 設定參數
6   dt = 0.01
7   alpha = 0.2
8   beta = 0.4
9   gamma = 0.3
10  delta = 0.3
11  num = 10000
12
13  # 初始化(設定初始值)
14  n1 = np.zeros(num)
15  n2 = np.zeros(num)
16  t = np.zeros(num)
17  n1[0] = 0.3
18  n2[0] = 0.7
19
20  # 時間發展方程式
21  for i in range(1,num):
22      t[i] = i*dt
23      delta_n1 = n1[i-1]*(alpha-beta*n2[i-1])
24      delta_n2 = -n2[i-1]*(gamma-delta*n1[i-1])
25      n1[i] = delta_n1*dt + n1[i-1]
26      n2[i] = delta_n2*dt + n2[i-1]
27
```

接續下一頁

```
28  plt.plot(n1,label='n1')
29  plt.plot(n2,label='n2')
30  plt.legend()
31  plt.show()
```

圖 6-8-1 利用羅特卡弗爾特拉方程式(掠食方程式)繪製的圖表

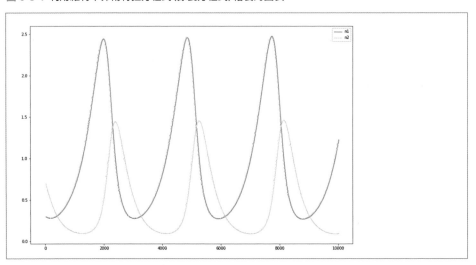

獵物個體數 $n1$ 與掠食者個體數 $n2$ 可如**圖 6-8-1** 一般，繪製成具有規律性的波形。在此將掠食者與獵物比喻爲「獅子」與「斑馬」。

只要沒有掠食者獅子，斑馬的數量就會慢慢增加，而當斑馬的數量增加，掠食斑馬的獅子也會慢慢增加，而當掠食者的數量增加，斑馬的個體數又會跟著減少，之後獅子的個體數也會跟著減少，結果斑馬的數量又因掠食者的數量減少而慢慢增加(回到一開始的情況)。

大自然之所以會出現這種具有規律性的關係，全因爲掠食者與獵物之間有著掠食與被獵捕的關係，所以雙方不會過度增加，進而形成穩定的關係，而掠食者與獵物之間的關係也可稱爲「共生關係」。若以較短的時間間隔來看，掠食者與獵物之間的關係或許不太穩定，但就長期來看，雙方的數量具有所謂的規律性，所以算是一種動態的穩定狀態，也就是所謂的「動態平衡」。

上述的關係其實也常見於企業經營。以企業的徵才活動爲例。假設社會新鮮人的求職者人數爲 $n1$，企業活動規模爲 $n2$，而企業爲了擴大活動規模開始徵才，此時求職者人數若是很高，企業就會更常舉辦這類徵才活動。如果徵才順利，徵才活動的規模也會跟著擴大。

可是當徵才活動的規模過度擴張時，就不會有人上門應徵，辭職者的人數也會高於求職者的人數，此時企業就不得不縮小徵才活動的規模，可是一旦縮小規模，求職者的人數又開始上升，慢慢地，企業又不得不擴張徵才活動的規模，最終便形成類似上述共生關係的循環。

企業當然不喜歡這種穩定狀態，所以會希望招募之前未曾招募過的求職者(例如積極引入外勞)。若是能了解引發上述循環的原因，就有機會研擬前所未有的對策。

6-9

調整羅特卡弗爾特拉方程式(掠食方程式)的參數，直觀了解微分方程式

為了進一步了解羅特卡弗爾特拉方程式(掠食方程式)，讓我們重新檢視時間發展法則。

$$delta\_n1 = n1[i-1]*(alpha - beta*n2[i-1])$$

$$delta\_n2 = -n2[i-1]*(gamma - delta*n1[i-1])$$

在上述兩個時間發展方程式中，$delta\_n1$ 為 $n1$ 的增加量，$delta\_n2$ 為 $n2$ 的增加量。

先從 $delta\_n1$ 開始。這個公式的重要參數有兩個，一個是 $alpha$，另一個是 $beta$，如果沒有 $-beta*n2[i-1]$ 這個部分，就與前面「幾何級數」的公式相同。也因為有 $-beta*n2[i-1]$ 這個部分，所以 $n1$ 才會在 $n2$ 增加時減少(被獵捕)。

此外，$delta\_n2$ 則與「幾何級數」不同，具有肉食動物才有的特徵。假設沒有 $-delta*n1[i-1]$ 這個部分，整個公式就會變成 $delta\_n2 = -n2[i-1]*gamma$，如此一來數量就不會像幾何級數般增加，個體數越多，反而 $delta\_n2$ 的數字越小。此外，也因為有 $-delta*n1[i-1]$ 這個部分，才會具有獵物的數量 $n1$ 增加，本身的個體數 $n2$ 不會減少至 0，同時透過獵捕增加本身數量的特性。

接著，試著調整 *alpha*、*beta*、*gamma*、*delta* 這四個參數，一起了解這些參數的性質。為了了解參數的性質，這次不會同時調整兩個參數。只調整一個參數才能看出該參數造成哪些影響。同時調整兩個以上的參數，將無法分辨對結果的影響是由哪個參數造成的。

第一步，先試著調整 *alpha* 的值。結果發生了很有趣的事情。照理說，*alpha* 是斑馬（獵物）能一次繁衍多少後代的參數，所以這個值越大，斑馬應該會比獅子（掠食者）更具優勢，不過在調整參數之後發現，「食物鏈」是不可能發生這種情形的。

之前以羅特卡弗爾特拉方程式繪圖時，是將 *alpha* 設定為 0.2（**圖 6-8-2**），而這次則是將 *alpha* 設定為 0.6，結果就如**圖 6-9-1** 所示。從圖中可以發現，斑馬的數量雖然增至最大，但獅子的最大數量還是高於斑馬，所以圖中的循環也變得很密集（**圖 6-8-1** 只有 3 個循環，但**圖 6-9-1** 卻有 6 個循環）。如果是原本的個體數增加量，圖中的循環會比較緩慢地變化，但隨著獵物的個體數增加，圖中的循環才快速地變化。

接下來，將 *alpha* 調回 0.2，再試著將 *beta* 的值調高。調高這個參數代表每隻獅子捕獵斑馬的數量增加（獅子會讓斑馬的增加量減少）。
就直覺而言，斑馬的數量似乎會減少，但其實反而是獅子減少了。
將 *beta* 設定為 0.8，再試著執行程式。

圖 6-9-1 以 *alpha* = 0.6 的羅特卡弗爾特拉方程式（掠食方程式）所繪製的圖表

圖 6-9-2 以 *beta* = 0.8 的羅特卡弗爾特拉方程式（掠食方程式）所繪製的圖表

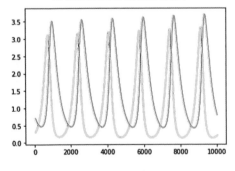
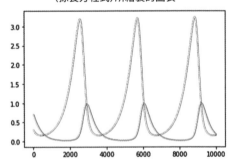

將 *beta* 設定為 0.8 之後，獅子的個體數比**圖 6-8-1** 大幅減少，相較之下，斑馬的個體數反而增加了。
這是因為斑馬的個體數 *n*1 的增加速度，會因為受到獅子的個體數 *n*2 的影響而趨緩，最終導致獅子的個體數 *n*2 的增加速度也趨緩（到頭來，獅子的數量也減少）。

接著，將 *beta* 調回原本的值（*beta* = 0.4），再試著調高 *gamma* 的值。調高這個參數之後，當獅子的個體數 *n2* 越多，該個體數 *n2* 的增加量就會大幅減少。

感覺上，獅子的數量應該會減少，但這次卻得到與預測相反的結果。試著將 *gamma* 調成 0.6 再執行程式。

獅子的個體數銳減導致斑馬的個體數增加，也使得獅子的個體數最大值增加。從結果來看，調高 *gamma* 這個參數會導致斑馬與獅子的個體數增加。

最後要試著調高 *delta* 的值，看看這個參數會造成哪些影響。這次要試著將 *delta* 的值從原本的 0.3 調成一倍的 0.6 再執行程式。

圖 6-9-3 以 *gamma* = 0.6 的羅特卡弗爾特拉方　　　圖 6-9-4 以 *delta* = 0.6 的羅特卡弗爾特拉方程
　　　　　程式（掠食方程式）所繪製的圖表　　　　　　　　　式（掠食方程式）所繪製的圖表

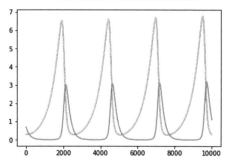 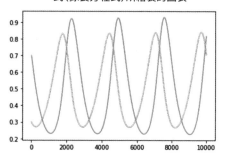

調高參數 *delta* 的值代表每獵捕一隻斑馬之後，獅子的個體數增加。如果只需要獵捕少數的斑馬，獅子的個體數就能增加，則代表獅子的個體數會依照獵捕斑馬的數量而等比例增加，而且也能依照斑馬的個體數增加程度，追蹤獅子的個體數增加程度。

圖 6-9-4 如實地呈現了上述的性質。

了解上述四個參數之後，就能自由地控制羅特卡弗爾特拉方程式（掠食方程式）的結果，此時若能比照前述的徵才活動資料微調參數，就能利用羅特卡弗爾特拉方程式（掠食方程式）說明徵才活動資料。

最後，要試著利用 **6-1** 介紹的傳染病 SIR 模型以及實際的資料，進一步了解調整參數，說明現象的流程。

一邊複習微分方程式，一邊思考電影或商品的流行程度

第三篇 數值模擬篇

經過前面的練習，對微分方程式有一定程度的了解後，就能進一步了解預測電影、商品熱銷程度的數理模型。透過物理學的微分方程式，說明與預測商品熱銷程度的學問稱為「社會物理學」，由於可處理經濟現象與其他社會現象，所以備受大眾注目。

接著就在第 6 章的最後為大家介紹「流行現象的數理模型」。

下列的程式碼可用來預測電影是否會賣座。

下列的程式碼之中，有幾個可以設定的參數，例如 D 是口耳傳播的強度，a 則是口耳傳播的效果的遞減程度，P 是社群網站這類間接傳播的強度，C 則是廣告媒體的行銷效果。在初始值方面，先設定了 $I[0] = 10.0$，代表一開始只有 10 個人知道這部電影，接著設定 $A[10] = 100$、$A[15] = 100$，預計在第 10 天與第 15 天投入廣告。執行這段程式碼可得到下列的結果。

預測賣座程度   📄 Chapter6.ipynb

```python
%matplotlib inline
import numpy as np
import matplotlib.pyplot as plt

# 設定參數
dt = 1.0
D = 1.0
a = 1.2
P = 0.0001
C = 10
num = 100

# 初始化(設定初始值)
I = np.zeros(num)
A = np.zeros(num)
I[0] = 10.0
A[10] = 100.0
A[15] = 100.0

```

接續下一頁

```
20  # 時間發展方程式
21  for t in range(1,num):
22      delta_I = (D-a)*I[t-1] + P*I[t-1]**2 + C*A[t-1]
23      I[t] = delta_I*dt + I[t-1]
24
25  # 繪製圖表
26  plt.plot(I)
27  plt.show()
```

圖 6-10-1 預測賣座程度

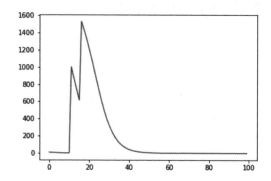

從圖中可以發現，投入廣告後，曝光度隨即增加，但廣告效果會慢慢遞減，如果連續投入廣告，則可增加廣告效果。

這個微分方程式還有一個令人玩味的部分，那就是比較在 Twitter 的投稿數量可逆推參數值，如此一來就能推測 AKB 總選舉的結果或是熱門電影的銷路。

有興趣的讀者可參考吉田就彥所著的《大ヒットの方程式》（ディスカヴァー・トゥエンティワン）（Discover 21 出版），進一步了解這類微分方程式。

第 **7** 章

可視化以數值模擬手法預測的結果

想透過動畫模擬人類的行為

前 一章利用微分方程式執行了數值模擬手法，也預測了未來的變化。

如果要讓預測未來的變化更加有趣，除了預測未來的「數字」，還可以試著讓這些數字可視化，讓我們能直接看到這些數字在「空間」上的變化。

舉例來說，遇到災害時，人們會如何逃竄，謠言又是如何傳播的，將這些情況做成動畫，就能實際感受這些過程。

本章要利用圖解、程式以及簡單的公式帶大家直覺地了解以數值模擬產生「空間」變化的三種方法。

一開始要利用「粒子模型」這種手法，將人類或物品的動作轉換成「粒子」。

接著要介紹的是「格子模型」，也就是將空間切割成不同的區塊，觀察謠言從某個區塊傳播的過程。

最後要介紹的是「網路模型」，就是觀察口碑或新聞在社群網站的傳播過程。

此外，本章最後還要介紹以數值模擬手法，正確執行微分方程式的「龍格庫塔法」。

粒子模型

模擬人類動向的背景

這次有間設計事務所拜託你模擬「來賓在建築物內部的動向」。

雖然市面上有許多模擬人類動向的軟體,但這次的專案沒有大到需要採用那些正統的軟體,而且對方也想知道會利用哪些公式進行預測,所以希望使用 Python 簡單模擬動向即可。

這次要使用「粒子模型」,將人類看成「粒子」與模擬人類的動向。

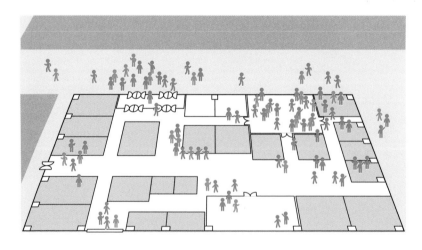

7-1

試著模擬人類動向

其實「粒子模型」在前一章就已經出現過很多次。

比方說，說明個體數幾何級數變化的**圖6-2-3**就是將所有老鼠視爲粒子，再於空間呈現代表老鼠的每個粒子。本章介紹的「粒子模型」與前一章的差異在於，前一章的個體是呈隨機分佈，藉此說明個體的總量，但本章則是要進一步呈現這些個體的動向。

此時的關鍵在於利用「時間發展方程式」呈現每個個體的動向時，要在動向的「變量」追加「約束條件」。先執行下列的程式碼，稍微了解人類動向的模擬結果，再進一步了解「時間發展方程式」的內容。

模擬人類動向   📄 Chapter7.ipynb

```
1   import numpy as np
2   import matplotlib.pyplot as plt
3   from matplotlib import animation, rc
4   from IPython.display import HTML
5
6   # 設定參數
7   dt = 1.0
8   dl = 1.0
9   num_time = 100
10  num_person = 10
11  x_size = 8.0
12  y_size = 6.0
13
14  # 初始化(設定初始值)
15  list_plot = []
16  x = np.zeros((num_time,num_person))
17  y = np.zeros((num_time,num_person))
18  for i in range(num_person):
19      x[0,i] = np.random.rand()*x_size
20      y[0,i] = np.random.rand()*y_size
21
22  # 時間發展方程式
23  fig = plt.figure()
24  for t in range(1,num_time):
25      # 計算變量
26      dx = (np.random.rand(num_person)-0.5)*dl
27      dy = (np.random.rand(num_person)-0.5)*dl
```

接續下一頁

```
28      # 設定約束條件
29      for i in range(num_person):
30          if ((x[t-1,i] + dx[i]*dt)>0)and((x[t-1,i] +
    dx[i]*dt)<x_size):
31              x[t,i] = x[t-1,i] + dx[i]*dt
32          else:
33              x[t,i] = x[t-1,i]
34          if ((y[t-1,i] + dy[i]*dt)>0)and((y[t-1,i] +
    dy[i]*dt)<y_size):
35              y[t,i] = y[t-1,i] + dy[i]*dt
36          else:
37              y[t,i] = y[t-1,i]
38      # 繪製每個時段的圖表
39      img = plt.scatter(x[t],y[t],color="black")
40      plt.xlim([0,x_size])
41      plt.ylim([0,y_size])
42      list_plot.append([img])
43
44  # 繪製圖表(動畫)
45  plt.grid()
    anim = animation.ArtistAnimation(fig, list_plot,
46  interval=200, repeat_delay=1000)
47  rc('animation', html='jshtml')
48  plt.close()
49  anim
```

執行上述程式之後，可得到下列的結果。

圖7-1-1　模擬人類動向的結果

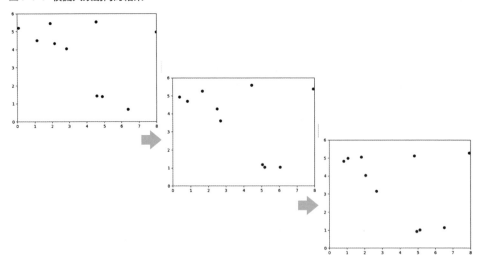

236

執行上述程式碼與繪製動畫之後，可以看到每個個體的位置會如動畫般一格格播放，而不會是隨機繪製的情況。以最上方的圖為例，右下角的三個點（三個個體）會一邊移動，一邊聚攏或散開。

這裡的重點在於利用「變量」與「約束條件」撰寫「時間發展方程式」。要了解這個部分，首先，先來確認程式碼的內容。

模擬人類動向的程式碼

```python
import numpy as np
import matplotlib.pyplot as plt
from matplotlib import animation, rc
from IPython.display import HTML

# 設定參數                                              設定參數
dt = 1.0
dl = 1.0
num_time = 100
num_person = 10
x_size = 8.0
y_size = 6.0

# 初始化(設定初始值)                                    初始化(設定初始值)
list_plot = []
x = np.zeros((num_time,num_person))
y = np.zeros((num_time,num_person))
for i in range(num_person):
    x[0,i] = np.random.rand()*x_size
    y[0,i] = np.random.rand()*y_size

# 時間發展方程式                                        時間發展方程式
fig = plt.figure()
for t in range(1,num_time):
    # 計算變量                                          計算變量
    dx = (np.random.rand(num_person)-0.5)*dl
    dy = (np.random.rand(num_person)-0.5)*dl
    # 設定約束條件                                      設定約束條件
    for i in range(num_person):
        if ((x[t-1,i] + dx[i]*dt)>0)and((x[t-1,i] +
dx[i]*dt)<x_size):
            x[t,i] = x[t-1,i] + dx[i]*dt
        else:
            x[t,i] = x[t-1,i]
        if ((y[t-1,i] + dy[i]*dt)>0)and((y[t-1,i] +
dy[i]*dt)<y_size):
```

接續下一頁

```
35              y[t,i] = y[t-1,i] + dy[i]*dt
36          else:
37              y[t,i] = y[t-1,i]
38      # 繪製每個時段的圖表                              繪製圖表
39      img = plt.scatter(x[t],y[t],color="black")
40      plt.xlim([0,x_size])
41      plt.ylim([0,y_size])
42      list_plot.append([img])
43
44  # 繪製圖表(動畫)                                    繪製動畫
45  plt.grid()
    anim = animation.ArtistAnimation(fig, list_plot,
46  interval=200, repeat_delay=1000)
47  rc('animation', html='jshtml')
48  plt.close()
49  anim
```

第三篇 數值模擬篇

首先要說明的是，上述的程式碼一樣是由「設定參數」、「初始化（設定初始值）」、「時間發展方程式」、「繪製動畫」這四大程式區塊組成，與前一章的微分方程式沒有任何差異。

構造上唯一不同之處在於「時間發展方程式」的程式區塊是由「計算變量」、「約束條件」、「繪製動畫」這三個程式區塊組成。

接著就爲大家依序說明這三個區塊。

這次的程式碼使用了下列這些參數。

dt	每格動畫的時間
dl	個體與每格動畫移動的距離
num_time	模擬的格數
num_person	模擬的人數
x_size	領域的 x 方向大小
y_size	領域的 y 方向大小

這次要模擬的是人類在某個建築物之內的動向，所以把「領域」想像成建築物的內部空間即可。這次設定的背景爲共有 10 個人待在水平 8.0 公尺，垂直 6.0 公尺，沒有任何家具的房間。

接著在初始化（設定初始值）的程式區塊，設定 list_plot（儲存每格動畫的陣列）與 x、y（每個個體的初始位置）。之後會利用時間發展方程式讓每個個體從初始位置移動。

時間發展方程式會在「計算變量」，這個計算每個個體往哪個方向移動了多少距離的程式區塊執行後，確認該變量是否正確（個體是否沒跑到領域之外的範圍），判斷個體的移動方向正確。

這個部分就是「約束條件的設定」。

爲了不讓個體跑到建築物的領域之外（在現實世界裡，人類沒辦法穿牆跑到建築物外面，而程式碼就是利用公式呈現這類現實世界的限制），可設定一些約束條件。

這次的程式碼設定了下列四個約束條件。

$$(x[t-1, i] + dx[i]^\star dt) > 0$$
$$(x[t-1, i] + dx[i]^\star dt) < \text{x\_size}$$
$$(y[t-1, i] + dy[i]^\star dt) > 0$$
$$(y[t-1, i] + dy[i]^\star dt) < \text{y\_size}$$

這些約束條件可在個體根據計算的變量（dx, dy）移動時，確認個體沒跑到建築物的領域之外（換言之，個體的 x 介於 $0 \sim$ x_size 之間，y 則介於 $0 \sim$ y_size）之間。

此外，也有必要設定「當個體依照計算的變量移動時，若會不小心超出建築物領域就不移動」的條件式。設定這些約束條件之後，再將所有個體依照約束條件移動之後的情況畫成圖表（散佈圖）。

在畫完所有影格的圖表之後，再將這些圖表製作成動畫。

7-2

試著模擬緊急避難之際的行為

在此之前，都只顯示了在寬闊場域隨機配置的人的隨機行為，而接下來要介紹利用程式呈現人類主動做出的行為。具體來說，就是要模擬發生緊急事故時，每個人跑出建築物的情況。這次會將 **7-1** 的建築物分成兩塊，再模擬人們從某塊區塊（建築物內部）跑到另一塊區塊（建築物外部）的情況。

這次的程式碼與 **7-1** 一樣分成「設定參數」、「初始化（設定初始值）」、「時間發展方程式」、「繪製動畫」這四個程式區塊，而「時間發展方程式」的程式區塊與 **7-1** 一樣，是由「計算變量」、「約束條件」、「繪製圖表」這三個程式區塊組成，不過這次模擬的是避難行為，所以上述這三個區塊的程式碼也會比較複雜一點。

避難行為可透過三個步驟繪製。

    ❶ 接近出入口
    ❷ 抵達出入口之後，從出入口走出建築物
    ❸ 走出建築物之後，盡可能遠離出入口

這次的程式碼將以 **7-1** 的程式碼為藍圖，並且依照❶至❸的步驟改寫內容。
請執行下列的程式碼。

模擬避難行為　　　　　　　　　　　　　　　　　　　🗋 Chapter7.ipynb

```python
1   import numpy as np
2   import matplotlib.pyplot as plt
3   from matplotlib import animation, rc
4   from IPython.display import HTML
5
6   # 設定參數
7   dt = 1.0
8   dl = 0.3
9   num_time = 100
10  num_person = 30
11  x_size = 8.0
12  y_size = 6.0
13  th_nearest = 0.2
14  th_exit = 0.5
```

接續下一頁

```python
15  x_exit = (x_size)/2
16  y_exit = 1/2
17
18  # 初始化（設定初始值）
19  list_plot = []
20  x = np.zeros((num_time,num_person))
21  y = np.zeros((num_time,num_person))
22  for i in range(num_person):
23      x[0,i] = np.random.rand()*x_size/2
24      y[0,i] = np.random.rand()*y_size
25  flag_area = np.zeros(num_person)
26
27  # 產生牆壁
28  ywall = list(range(1,10))
29  xwall = [int(x_size/2)]*9
30
31  # 時間發展方程式
32  fig = plt.figure()
33  for t in range(1,num_time):
34      # 計算變量
35      dx = np.zeros(num_person)
36      dy = np.zeros(num_person)
37      for i in range(num_person):
38          if flag_area[i]==0:
39              dx[i] = np.sign(x_exit - x[t-1,i])*dl
40              dy[i] = np.sign(y_exit - y[t-1,i])*dl
41          elif flag_area[i]==1:
42              dx[i] = dl
43              dy[i] = 0
44          else:
45              dx[i] = np.random.rand()*dl
46              dy[i] = np.random.rand()*dl
47      # 設定約束條件
48      for i in range(num_person):
49          flag_iter_x = 1
50          flag_iter_y = 1
51          # 確認移動領域之內沒有沒其他的物件
52          for j in range(num_person):
53              if not i==j:
54                  dx_to_j = x[t-1,i] + dx[i] - x[t-1,j]
55                  dy_to_j = x[t-1,i] + dx[i] - x[t-1,j]
56                  if (np.sqrt(dx_to_j**2+dy_to_j**2)<th_nearest):
57                      if (flag_area[i]==flag_area[j]):
58                          flag_iter_x = 0
59                          flag_iter_y = 0
```

241

```
60                        break
61              # 判斷個體是否位於領域之內
62              if ((x[t-1,i] + dx[i]*dt)>0)and((x[t-1,i] + dx[i]*dt)<x_
   size):
63                  if (flag_area[i]==0)and((x[t-1,i] + dx[i]
   *dt)>x_size/2):
64                      flag_iter_x = 0
65                  elif (flag_area[i]==2)and((x[t-1,i] + dx[i]
   *dt)<x_size/2):
66                      flag_iter_x = 0
67              else:
68                  flag_iter_x = 0
69              if ((y[t-1,i] + dy[i]*dt)<0)or((y[t-1,i] + dy
   [i]*dt)>y_size):
70                  flag_iter_y = 0
71              # 更新
72              if flag_iter_x==1:
73                  x[t,i] = x[t-1,i] + dx[i]*dt
74              else:
75                  x[t,i] = x[t-1,i]
76              if flag_iter_y==1:
77                  y[t,i] = y[t-1,i] + dy[i]*dt
78              else:
79                  y[t,i] = y[t-1,i]
80              # 確認是否抵達出口
81              dx_to_exit = x_exit - x[t,i]
82              dy_to_exit = y_exit - y[t,i]
83              if (np.sqrt(dx_to_exit**2+dy_to_exit**2)<th_exit):
84                  flag_area[i] = 1
85              if (flag_area[i]==1)and(x[t,i]>(x_size/2)):
86                  flag_area[i] = 2
87          # 繪製每個時段的圖表
88          img = plt.scatter(x[t],y[t],color="black")
89          plt.xlim([0,x_size])
90          plt.ylim([0,y_size])
91          plt.plot(xwall, ywall, 'b')
92          list_plot.append([img])
93
94  # 繪製圖表(動畫)
95  plt.grid()
96  anim = animation.ArtistAnimation(fig, list_plot, interval=200, repeat_
   delay=1000)
97  rc('animation', html='jshtml')
98  plt.close()
99  anim
```

執行上述程式碼可得到下列的結果。

圖 7-2-1　避難行為的模擬結果（三個步驟）

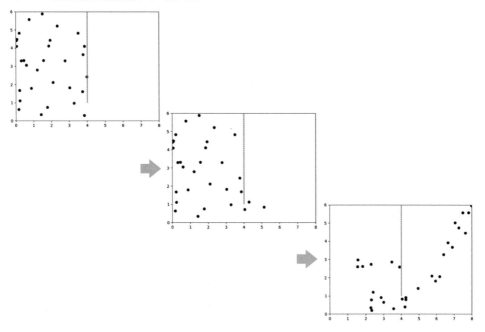

接下來要為大家解說這三個步驟的程式碼。在設定參數的部分新增了下列這些參數。

th_nearest	撞到人的距離
th_exit	抵達出入口的距離
x_exit	出入口的 x 座標
y_exit	出入口的 y 座標

由於現在使用的「粒子模型」是以「點」代表人，無法呈現人體的大小，所以要知道人與人是否碰撞，只能依賴點與點之間的距離，所以上述的程式設定了 th_nearest 這個不會相撞的距離。同樣的，為了知道是否抵達出口而設定了確定 th_exit 這個參數，利用點與出入口座標之間的距離，確認點是否抵達出口。

接下來在初始值的部分，則為了確定 x 座標若在「建築物內部」（圖的左側，而將 x 座標設定為 0 至 x_size/2 之間的亂數，同時為了儲存所有人的狀態是屬於❶至❸的哪個步驟而建立了 flag_area 陣列。步驟❶的時候為 0，步驟❷的時候為 1，步驟❸則為 2

（陣列元素的預設值為0）。最後為了繪製牆壁而建立了xwall與ywall陣列（儲存牆壁座標的陣列）。

後續的時間發展程式則因為分成三個步驟而顯得有些複雜。在計算變量的部分，當flag_area為0（步驟❶），就讓人的x、y方向往出入口移動距離dl。假設是1的情況（步驟❷），讓人往水平方向（只往出入口走出去的方向）移動距離dl，假設是2的情況（步驟❸），則讓人的x、y方向隨機移動0至dl的距離。

在約束條件的部分，先宣告了flag_iter_x、flag_iter_y這兩個變數，之後再利用這兩個變數確認是否往x或y移動在計算變量算出來的距離。假設要前往的方向有人（物件）就不能往該方向移動，所以要先確認能不能往該方向移動，之後還要確認移動之後的位置是否位於領域之內，一切都沒問題才能移動。

在確認沒有問題之後即可移動，之後還要確認更新之後的座標位置以及與出入口的距離，再依照這個距離設定現在屬於步驟❶至❸的哪個狀態，並且依照這個狀態進行不同的處理。最後則是畫成圖表，再將所有圖表畫成動畫即可。

完成上述的流程就能觀察人從建築內部逃至建築外部的過程。大家可試著調整參數設定中的人數（num_person）與移動速度（dl）的值，確認模擬結果會有哪些變化。

7-3 粒子模型

可視化每個人的移動過程

我們在**7-2**模擬了緊急事故的避難行為,卻只是將模擬畫成動畫,卻無法利用人數與移動速度這類參數,量化人類避難行為的變化,所以這節要介紹可視化模擬結果的方法。

請執行下列的程式碼(請在執行**7-2**的程式碼之後,立刻執行這段程式)。

可視化每個人的移動過程　　　　　　　　　　　　　　　　　　 🖹 Chapter7.ipynb

```python
%matplotlib inline
import numpy as np
import matplotlib.pyplot as plt
for i in range(num_person):
    plt.plot(x[:,i])
plt.show()
```

執行上述的程式碼可得到下列的結果。

圖 7-3-1　可視化每個人的移動過程

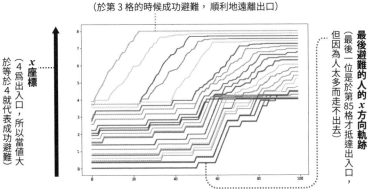

上述的程式碼繪製了儲存每個人移動軌跡(座標位置的記錄)的x。橫軸是動畫的影格數,縱軸則是每個人在每個影格的x座標。

從這張圖表可以看出每個人（共30個人）的移動軌跡（在 **7-2** 執行的程式）。其中可以發現最先避難的人在第三個影格就抵達出入口，後來也順利地從出入口走出去，反觀最後避難的人一開始離出入口最遠，後來好不容易在第85格的時候抵達出入口，卻因為太過擁擠，導致到了第100格影格也無法成功避難（如果將 **7-2** 的 num_time 設定成 100 以上的數值再執行程式，就能確認最後一位是否成功避難）。

繪製這類圖表就能量化與記錄在不同的人數、移動速度與參數下，避難的過程會產生哪些變化。

格子模型

模擬謠言傳播的背景

某間調查公司委託你「模擬商品口碑傳播情形」。雖然將社群網站的分享數畫成圖表，就能了解口耳相傳的情況，但能讓人親身體驗傳播狀況的軟體很少，就算有，也是特別量身訂做的軟體，售價也通常很貴，能以低成本使用的軟體也是少之又少。

委託此案件的調查公司覺得一開始不用太複雜，所以希望你讓他們知道會使用哪些公式模擬，以及利用 Python 寫一個模擬的模型即可。

這次就讓我們試著使用「格子模型」模擬謠言在空間裡，如波紋向外傳遞的模樣。

7-4

該如何模擬謠言的傳播情況？

在此介紹的「格子模型」是將都市這類空間切割成格子，再將這些格子看成人或房屋，模擬謠言於街坊鄰居之間傳播的模樣。除了謠言之外，也可模擬火災（尤其是將廣域的森林分割成格子，再模擬某個區塊因落雷或其他因素發生火災時的狀況），或是都市之內的汽機車廢氣、溫室氣體與其他類似的擴散情況。

「格子模型」的程式碼與「粒子模型」一樣，都分成「設定參數」、「初始化（設定初始值）」、「時間發展方程式」、「繪製動畫」這四大部分，最具特徵的部分則是「時間發展方程式」的處理。

接下來，執行下列的程式碼，確認「格子模型」的運作過程。

利用格子模型模擬謠言傳播的情況　　　　　　　　　　　　　　🗋 Chapter7.ipynb

```
1   %matplotlib nbagg
2
3   import numpy as np
4   import matplotlib.pyplot as plt
5   from matplotlib import animation, rc
6   from IPython.display import HTML
7   import time
8   import copy
9
10  # 設定參數
11  dt = 1
12  dx = 1
13  dy = 1
14  num_time = 100
15  N_x=100
16  N_y=100
17  D = 0.25
18
19  # 初始化（設定初始值）
20  list_plot = []
21  map = np.zeros((N_x,N_y))
22  for i_x in range(47,54):
23      for i_y in range(47,54):
24          map[i_x][i_y] = 1000
25  map_pre = copy.deepcopy(map)
```

接續下一頁

```
26
27   # 時間發展方程式
28   fig = plt.figure()
29   for t in range(1,num_time):
30
31       # 每個格子的處理
32       for i_x in range(N_x):
33           for i_y in range(N_y):
34               # 計算相鄰格子的座標
35               i_xL = i_x - dx
36               if (i_xL<0):
37                   i_xL = i_x + dx
38               i_xR = i_x + dx
39               if (i_xR>=N_x):
40                   i_xR= i_x - dx
41               i_yL = i_y - dy
42               if (i_yL<0):
43                   i_yL = i_y + dy
44               i_yR = i_y + dy
45               if (i_yR>=N_y):
46                   i_yR= i_y - dy
47               # 試算擴散方程式(根據相鄰格子的狀態決定下個狀態)
48               dm_x = (map_pre[i_xL][i_y]+map_pre[i_xR][i_y]-
     2*map_pre[i_x][i_y])/(dx**2)
49               dm_y = (map_pre[i_x][i_yL]+map_pre[i_x][i_yR]-
     2*map_pre[i_x][i_y])/(dy**2)
50               dm = D*(dm_x+dm_y)*dt
51               map[i_x][i_y]  += dm
52
53       # 記錄值
54       map_pre = copy.deepcopy(map)
55
56       # 繪製每個時段的圖表
57       plot_map = plt.imshow(map, vmin=0, vmax=10)
58       list_plot.append([plot_map])
59
60   # 繪製圖表(動畫)
61   plt.grid()
62   anim = animation.ArtistAnimation(fig, list_plot,
     interval=200, repeat_delay=1000)
63   rc('animation', html='jshtml')
64   plt.close()
65   anim
```

上述程式的執行結果如下。

圖7-4-1 謠言傳播過程的模擬結果

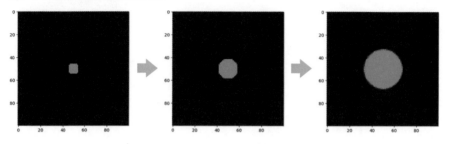

首先，先了解「設定參數」、「初始化（設定初始值）」、「時間發展方程式」、「繪製動畫」這些程式區塊的內容。

這次的程式碼使用了下列這些參數。

dt	每一格影格的時間
dx	與相鄰格子之間的 x 方向的距離
dy	與相鄰格子之間的 y 方向的距離
num_time	模擬的影格數
N_x	x 方向的格子數
N_y	y 方向的格子數
D	擴散係數

擴散係數的部分會留在「時間發展方程式」的時候說明。上述的程式將每一格格子設定爲1公尺平方的大小，整個區塊則爲100公尺見方的面積，再模擬謠言從住在中心區塊周邊的居民傳開的情況。

初始化（設定初始值）的部分設定了 list_plot（儲存每個動畫的陣列）與 map（垂直 N_y 公尺、水平 N_x 公尺的格子狀態）。在 map 的初始值方面，先將0代入所有1公尺平方的格子，再將中心點附近的格子改爲1000，接著宣告 map_pre 變數，藉此儲存前一格影格之際的 map 狀態，等到要解開後續的「時間發展方程式」，就會參考這個 map_pre 的狀態更新 map 的狀態。

「時間發展方程式」是由「每格格子的處理」、「記錄值」、「繪製每個時段的圖表」所組成，開頭的「每格格子的處理」是這次的主角，會依照 map_pre 的狀態決定格子接下來狀態。

第三篇 數值模擬篇

一如下列的公式所示，每格格子接下來的狀態會先觀察鄰接的格子（x, y方向的兩側格子），如果與這些格子的值有差距，就在這個差距乘上擴散係數 D，再將加總之後的結果設定爲下一個值。以程式碼而言，就是先計算鄰接格子的座標（i_xL, i_xR, i_yL, i_yR），再計算下列公式的解。

$$dm\_x = (map\_pre[i\_xL][i\_y]$$
$$+ map\_pre[i\_xR][i\_y]$$
$$- 2*map\_pre[i\_x][i\_y])/(dx**2)$$

$$dm\_y = (map\_pre[i\_x][i\_yL]$$
$$+ map\_pre[i\_x][i\_yR]$$
$$- 2*map\_pre[i\_x][i\_y])/(dy**2)$$

$$dm = D*(dm\_x + dm\_y)*dt$$

dm_x 是加總與 x 方向鄰接的兩格格子的差距後，再以距離的平方除之的結果，dm_y 則是加總與 y 方向鄰接的兩格格子的差距後，再以距離的平方除之的結果，接著再乘上擴散係數 D 與每格影格的時間，然後設定爲目前值的增加量 dm。

接著讓現在值與 dm 相加的結果設定爲下一個值。擴散係數 D 爲謠言往周邊擴散的速度，係數越大，擴散速度越快。

要注意的是，當這個值大於等於 0.25，程式就無法正常執行（因爲離散化的關係）。

圖 7-4-2 是擴散過程的示意圖，可利用下列的表格說明（上述的程式會離散化下列的公式）。

$$\frac{\partial}{\partial t}\, m(x,t) = D\,\frac{\partial^2}{\partial x^2}\, m(x,t) + D\,\frac{\partial^2}{\partial y^2}\, m(x,t)$$

圖7-4-2　每個格子的處理

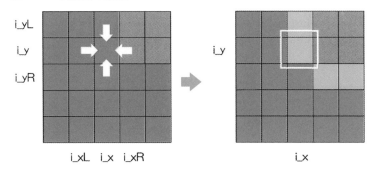

一邊對所有的格子進行上述的處理，一邊更新 map，並在所有格子的值更新之後，將所有的值存入 map_pre。再繪製與儲存每個時段的圖表（map 的情況），最後再於所有影格的計算都結束後，繪製動畫圖表。

格子模型

確認謠言或口碑於不同路線的傳播情況

到目前為止，我們已經透過格子模型模擬謠言或口碑如波紋般，從區域中心點向周邊擴散的情況，接下來要模擬的是謠言與口碑在路線中擴散的情況。假設傳播路線非常細長，謠言與口碑就有可能難以傳播，甚至就此煙消雲散。

有時候傳播路線也會造成資訊無法在團體行動（例如體育或戰爭）之際順利傳播的原因。比方說，遇到森林大火的時候，會故意砍出一條沒有樹的路，避免火舌繼續延燒。接著，觀察傳播路線會對謠言、口碑這類資訊傳播的過程，或森林大火的延燒造成什麼影響。

第一步請執行下列的程式碼。

模擬謠言於路線之內傳播的情況 ①　　　🗐 Chapter7.ipynb

```python
%matplotlib inline
import pandas as pd
import matplotlib.pyplot as plt

# 載入路線資料
df_route = pd.read_csv("route.csv", header=None)
route = df_route.values

# 繪製圖表
plt.imshow(route)
plt.show()
```

```python
1   import numpy as np
2   import matplotlib.pyplot as plt
3   from matplotlib import animation, rc
4   from IPython.display import HTML
5   import time
6   import copy
7
8   # 設定參數
9   dt = 1
10  dx = 1
11  dy = 1
12  num_time = 100
13  N_x=route.shape[1]
14  N_y=route.shape[0]
15  D = 0.25
16
17  # 初始化(設定初始值)
18  list_plot = []
19  map = np.zeros((N_x,N_y))
20  for i_x in range(0,5):
21      for i_y in range(0,5):
22          map[i_x][i_y] = 1000
23  map = map*route
24  map_pre = copy.deepcopy(map)
25
26  # 時間發展方程式
27  fig = plt.figure()
28  for t in range(1,num_time):
29
30      # 每個格子的處理
31      for i_x in range(N_x):
32          for i_y in range(N_y):
33              # 計算相鄰格子的座標
34              i_xL = i_x - dx
35              if (i_xL<0):
36                  i_xL = i_x + dx
37              i_xR = i_x + dx
38              if (i_xR>=N_x):
39                  i_xR= i_x - dx
40              i_yL = i_y - dy
41              if (i_yL<0):
```

接續下一頁

```
42              i_yL = i_y + dy
43          i_yR = i_y + dy
44          if (i_yR>=N_y):
45              i_yR= i_y - dy
46          # 試算擴散方程式(根據相鄰格子的狀態決定下個狀態)
47          dm_x = (map_pre[i_xL][i_y]+map_pre[i_xR][i_y]-
48 2*map_pre[i_x][i_y])/(dx**2)
            dm_y = (map_pre[i_x][i_yL]+map_pre[i_x][i_yR]-
49 2*map_pre[i_x][i_y])/(dy**2)
            dm = D*(dm_x+dm_y)*dt
50          map[i_x][i_y] += dm
51
52      # 重設摻雜路線因素的值
53      map = map*route
54
55      # 記錄值
56      map_pre = copy.deepcopy(map)
57
58      # 繪製每個時段的圖表
59      plot_map = plt.imshow(map, vmin=0, vmax=10)
60      list_plot.append([plot_map])
61
62 # 繪製圖表(動畫)
63
64 plt.grid()
65 anim = animation.ArtistAnimation(fig, list_plot,
   interval=200, repeat_delay=1000)
66 rc('animation', html='jshtml')
67 plt.close()
68 anim
```

執行上述的程式（載入路線與模擬傳播過程）之後，可得到下一頁的結果。

254

圖 7-5-1 可視化路線

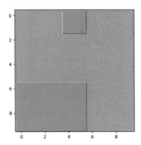

圖 7-5-2 模擬謠言傳播過程的結果

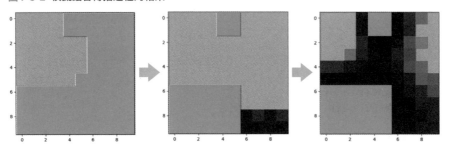

執行「載入路線」的程式碼載入 route.csv 之後，傳播路線會如**圖7-5-1**般以黃色標示（在 route.csv 中，標記爲1的格子就是路線）。執行後續的「模擬」之後，就會以動畫的方式顯示資訊於路徑之內傳播的過程。上述程式與 **7-4** 的程式的差異之處，在於新增了「載入路線」這個部分，而載入路線的內容如下。

「設定參數」的 N_x、N_y 的值會與利用 route.csv 載入的範圍大小直接連動。由於 route.csv 的設定爲長10格 × 寬10格的範圍，所以這次的範圍與之前的範圍一樣。接著在設定初始值的部分將 map 的左上角幾格設定爲1000，其餘的設定爲0。其餘的處理則與 **7-4** 幾乎相同，只是在「時間發展方程式」的部分新增了「重設摻雜路線因素的值」的處理。

之所以要新增這個處理，是爲了在針對範圍之內的所有格子進行處理之後，將非路線的格子設定爲0，避免資訊往路線之外的格子傳播。執行上述的程式之後，資訊一開始會如**圖7-5-2**所示，沿著預設的路線傳播，最後卻煙消雲散，無法傳播至路線的尾端。

7-6

試著將謠言的傳播滲透度畫成圖表

雖然已在 **7-4** 與 **7-5** 模擬了謠言如何透過格子裡的人傳播，但只是將模擬結果畫成動畫，是無法量化謠言在每個時段的傳播方式，會受到路線、人數、擴散係數（傳播速度）這類參數多少影響的。

在此要簡單地介紹一下可視化模擬結果的方法。

下列是經過部分改寫的 **7-5** 程式碼，改寫完畢之後，請試著執行這段程式碼。

模擬謠言於路線之內的傳播過程，並將傳播滲透度畫成圖表 ①　　　　　　🗂 Chapter7.ipynb

```python
%matplotlib inline
import pandas as pd
import matplotlib.pyplot as plt

# 載入路線資料
df_route = pd.read_csv("route.csv", header=None)
route = df_route.values

# 繪製圖表
plt.imshow(route)
plt.show()
```

```python
import numpy as np
import matplotlib.pyplot as plt
from matplotlib import animation, rc
from IPython.display import HTML
import time
import copy

# 設定參數
dt = 1
dx = 1
dy = 1
num_time = 100
N_x=route.shape[1]
N_y=route.shape[0]
D = 0.25

# 初始化(設定初始值)
list_plot = []
map = np.zeros((N_x,N_y))
for i_x in range(0,5):
    for i_y in range(0,5):
        map[i_x][i_y] = 1000
map = map*route
map_pre = copy.deepcopy(map)
list_percolate_rate = np.zeros(num_time)

# 時間發展方程式
fig = plt.figure()
for t in range(1,num_time):

    # 每個格子的處理
    for i_x in range(N_x):
        for i_y in range(N_y):
            # 計算相鄰格子的座標
            i_xL = i_x - dx
            if (i_xL<0):
                i_xL = i_x + dx
            i_xR = i_x + dx
            if (i_xR>=N_x):
                i_xR= i_x - dx
            i_yL = i_y - dy
            if (i_yL<0):
```

接續下一頁

第 7 章　想透過動畫模擬人類的行為

257

```
43              i_yL = i_y + dy
44          i_yR = i_y + dy
45          if (i_yR>=N_y):
46              i_yR= i_y - dy
47          # 試算擴散方程式(根據相鄰格子的狀態決定下個狀態)
48          dm_x = (map_pre[i_xL][i_y]+map_pre[i_xR][i_y]-
2*map_pre[i_x][i_y])/(dx**2)
49          dm_y = (map_pre[i_x][i_yL]+map_pre[i_x][i_yR]-
2*map_pre[i_x][i_y])/(dy**2)
50          dm = D*(dm_x+dm_y)*dt
51          map[i_x][i_y] += dm
52
53      # 重設摻雜路線因素的值
54      map = map*route
55
56      # 計算傳播滲透度
57      list_percolate_rate[t] = np.sum(map>=10)/np.sum
(route)
58
59      # 記錄值
60      map_pre = copy.deepcopy(map)
61
62      # 繪製每個時段的圖表
63      #plt.cla()
64      plot_map = plt.imshow(map, vmin=0, vmax=10)
65      list_plot.append([plot_map])
66      #fig.savefig(str(t)+".png")
67
68  # 繪製圖表(動畫)
69  plt.grid()
70  anim = animation.ArtistAnimation(fig, list_plot,
interval=200, repeat_delay=1000)
71  rc('animation', html='jshtml')
72  plt.close()
73  anim
```

模擬謠言於路線之內的傳播過程，並將傳播滲透度畫成圖表③　　　📄 Chapter7.ipynb

```
1  %matplotlib inline
2  import numpy as np
3  import matplotlib.pyplot as plt
4
5  plt.plot(list_percolate_rate)
6  plt.show()
```

上述程式碼的執行結果如下。

（載入路徑與模擬的部分與**7-5**相同，故予以省略）

圖**7-6-1**　繪製傳播滲透度圖表

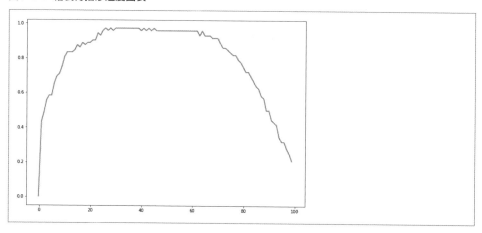

上述的程式碼幾乎與**7-5**的程式碼相同，只是在初始化的部分宣告了list_percolate_rate（滲透度的時間軸），以及在時間發展方程式的部分新增了「計算傳播滲透度」的部分。所謂的傳播滲透度是指資訊順利在整條路徑傳播的比例。這次求出的比例是格子的值大於等於10。

結果就如**圖7-6-1**所示，橫軸是時間，縱軸是滲透度。從這張圖表可以發現，謠言只要60天就能傳遍所有的路徑，但之後的滲透度就會慢慢下降，整個傳播情況真的很符合「謠言只有75天」這句日語俗語。傳播情況會隨著路徑、參數值而截然不同，所以請大家一邊調整參數，一邊觀察滲透度的變化。

網路模型

模擬人際關係的背景

之前那位拜託你模擬口碑傳播情況的調查公司窗口,這次拜託你模擬社群網站的成長過程。雖然市面上有許多可畫出人際關係網路的軟體,其中也有不少是免費的,但如果能模擬人際關係網路的變化,將可更精準地進行簡報。委託這次案件的窗口提到「不用太複雜的模擬,只要能了解是以什麼公式模擬,再利用 Python 寫一個可以模擬的模型即可」,所以這次打算使用「網路模型」模擬人際關係網路的成長過程。

7-7

試著可視化人際關係的網路

要畫出網路成長過程可使用 **NetworkX** 這套函式庫。NetworkX 可畫出網路構造之外，
還能替網路新增節點與連結這類元素，讓網路茁壯（在網路裡的每個元素稱為「節點」，
而串起節點的稱為「連結」，網路則是由節點與連結組成）。

首先，請執行下列的程式碼。

載入連結資料　　　　　　　　　　　　　　　　　　　　　　　　　📄 Chapter7.ipynb

```python
import pandas as pd
df_links = pd.read_csv("links.csv",index_col=0)
df_links
```

繪製圖表　　　　　　　　　　　　　　　　　　　　　　　　　　　📄 Chapter7.ipynb

```python
import networkx as nx
import matplotlib.pyplot as plt

# 建立圖表物件
G = nx.Graph()

# 設定頂點
NUM = len(df_links.index)
for i in range(0,NUM):
    node_no = df_links.columns[i].strip("Node")
    G.add_node(str(node_no))

# 設定邊
for i in range(NUM):
    for j in range(NUM):
        if df_links.iloc[i][j]==1:
            G.add_edge(str(i),str(j))

# 繪製圖表
plt.figure(figsize=(12, 8))
nx.draw_networkx(G,node_color="k", edge_color="k", font_color="w")
plt.show()
```

執行上述的程式碼可得到下列的結果。一開始載入的連結資料（links.csv的資料）可參考**圖7-7-1**。從中可以發現，長與寬各有Node0至Node19這20個節點，假設節點之間相連（有連結）就標記爲1，否則就標記爲0。

圖7-7-1　載入連結資料的結果

	Node0	Node1	Node2	Node3	Node4	Node5	Node6	Node7	Node8	Node9	Node10	Node11	Node12	Node13	Node14	Node15	Node16	Node17	Node18	Node19
Node0	0.0	0.0	0.0	0.0	0.0	1.0	0.0	0.0	0.0	0.0	0.0	0.0	0.0	0.0	0.0	1.0	0.0	0.0	0.0	0.0
Node1	0.0	0.0	0.0	0.0	0.0	1.0	0.0	0.0	0.0	0.0	0.0	1.0	0.0	1.0	0.0	0.0	1.0	0.0	0.0	0.0
Node2	0.0	0.0	0.0	0.0	1.0	0.0	1.0	0.0	0.0	0.0	1.0	0.0	0.0	0.0	0.0	0.0	0.0	0.0	0.0	0.0
Node3	0.0	0.0	0.0	0.0	0.0	0.0	0.0	1.0	0.0	0.0	0.0	0.0	0.0	0.0	1.0	0.0	0.0	0.0	0.0	0.0
Node4	0.0	0.0	1.0	0.0	0.0	0.0	0.0	1.0	1.0	0.0	0.0	0.0	0.0	0.0	0.0	0.0	0.0	0.0	0.0	0.0
Node5	1.0	1.0	0.0	0.0	0.0	0.0	0.0	0.0	0.0	0.0	0.0	0.0	0.0	0.0	0.0	0.0	0.0	0.0	1.0	0.0
Node6	0.0	0.0	1.0	0.0	0.0	0.0	0.0	0.0	0.0	0.0	0.0	0.0	0.0	0.0	0.0	0.0	1.0	0.0	0.0	0.0
Node7	0.0	0.0	0.0	1.0	1.0	0.0	0.0	0.0	0.0	0.0	1.0	0.0	0.0	0.0	0.0	0.0	1.0	0.0	0.0	0.0
Node8	0.0	0.0	0.0	0.0	0.0	0.0	0.0	0.0	0.0	1.0	0.0	0.0	1.0	0.0	1.0	0.0	0.0	0.0	0.0	0.0
Node9	0.0	0.0	0.0	0.0	0.0	0.0	0.0	1.0	0.0	0.0	1.0	0.0	0.0	0.0	0.0	0.0	0.0	0.0	0.0	0.0
Node10	0.0	0.0	1.0	0.0	0.0	0.0	0.0	0.0	0.0	1.0	0.0	0.0	0.0	0.0	0.0	0.0	0.0	0.0	0.0	0.0
Node11	0.0	1.0	0.0	0.0	0.0	0.0	0.0	0.0	0.0	0.0	0.0	0.0	0.0	0.0	0.0	0.0	0.0	0.0	0.0	0.0
Node12	0.0	0.0	0.0	0.0	0.0	0.0	0.0	0.0	1.0	0.0	0.0	0.0	0.0	1.0	0.0	1.0	0.0	0.0	0.0	0.0
Node13	0.0	1.0	0.0	0.0	0.0	0.0	0.0	0.0	1.0	0.0	0.0	1.0	0.0	0.0	0.0	0.0	0.0	1.0	0.0	0.0
Node14	0.0	0.0	0.0	0.0	0.0	0.0	0.0	1.0	0.0	0.0	0.0	0.0	0.0	0.0	0.0	0.0	0.0	0.0	0.0	0.0
Node15	1.0	0.0	0.0	1.0	0.0	0.0	0.0	0.0	0.0	0.0	0.0	0.0	0.0	0.0	0.0	0.0	0.0	0.0	0.0	1.0
Node16	0.0	1.0	0.0	0.0	0.0	0.0	1.0	1.0	0.0	0.0	0.0	0.0	0.0	0.0	0.0	0.0	1.0	0.0	0.0	0.0
Node17	0.0	0.0	0.0	0.0	0.0	0.0	1.0	1.0	0.0	0.0	0.0	0.0	0.0	0.0	0.0	1.0	0.0	0.0	0.0	0.0
Node18	0.0	0.0	0.0	0.0	1.0	0.0	0.0	0.0	0.0	0.0	0.0	1.0	0.0	0.0	0.0	0.0	1.0	0.0	0.0	0.0
Node19	0.0	0.0	0.0	0.0	0.0	0.0	0.0	0.0	0.0	0.0	0.0	0.0	0.0	0.0	1.0	0.0	0.0	0.0	0.0	0.0

圖7-7-2則是將上述資料畫成網路的示意圖。以Node0與Node5爲例，由於這兩個節點之間爲「1」，所以從**圖7-7-2**可以發現節點0與節點5相連。

接下來爲大家簡單說明一下上述程式碼的內容。

這段可視化網路的程式碼分成「建立圖表物件」、「設定頂點」、「設定邊」、「繪製圖表」四個部分。

首先在「建立圖表物件」的部分宣告了接下來要繪製網路的內容。

接著在「設定頂點」也就是設定節點的部分，根據剛剛載入節點資料產生節點（有長與寬共20個節點的資訊）。接著再於「設定邊」，也就是設定連結的部分，根據連結資料中記載爲「1」的部分在節點之間產生連結。

最後再於「繪製圖表」的部分繪製網路。

相信大家透過上述的流程已經知道如何載入連結資料與繪製網路了。

接下來總算要模擬讓網路茁壯的過程。

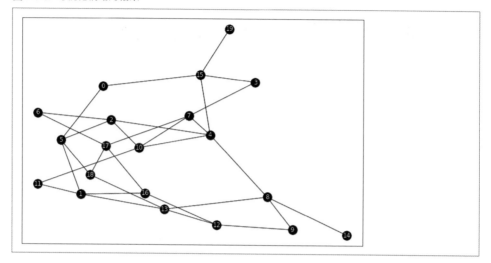

圖 7-7-2 可視化網路的結果

7-8

可視化人際關係網路的成長過程

在 **7-7** 載入的資料若是社群網站，就是草創時期的使用者，若是某項商品的口碑傳播，就是最初購買商品的顧客。當草創時期的使用者或是顧客中出現地位如同「**樞紐**」的人，社群網站的網路才會成長。

接下來要執行下列的程式碼，模擬網路的成長過程。

載入連結資料　　　　　　　　　　　　　　　　　　　　　　　Chapter7.ipynb

```python
1  import pandas as pd
2  df_links = pd.read_csv("links.csv",index_col=0)
```

追加節點　　　　　　　　　　　　　　　　　　　　　　　　　Chapter7.ipynb

```python
1  import numpy as np
2  N_plus = 100
3  N = len(df_links.index)
4  for i in range(N,N+N_plus):
5      # 決定連結的節點
6      j = int(np.random.rand()*(i-1))
7      node_name_i = "Node" + str(i)
8      node_name_j = "Node" + str(j)
9      # 追加欄
10     df_links[node_name_i]=0
11     # 追加列
12     list_zero = [[0]*(len(df_links.index)+1)]
13     s = pd.DataFrame(list_zero,columns=df_links.columns.
   values.tolist(),index=[node_name_i])
14     df_links = pd.concat([df_links, s])
15     # 追加連結
16     df_links.loc[node_name_i,node_name_j] = 1
17     df_links.loc[node_name_j,node_name_i] = 1
18 #df_links
```

```python
import networkx as nx
import matplotlib.pyplot as plt

# 建立圖表物件
G = nx.Graph()

# 設定頂點
NUM = len(df_links.index)
for i in range(0,NUM):
    node_no = df_links.columns[i].strip("Node")
    G.add_node(str(node_no))

# 設定邊
for i in range(NUM):
    for j in range(NUM):
        if df_links.iloc[i][j]==1:
            G.add_edge(str(i),str(j))

# 繪製圖表
plt.figure(figsize=(12, 8))
nx.draw_networkx(G,node_color="k", edge_color="k", font_color="w")
plt.show()
```

執行上述的程式碼之後，可得到下列的結果。

圖7-8-1 可視化逐步成長的網路

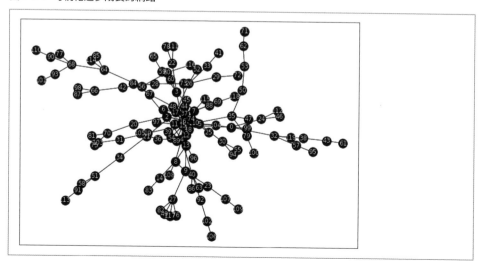

從**圖7-8-1**可以發現，位於核心地帶的節點5、12、16有來自多數節點的連結叢聚，所以這三個節點可說是在社群網站中的「樞紐」，也就是所謂的核心人物。正因爲初期有這些核心人物對多個節點造成影響，不斷增加節點之間的連結，社群網站的網路才會成長。

接著爲大家說明模擬網路成長的程式碼。

第一階段的載入連結資料、與第三階段的繪製圖表（可視化網路）的部分，與**7-7**的程式碼相同，所以就不再贅述。上述這段程式的重點在於第二階段的「追加節點」。這部分先設定了**N_plus**這個代表追加節點數量的變化，再依照追加的節點數量設定執行追加節點處理的次數。

追加節點的方法是先隨機從已經存在的節點中挑出一個節點，接著再將新資訊寫入**df_links**的列與欄（分別追加欄與列），而這個**df_links**是與連結資料對應。

最後再寫入「1」，代表已在挑選的節點新增連結。

完成上述的步驟之後就能在網路新增**N_plus**個節點，之後只需要在「繪製圖表」的部分繪製網路茁壯之後的樣子。**N_plus**可設定爲任何的數字，所以大家可試著調整這個數字，畫出不同的網路，以及確認這些網路的模樣。

7-9

試著分析網路

我們雖然在 **7-8** 畫出了網路的成長過程，但還不知道這個網路具有哪些統計性質。
請確認每個節點的連結數分佈情況，釐清這個網路的統計性質。請著執行下列的程式碼。

繪製每個節點的連結數   🗋 Chapter7.ipynb

```python
1   %matplotlib inline
2   import numpy as np
3   import matplotlib.pyplot as plt
4   # 計算連結數
5   list_nodenum = np.zeros(len(df_links.index))
6   for i in range(len(df_links.index)):
7       node_name_i = "Node" + str(i)
8       list_nodenum[i] = sum(df_links[node_name_i].values)
9   plt.bar(range(len(df_links.index)),list_nodenum)
10  plt.show()
```

繪製直方圖   🗋 Chapter7.ipynb

```python
1   plt.hist(list_nodenum)
2   plt.show()
```

執行上述程式之後，可得到下一頁的結果。

執行程式碼「繪製每個節點的連結數」之後，可將每個節點的連結數繪製成圖表，**圖
7-9-1** 就是這次的結果。執行程式碼「繪製直方圖」之後，可根據每個節點的連結數繪
製直方圖，**圖7-9-2** 就是繪製結果。

從圖7-9-1可以發現，大部分的連結都於早期的節點叢聚，並非每個節點都能得到連結，分佈的情況可說是很「偏頗」。圖7-9-2的形狀與第1章解說的「冪次定律分佈」相似，也可以得知地位有如「樞紐」的人壟斷了大部分的連結。

調整追加的節點數與初始的連結資料，模擬網路成長的狀況，就能得到更符合真實情況的模擬結果。

圖7-9-1　根據每個節點的連結數繪製的圖表

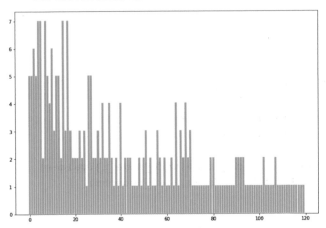

圖7-9-2　根據每個節點的連結數繪製的直方圖

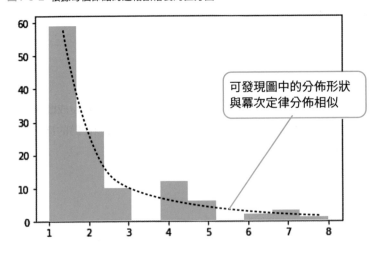

可發現圖中的分佈形狀與冪次定律分佈相似

龍格庫塔法

檢討微分方程式誤差的背景

※ 在第6章、第7章數值模擬篇的最後，要為大家介紹「以差分法解微分方程式的誤差與消弭誤差的方法」。過程中會用到一些公式，如果看不懂的話，跳過也沒有關係。

在前一章拜託你模擬口碑傳播過程的甜點製造商窗口，對 **6-2** 的幾何級數的微分方程式很有興趣，也試著調整了方程式的參數，進一步了解這個方程式。
他在調低時間間隔的參數 dt 之後，發現模擬的結果截然不同，所以懷疑該微分方程式的可信度。當他向你提出這個問題之後，你決定透過「以差分法解微分方程式之際的誤差」這個主題，回答他的疑問。

了解以差分法解微分方程式之際的誤差，與消弭誤差的方法

首先，回顧 **6-2** 的幾何級數運算。要請大家注意的部分是，時間間隔參數 dt 與總時間 num 的相關性。下列的程式碼是直接從 **6-2** 的程式碼引用的內容。時間間隔 dt 是老鼠出生到生出後代為止（進行 $delta$ 的運算）的時間間隔，在 **6-2** 設定的間隔為「一天」。之後將總時間 num 設定為 10（也就是 10 天），即可模擬老鼠的個體數在這 10 天之內的變化。

於6-2解說的幾何級數運算的參數 dt 與 num 的相關性	Chapter7.ipynb

```
1    %matplotlib inline
2    import numpy as np
3    import matplotlib.pyplot as plt
4
5    # 設定參數
6    dt = 0.1
7    a = 1.0
8    T = 10
9    num = int(T/dt)
10
11   # 初始化(設定初始值)
12   n = np.zeros(num)
13   t = np.zeros(num)
14   n[0] = 2.0
15   t[0] = 0.0
16
17   # 時間發展方程式
18   for i in range(1,num):
19       t[i] = t[i-1] + dt
20       delta = a*n[i-1]
21       n[i] = delta*dt + n[i-1]
22
23   # 繪製圖表
24   plt.plot(t,n,color="blue")
25   plt.show()
```

圖 7-10-1　時間軸推移

```
%matplotlib inline
import numpy as np
import matplotlib.pyplot as plt

# 設定參數
dt = 0.1
a = 1.0
T = 10
num = int(T/dt)

# 初始化（設定初始值）
n = np.zeros(num)
t = np.zeros(num)
n[0] = 2.0
t[0] = 0.0

# 時間發展方程式
for i in range(1,num):
    t[i] = t[i-1] + dt
    delta = a*n[i-1]
    n[i] = delta*dt + n[i-1]

# 繪製圖表
plt.plot(t,n,color="blue")
plt.show()
```

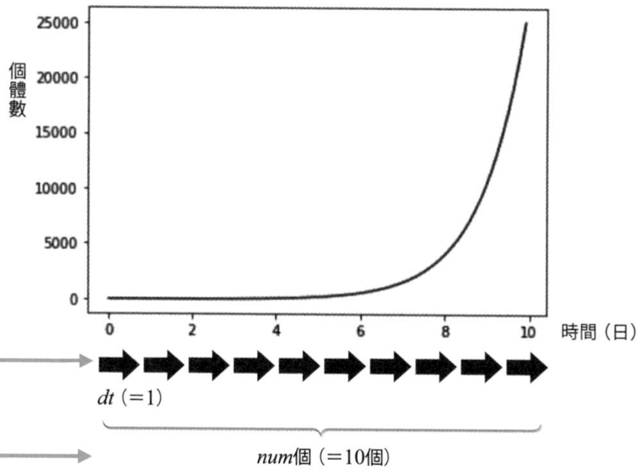

不過執行 *delta* 運算的時間間隔不一定會是「一天」，間隔有可能會更短。比方說，社群網站的口耳相傳速度就有可能只有短短幾秒，如果口耳相傳的速度慢得一天只有幾個人，將 *dt* 值設定為 1.0 當然沒問題，但如果要模擬某篇貼文因為口耳相傳而爆紅的情況，就必須將 *dt* 設定為更低的值（例如 0.1 或 0.01）。

所以，接下來請試著縮小參數 *dt*，觀察會得到什麼結果，也請大家參考下一頁的**圖 7-10-2**。

圖 7-10-2 在 6-2 解說的幾何級數的參數 dt 與 num 的相關性

```
1   %matplotlib inline
2   import numpy as np
3   import matplotlib.pyplot as plt
4
5   # 設定參數
6   dt = 0.1
7   a = 1.0
8   num = 100
9
10  # 初始化 (設定初始值)
11  n = np.zeros(num)
12  n[0] = 2.0
13  t = np.zeros(num)
14  t[0] = 0.0
15
16  # 時間發展方程式
17      for i in range(1,num):
18      t[i] = t[i-1] + dt
19      delta = a*n[i-1]
20      n[i] = delta*dt + n[i-1]
21
22  # 繪製圖表
23  plt.plot(t,n)
24  plt.show()
```

新增的項目

個體數

時間 (日)

dt (＝0.1)

num 個 (＝10個)

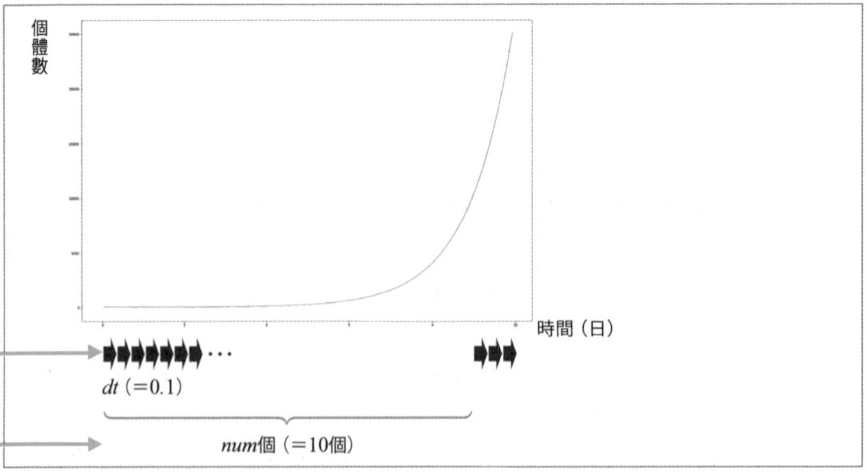

這次的程式將 dt 設定為 0.1，相對地將 num 設定為 100。將時間間隔設定為十分之一，再讓 num 放大為 10 倍，可保持 $dt \times num$ 的值（實質的總時間）為 10。此外，為了記錄每個時段的變化，建立了陣列 t，並將圖表的橫軸設定為 t。執行這個程式之後，會得到的很奇怪的結果，那就是圖表的縱軸「個體數」突然大幅增加。

會得到這個結果也很正常，**圖7-10-1**的老鼠個體數是以一天為單位不斷增加，但**圖7-10-2**卻是隨時在增加。由於增加的個體數會影響接下來增生的個體數，所以 dt 越小，接下來增生的個體數就越多。話說回來，縮小參數 dt 的值，會導致個體數無限增加嗎？接下來請思考這個問題。

若將幾何級數的問題轉換成公式，可得到下列的結果。

$$\frac{dn}{dt} = an$$

老鼠個體數 n 的「增生速度」是與老鼠個體數以及參數 a 成正比，「速度」則是單位時間內增生的個體數。

若以公式呈現增生速度，就是以 dt 除以於時間間隔 dt 增生的個體數 dn，也就是

$\frac{dn}{dt}$ 這個公式。

換言之，上述的公式可如下解釋。

（老鼠個體數的增加速度）$= a \times$（老鼠個體數）

將上述的解釋轉換成公式。

在等號兩邊乘上 dt，可得到下列的公式。

$$dn = an\,dt$$

接著以 n 除以等號兩邊（照理說，以 n 除之時，必須確定 $n \neq 0$，但這次直接設定 $n > 0$）。

$$\frac{dn}{n} = a\,dt$$

接著替兩邊積分。

$$\int \frac{1}{n}\,dn = \int a\,dt$$

就能導出下列的公式。

$$log(n) = at + C \qquad （C為常數）$$

最後將兩邊搬到 e（納皮爾數）上方，就可以得到下列的公式。

$$n(t) = Ae^{at} \qquad\qquad (A = e^C)$$

由於 $t = 0$ 的時候，$e^{at} = 1$，所以會得到 $A = n(0)$ 這個結果。換言之，就是下列的結果。

$$n(t) = n(0) e^{at}$$

這就是幾何級數想求得（讓 dt 無限趨近於 0）的方程式。

像這樣透過公式解決微分方程式，導出原本想求得（也就是讓 dt 無限趨近於 0）的方程式可說是「微分方程式的解析解」。如果所有的微分方程式都可透過解析解的方式解決當然是最好，但有些複雜的微分方程式無法如此，所以才會透過數值模擬的手法導出「近似解」。

可惜的是，沒人知道近似解到底有多麼接近解析解，所以才會利用「**龍格庫塔法**」這種利用數值模擬的方式，縮小微分方程式解的誤差。

6-2 介紹的微分方程式解法稱為「**歐拉法**」，雖然可快速寫出微分方程式，但與解析解的誤差很大（或是為了縮小誤差，必須調降 dt 的值），所以若想算出更精確的解，就必須使用「龍格庫塔法」。

為了比較上述的計算方式，我們要試著執行這些計算方式的程式碼。

之前在**圖 7-10-2** 介紹過縮小幾何級數的時間間隔 dt，再進行計算的方法（歐拉法），而**圖 7-10-3** 就是計算結果。**圖 7-10-4** 則是與解析解比較的結果。從圖中可以發現，解析解的紅線與代表歐拉法計算結果的藍線有明顯的差距。

反之，**圖 7-10-5** 則是誤差較小的「龍格庫塔法」的計算結果，**圖 7-10-6** 則是同時列出這個計算結果與歐拉法計算結果、解析解的圖。從中可以發現，以「龍格庫塔法」算出的解與解析解幾乎一致。

利用歐拉法執行幾何級數的計算　　　　　　　　　　　　　🗋 Chapter7.ipynb

```
1  %matplotlib inline
2  import numpy as np
3  import matplotlib.pyplot as plt
4
5  # 設定參數
```

```
6    dt = 0.1
7    a = 1.0
8    T = 10
9    num = int(T/dt)
10
11   # 初始化(設定初始值)
12   n = np.zeros(num)
13   t = np.zeros(num)
14   n[0] = 2.0
15   t[0] = 0.0
16
17   # 時間發展方程式
18   for i in range(1,num):
19       t[i] = t[i-1] + dt
20       delta = a*n[i-1]
21       n[i] = delta*dt + n[i-1]
22
23   # 繪製圖表
24   plt.plot(t,n,color="blue")
25   plt.show()
```

圖7-10-3　以歐拉法執行離散化

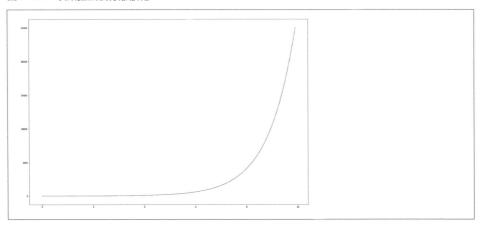

比較歐拉法的計算結果與解析解　　　　　　　　　　　　　　　　　　📄 Chapter7.ipynb

```
1    t = np.arange(0,T,dt)
2    n_cont = n[0]*np.exp(a*t)
3    print(len(n_cont),len(n))
4    plt.plot(t,n)
5    plt.plot(t,n_cont,color="red")
6    plt.show()
```

圖7-10-4 與解析解的比較

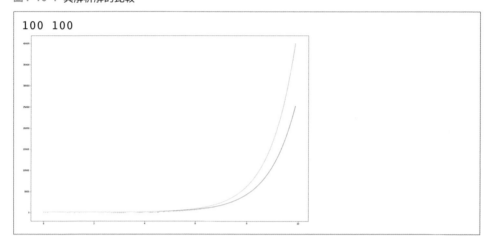

以龍格庫塔法執行幾何級數的計算   🗋 Chapter7.ipynb

```
1   %matplotlib inline
2   import numpy as np
3   import matplotlib.pyplot as plt
4
5   # 設定參數
6   dt = 0.1
7   a = 1.0
8   T = 10
9   num = int(T/dt)
10
11  # 初始化 (設定初始值)
12  n_runge_kutta = np.zeros(num)
13  t = np.zeros(num)
14  n_runge_kutta[0] = 2.0
15  t[0] = 0.0
16
17  # 定義時間發展方程式的函數
18  def f(n,t):
19      return n
20
21  # 時間發展方程式
22  for i in range(1,num):
23      t[i] = t[i-1] + dt
24      #delta = a*n[i-1]
25      #n[i] = delta*dt + n[i-1]
26      k1 = dt*f(n_runge_kutta[i-1],t[i-1])
27      k2 = dt*f(n_runge_kutta[i-1]+k1/2,t[i-1]+dt/2)
28      k3 = dt*f(n_runge_kutta[i-1]+k2/2,t[i-1]+dt/2)
29      k4 = dt*f(n_runge_kutta[i-1]+k3,t[i-1]+dt)
30      n_runge_kutta[i] = n_runge_kutta[i-1] + 1/6*(k1+2*
```

接續下一頁

```
31  k2+2*k3+k4)

32  # 繪製圖表
33  plt.plot(t,n_runge_kutta,color="green")
34  plt.show()
```

圖7-10-5 龍格庫塔法的計算結果

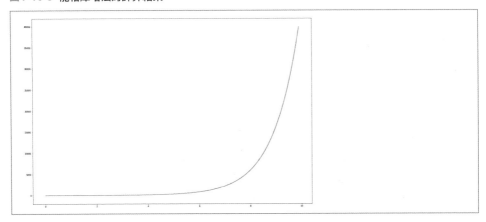

比較歐拉法、龍格庫塔法與解析解的結果　　　　　　　🗋 Chapter7.ipynb

```
1  t = np.arange(0,T,dt)
2  n_cont = n[0]*np.exp(a*t)
3  print(len(n_cont),len(n))
4  plt.plot(t,n, linewidth=4,color="blue")
5  plt.plot(t,n_cont, linewidth=4,color="red")
6  plt.plot(t,n_runge_kutta, linewidth=4, linestyle="dashed",col
   or="green")
7  plt.show()
```

圖7-10-6 歐拉法、龍格庫塔法、解析解的比較

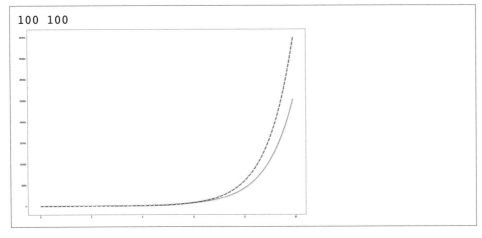

🔹 龍格庫塔法的概要

最後要稍微說明一下龍格庫塔法縮小誤差的方法，不過在此僅介紹概要（**圖7-10-7**），相關的細節需要利用公式剖析，有興趣的讀者可自行參考相關的專業書籍。

根據某個時間 $t0$ 的個體數的時間變化（也就是速度）的 $\dfrac{dn}{dt}$，計算下個時間 $t+dt$ 的個體數 $n(t+dt)$ 時，假設 $\dfrac{dn}{dt}$ 恆定，要計算 $n(t+dt)$ 只需要在 $n(t)$ 加上 dn 倍的 $\dfrac{dn}{dt}$ 即可，**圖7-10-7** 的 $k1$ 就是上述計算的結果。

但是，$\dfrac{dn}{dt}$ 的值隨時都在變化，所以讓我們思考一下時間只前進了 dt 的一半，也就是時間 $t+dt/2$ 時的狀況。假設 $\dfrac{dn}{dt}$ 恆定，此時速度 $\dfrac{dn}{dt}$ 不會是 n，而是只前進了 $k1$ 的一半，也就是 $n+k1/2$ 才對。將這個因素列入考慮再計算的加量為圖的 $k2$。

接著根據上述的影響因素在時間為 $t+dt/2$ 的時候，將速度 $\dfrac{dn}{dt}$ 設定為 $n+k2/2$，也就是只前進了 $k2$ 的一半時，可將此時的增加量為 $k3$。

最後在時間 $t0$ 的時候，假設速度為 $(n+k3)$，此時增加量將為 $k4$。最後在這些增加量乘上 1、2、2、1 這些權重再計算平均值，得出時間 $t+dt$ 的個體數 $n(t+d)$，就是龍格庫塔法的基本邏輯。

上述的權重可在對時間 t 的 n 式進行泰勒展開式時取得，有興趣的讀者可試著找一些專業書籍，動手試解看看（例如《Solving Ordinary Differential Equations I》，Ernst Hairer、Syvert P. Nørsett、Gerhard Wanner 著，Springer 出版）。

圖7-10-7 龍格庫塔法的示意圖

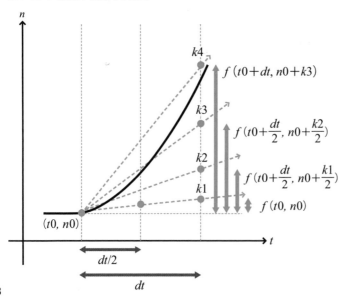

第四篇

深度學習篇

到目前為止我們分析了職場的資料（第一篇），也試著計算最佳解（第二篇），還透過數值模擬的方式預測未來的情況，並將預測結果畫成動畫（第三篇），所以在經過上述一連串的流程後，大家應該更能想像在職場進行資料分析，以及數學在這類分析扮演哪些角色了。

接下來要帶著大家一起了解近來迅速發展，而且備受各界工程師關注的深度學習技術。許多專業書籍都將深度學習比喻成「模擬人腦的技術」，相關的說明通常很艱澀抽象，但其實深度學習的原理比想像中單純，很像是第一篇介紹的機械學習的延續。

本章一樣會盡可能減少公式的說明，並且透過圖解與程式帶大家了解深度學習的「邏輯」。

第 **8** 章

網路構造與學習的相關性

了解深度學習辨識影像的方法

簡 單來說，深度學習就是能精確分類與辨識影像這類資料的技術，
例如可透過鏡頭辨識「有沒有人類通過」，「那個人的表情如何」這
類影像資訊。

之所以能以上述方式辨識影像，是因爲建立了透過模擬人腦的神經網路
進行學習的機制。這種辨識影像的機制在工作現場有許多用途，比方說，
農家可用來分類農作品的品質，麵包店可在櫃台利用這項機制辨識商品，
一般的公司則可用來取得員工的表情，改善公司內部的作業流程。

本章要先帶著大家執行深度學習的程式碼，讓大家先親身感受一下深度
學習的運作過程，再透過圖解了解深度學習的原理。讓大家在執行這些
程式之後，一步步加深對深度學習的認識。

了解深度學習機制的背景

於第一篇至第三篇的工作累積一定成績之後,你成爲一名深受信賴的資料科學家,之前委託工作的那些負責人也不時會找你商量工作。其中某位超市現場監督拜託你下面這件事。

「敝公司一直以來累積了不少店內狀況的影像資料,之後想藉由分析這些影像管理賣場與預測銷路,所以便想在公司內部提出深度學習專案。但經驗高層有不少人覺得『深度學習=AI=無所不能』,我很擔心他們對深度學習會有過度的期待,所以想在加深對深度學習的了解後,再提出新的專案,不知道能不能請你幫忙簡單地說明原理呢?」

在接到這份工作之後,你打算先整理深度學習背後的機制,讓對方掌握深度學習系統的輪廓。
接下來,就來了解深度學習的機制吧!

8-1

深度學習到底能做什麼？

要了解「**深度學習**」，試著讓深度學習程式辨識你準備的影像，再確認辨識結果可說是最佳捷徑。因此，先透過 **VGG16** 這個深度學習神經網路（後續會進一步介紹），試著從你準備的影像辨識目標物。請執行下列的程式碼。

第四篇 深度學習篇

載入圖片　　　　　　　　　　　　　　　📄 Chapter8-1.ipynb

```python
from PIL import Image

# 載入圖片
filename = "vegi.png"
im = Image.open(filename)

# 顯示圖片
im
```

利用深度學習辨識影像　　　　　　　　　📄 Chapter8-1.ipynb

```python
from keras.applications.vgg16 import VGG16, preprocess_input, decode_predictions
from keras.preprocessing import image
import numpy as np

# 載入學習完畢的VGG16
model = VGG16(weights='imagenet')

# 載入圖片檔案(重新取樣為224x224)
img = image.load_img(filename, target_size=(224, 224))
x = image.img_to_array(img)
x = np.expand_dims(x, axis=0)

# 預測前五名的類別
preds = model.predict(preprocess_input(x))
results = decode_predictions(preds, top=5)[0]
for result in results:
    print(result[1],result[2])
```

上述的程式碼會先載入圖片檔「**vegi.jpg**」，再針對這張圖片預測第一至第五名的物體，同時顯示對應的「正確預測機率」。載入的圖片如**圖8-1-1**所示，是一間食品店的賣場，而辨識結果則為**圖8-1-2**。由上而下可以發現，辨識影像為「orange」的機率有45.09…%，「grocery store」的機率為33.60…%，「lemon」的機率為16.10…%。由於橘子的確位於前景的位置，這裡也的確是食品店，所以辨識影像的準確率的確很高，但預測的準確率會隨著影像改變。所以，請試著以另一張自己準備的圖片替代剛剛的圖片檔「**vegi.jpg**」，再確認一下辨識的結果。

圖8-1-1　載入的圖片檔

圖8-1-2　深度學習的辨識結果

```
orange 0.45090723
grocery_store 0.33600003
lemon 0.16109869
pineapple 0.011608711
banana 0.008603102
```

8-2

深度學習的運作方式

8-1已經先帶著大家體驗了透過深度學習辨識影像的過程,接著則要介紹深度學習是如何「學習」辨識的機制。一開始會介紹深度學習的原理,之後才會執行程式,加深相關的理解。

在了解深度學習的原理時,請大家先看一下**圖8-2-1**。這張是將「在網路構造中學習與記憶」的深度學習原理的示意圖。假設偵測到某個影像具有「橘色」與「圓形」的特徵(**圖8-2-2**),也有會對「橘色」、「圓形」這類特徵產生反應(發火)的元素(這類元素稱為「細胞」)。

仔細觀察這個網路,會發現其中對「橘色」、「圓形」這類特徵產生反應的細胞,與對應「橘子」的細胞相連,所以發現「橘色」與「圓形」這兩種特徵後,與「橘子」對應的細胞就會產生反應(發火),也就能將該影像辨識為「橘子」。

同理可證,「草莓」也是如**圖8-2-3**一樣,透過「紅色」與「三角形」的特徵辨識。

這種透過特徵記住「橘子」與「草莓」的學習網路稱為神經網路,也是執行深度學習的基礎。

圖 8-2-1　學習辨識橘子與草莓的神經網路示意圖

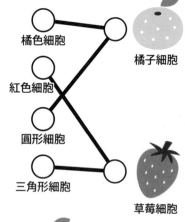

圖 8-2-2　神經網路辨識橘子的示意圖

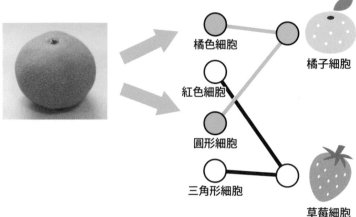

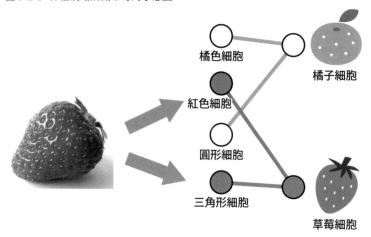

圖 8-2-3 神經網路辨識草莓的示意圖

橘色細胞

紅色細胞

圓形細胞

三角形細胞

橘子細胞

草莓細胞

經過上述的步驟之後，我們已經知道神經網路看到橘子或草莓的影像時，能夠正確將這些影像辨識爲「橘子」與「草莓」，不過前面的說明還有一些有待說明之處。

「辨識橘子與草莓的神經網路到底是如何學習的呢？」
「神經網路是如何辨識橘色或圓形這類特徵的呢？」
「橘子或草莓在不同的角度有不同的形狀，所以光憑橘色或圓形這類特徵怎麼能正確辨識，神經網路是如何辨識不同形狀的水果的呢？」

只要一一解開上述的疑問，就一定能更了解深度學習的機制，所以，先解決「辨識橘子與草莓的神經網路到底是如何學習的呢？」這個問題。

神經網路的學習機制與第2章介紹的機械學習的學習機制基本上相同。
請大家先看一下**圖8-2-4**，其中介紹了神經網路學習前後的狀態與流程。
假設已將顏色或形狀這類資訊量化爲特徵，就能在座標空間配對顏色或形狀這些特徵，而此時爲學習前的狀態。
不過，這只是在座標空間完成配對的狀態，還無法說明橘子與草莓的特徵有何差異，所以在此時的神經網路中，所有的特徵與橘子或草莓的細胞都是平等地連接。接下來則是要慢慢地讓不同的特徵與橘子或草莓連接。

學習是在座標空間隨機畫出分界線之後開始。從圖中的「開始學習前」可以發現，與橘子對應的橘色的●（預備了多張橘子圖片），以及與草莓對應的紅色的▼（一樣預備了多張草莓圖片）未被分界線一分爲二。

如果能在橘子與草莓之間畫出一條「正確的分界線」，將橘子與草莓一分爲二，代表學習完畢。讓分界線稍微旋轉角度（順時針或逆時針），直到可以將橘子與草莓分開時，代表這條分界線越來越接近「正確的分界線」，這時神經網路也會強化正確的特徵細胞與橘子或草莓之間的連結，以及弱化不正確的特徵細胞與橘子或草莓之間的連結。上述的流程可透過後續解說的「反向傳播演算法」實現。

學習完畢後，橘子與草莓將被分界線一分爲二，神經網路中的特徵與物體（橘子或草莓）也能正確配對。

圖 8-2-4　神經網路進行學習與記憶的示意圖

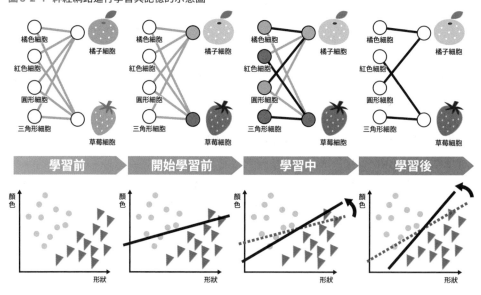

以上就是神經網路學習機制的概要。接下來要一邊解決「神經網路是如何辨識橘色或圓形這類特徵的呢？」、「橘子或草莓在不同的角度有不同的形狀，所以光憑橘色或圓形這類特徵怎麼能正確辨識，神經網路是如何辨識不同形狀的水果的呢？」這兩個問題，一邊帶著大家透過神經網路了解深度學習。

深度學習的一大特徵爲「能學習不同的版本」。以「橘子」爲例，圖 8-2-5 列出了橘子的各種樣貌，對我們人類來說，這些都是「橘子」。

由於這些影像都具有自己的特徵，所以不能一概而論。如果能了解深度學習是如何辨識不同版本的物體，就能進一步了解深度學習的機制。

圖8-2-5 橘子的各種樣貌

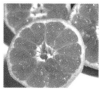

最具代表性的深度學習就是「**卷積神經網路（Convolutional Neural Network、CNN）**」。這種卷積神經網路會在影像套用「過濾器」（卷積），讓該影像的特徵浮現，再利用該特徵進行學習。如果能了解「卷積」的原理，就更有機會解決「神經網路是如何辨識（橘子的）橘色或圓形這類特徵的呢？」這個問題。

圖8-2-6為卷積的示意圖。圖片是幾百萬個「像素」的集合體，而每個像素都以RGB的組合呈現。

圖8-2-6 透過過濾器對影像進行「卷積」處理的示意圖

RGB這三種顏色分別具有0～255的值，所以我們才能分辨像素的顏色。若能強化這些像素與相鄰像素的差異，就能突顯物體與物體之間的界線（邊緣）。
反之，若是「扁平化像素與周圍像素的差異」，圖片就會變得模糊。

像這樣透過強調或扁平化像素與周邊像素的差異處理圖片的過程就稱為「**卷積**」，而執行這個處理的是「**過濾器**」。

在深度學習中,這個「過濾器」是主角,而深度學習的學習就是不斷地調整這個「過濾器」,以便正確區分「橘子」與「草莓」的處理。

爲了進一步了解深度學習的學習過程,現在就來剖析CNN的神經網路構造(**圖8-2-7**)。深度學習的神經網路就是重複執行「**卷積**」與「**過濾**」,最後區分出「橘子」或「草莓」這類物體的「類別」的構造。所謂的「卷積」就是利用事先建立的過濾器進行的影像處理(更換影像),過濾則是壓縮影像的處理(通常會壓縮成1/2的大小)。「卷積」處理會強化像素周邊的特徵,而過濾處理則可壓縮影像,強調「更爲明顯的特徵」。

經過一層層的處理之後,不管是「細微的特徵」還是「明顯的特徵」都能一一浮現。要注意的是,執行卷積處理的過濾器是隨機設定的,所以要讓找到的特徵與橘子或草莓配對時,就如先前介紹的神經網路學習機制(**圖8-2-4**)所示,必須微調最後一層的過濾器,直到能正確區分橘子與草莓的「類別」爲止(也就是以旋轉**圖8-2-4**的分界線的方式微調過濾器)。

微調最後一層的過濾器之後,前幾層的過濾器也會跟著微調,最後所有的過濾器都會經過微調,一如**圖8-2-4**的分界線不斷調整角度一樣,過濾器的微調也是循序漸進的。

從**圖8-2-7**可以發現,越是位於右邊的階層,過濾器的數量越多。而過濾器的數量就是特徵的版本,假設有4個過濾器,代表能呈現四種橘子圖片。像這樣增加過濾器的數量,呈現橘子不同版本的特徵,正是深度學習的特徵。

圖 8-2-7 深度學習的示意圖

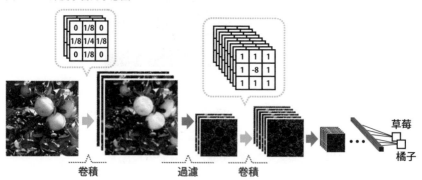

最後要帶著大家確認實務的深度學習神經網路構造,以及透過兩相比對的方式進一步了解到目前爲止的說明。**圖8-2-8**是CNN中廣爲人知的**VGG16**神經網路。

一開始載入的是224×224像素的RGB圖片（若要使用VGG16，必須先將圖片壓縮成這個大小再載入）。接著透過卷積處理將這些圖片增至64層（標記為224×224×64）。之後再利用過濾器壓縮圖片（112×112），再透過多個卷積過濾器增加層數（112×112×128）。

接著再度執行過濾（56×56）以及多個卷積過濾器增加層數（56×56×256）。然後再利用相同的處理壓縮至大小28×28以及512層、14×14（一樣為512層）、7×7（一樣為512層），如此一來，這些特徵就能以4096層呈現，也能與1000個物體類別對應。

由於過濾器的數量非常龐大，要從頭開始學習圖片的特徵，必須先不斷地執行反向傳播運算法，最佳化過濾器，但一如 **8-1** 所介紹的，網路上有許多學習了大量類別的「學習完成模型」，只要使用這種模型就能立刻確認學習效果，還能讓這類模型學習新的事物。

圖8-2-8 VGG16的神經網路構造

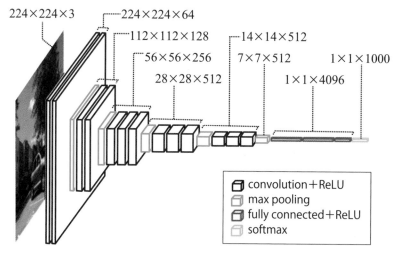

224×224×3
224×224×64
112×112×128
56×56×256
28×28×512
14×14×512
7×7×512
1×1×4096
1×1×1000

🔲 convolution＋ReLU
🔲 max pooling
🔲 fully connected＋ReLU
🔲 softmax

［出處］
Karen Simonyan and Andrew Zisserman（2014）：Very Deep Convolutional Networks for Large-Scale Image Recognition. arXiv:1409.1556［cs］(September 2014).

深度學習是如何「學習」的？

到目前為止，大家應該能夠想像深度學習是如何分類資料的（就算只能掌握大致的輪廓也沒關係）。不過，沒有實際執行程式與輸出結果，就不能說是真的「體驗」過深度學習。

因此 **8-3**～ **8-5** 會帶著大家執行程式，觀察深度學習神經網路剖析資料的過程。

要請大家特別注意的是**圖 8-2-4** 的流程，也就是神經網路的每個學習階段。從中可觀察神經網路在學習之後，越來越懂得分類「橘子」或「草莓」這類類別的處理。

這項處理可定義為「利用神經網路最佳化」的過程，其中的「**損失函數**」則用來說明神經網路學習的「分界線」的誤差程度。我們的目的是透過調整 **8-2** 介紹的「過濾器」的值，縮小這個「損失函數」。假設這個損失函數歸零，或是趨近於零代表學習結束。

為了體驗上述的學習過程，請執行下列的程式碼。

載入資料的程式碼   📄 Chapter8-1.ipynb

```python
import numpy as np
import matplotlib.pyplot as plt
import pandas as pd

# 載入資料
df_sample = pd.read_csv("sample_2d.csv")
sample = df_sample.values

# 顯示資料
for i in range(len(sample)):
    if int(sample[i][2])==0:
        plt.scatter(sample[i][0],sample[i][1],marker=
"o",color="k")
    else:
        plt.scatter(sample[i][0],sample[i][1],marker=
"s",color="k")
plt.show()
%matplotlib inline
```

```
1   from keras.models import Sequential
2   from keras.layers import Dense, Activation
3   import numpy as np
4   import matplotlib.pyplot as plt
5   import pandas as pd
6
7   # 設定參數
8   num_epochs = 1
9
10  # 建立模型
11  model = Sequential()
12  model.add(Dense(32, activation='relu', input_dim=2))
13  model.add(Dense(32, activation='relu', input_dim=2))
14  model.add(Dense(1, activation='sigmoid'))
15  model.compile(optimizer='rmsprop',
16                loss='binary_crossentropy',
17                metrics=['accuracy'])
18
19  # 訓練(分類)
20  data = sample[:,0:2]
21  labels = sample[:,2].reshape(-1, 1)
22  model.fit(data, labels, epochs=num_epochs, batch_size=10)
23
24  # 輸出分類結果
25  predicted_classes = model.predict_classes(data, batch_
    size=10)
26
27  # 顯示分類結果
28  for i in range(len(sample)):
29      # 以顏色標記分類結果
30      if int(predicted_classes[i])==0:
31          target_color = "r"
32      else:
33          target_color = "b"
34      # 利用符號顯示實際的類別
35      if int(sample[i][2])==0:
36          target_marker = "o"
37      else:
38          target_marker = "s"
39      plt.scatter(sample[i][0],sample[i][1],marker=target_
    marker,color=target_color)
40  plt.show()
41  %matplotlib inline
```

第8章

了解深度學習辨識影像的方法

這次是利用深度學習函式庫之一的 **Keras** 分類二維資料。

一開始先於「載入資料」的部分載入二維資料 sample_2d.csv。這份資料模擬了**圖 8-2-4**「神經網路進行學習與記憶的示意圖」的橘子與草莓的分類。

載入這份二維資料之後，會如**圖 8-3-1** 所示，以○與□區分 2 個類別（0 與 1）。接下來觀察學習（畫分界線）這個已經分好類的資訊的過程。

圖 8-3-1　載入的二維資料

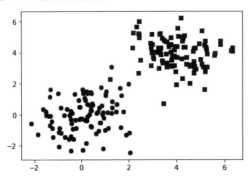

執行程式碼「利用 Keras 進行分類」就會如**圖 8-3-2**「Epoch1 的學習結果」所示，分成藍色與紅色兩種分類。

這是利用神經網路（模型）學習一次的分界線得出的分類結果。我們希望將□分類成藍色的類別，以及讓○分類成紅色的類別。但從圖中可以發現，只學習一次是無法正確分類的，必須再多學習幾次才行。

這時相當於**圖 8-2-4**「神經網路進行學習與記憶的示意圖」的「開始學習前」的狀態，也就是還無法畫出正確的分界線。

接著，要來了解程式碼的內容。深度學習的程式碼大致由「設定參數」、「建立模型」、「訓練」、「輸出預測結果（以及可視化）」這四個步驟組成。

於「設定參數」設定的 num_epochs 為學習的次數（epoch 數）。由於這個程式碼設定的學習次數只有一次，所以無法畫出正確的分界線。

「建立模型」的部分則定義了兩個以 32 個過濾器建立的 32 層神經網路，而這裡的神經網路比**圖 8-2-8** 的「VGG16 的神經網路構造」更為單純。

這部分的重點在於在 model.compile 函數定義的 binary_cross ntropy（交叉熵）。這是在所有採樣點計算的總和，可得到「正確分類為0，否則就為正值」的結果。

當交叉熵為0或趨近於0代表分類結束，所以我們會不斷地調整神經網路的過濾器的值，以便讓這個值不斷縮小。

上述的處理是由「訓練（分類）」這個程式區塊的 model.fit 函數進行，而微調過濾器的次數與學習次數（epoch數）一致。

在神經網路中，如同交叉熵最小化的函數稱為「**損失函數（loss function）**」，改變損失函數可進行分類之餘，還能在不同的用途應用神經網路。

最小化損失函數（交叉熵）之後，分類結果會於「輸出預測結果」的程式區塊輸出。

當學習次數（epoch）只有1次，學習結果就如**圖8-3-2**「Epoch1的學習結果」所示不甚理想，但是將「設定參數」程式區塊裡的 num_epochs 設定為10，就能得到**圖8-3-3**「Epoch10的學習結果」所示的結果。如果調至50，則可得到**圖8-3-4**「Epoch50的學習結果」所示的結果，從中可以發現分類的準確度越來越高。

從**圖8-3-4**「Epoch50的學習結果」也可以發現，50次的學習次數無法正確分類這次用於學習的二維資料，分界線附近還各有一個○與□存在。

這其實是機械學習的分類極限，因為就算提升分界線的精確度，還是有可能出現「過擬合」這種現象，無法正確辨識尚未學習的資料，所以在「已經能大致正確分類」的時候讓神經網路停止學習，也是非常重要的概念。

以上就是利用深度學習進行分類的完整流程。

接下來要介紹的是，在具有時間序列的資料應用深度學習的方法。

圖 8-3-2 Epoch1 的學習結果

Epoch 1/1
200/200 [==============================] - 0s 2ms/step - loss: 0.4788 - accuracy: 0.7950

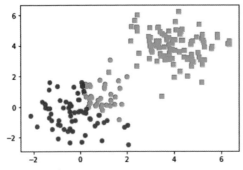

圖 8-3-3 Epoch10 的學習結果

Epoch 10/10
200/200 [==============================] - 0s 140us/step - loss: 0.0920 - accuracy: 0.9800

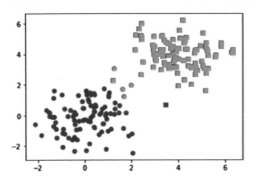

圖 8-3-4 Epoch50 的學習結果

Epoch 50/50
200/200 [==============================] - 0s 150us/step - loss: 0.0205 - accuracy: 0.9950

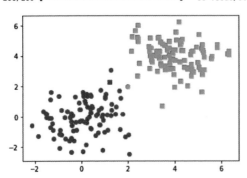

利用深度學習函式庫預測線性圖表

之前在 **8-3** 提過，深度學習的主要流程分成「設定參數」、「建立模型」、「訓練」、「輸出預測結果（以及可視化）」這四個步驟，不過以這四個步驟組成的深度學習除了用於分類，還有其他用途，那就是預測具有時間序列的資料。請執行下列的程式碼。

預測線性圖表的程式碼①   📄 Chapter8-1.ipynb

```
1   import numpy as np
2   import matplotlib.pyplot as plt
3   import pandas as pd
4
5   # 載入資料
6   df_sample = pd.read_csv("sample_linear.csv")
7   sample = df_sample.values
8
9   # 顯示載入資料
10  x = sample[:,0]
11  y = sample[:,1]
12  plt.scatter(x,y,marker=".",color="k")
13  plt.show()
14  %matplotlib inline
```

預測線性圖表的程式碼②   📄 Chapter8-1.ipynb

```
1   import numpy as np
2   import matplotlib.pyplot as plt
3   from keras.models import Sequential
4   from keras.layers import Dense
5
6   # 設定參數
7   num_epochs = 1
8
9   # 建立模型
10  model = Sequential()
11  model.add(Dense(20, activation="tanh", input_dim=1))
12  model.add(Dense(20, activation="tanh"))
13  model.add(Dense(1))
14  model.add(Dense(1, input_dim=1))
15
```

接續下一頁

```
16   # 最佳化計算
17   model.compile(optimizer='sgd',
18                 loss='mean_squared_error')
19
20   # 訓練(曲線擬合)
21   model.fit(x, y,batch_size=100,epochs=num_epochs)
22
23   # 輸出預測結果
24   pred = model.predict(x)
25
26   # 顯示預測結果
27   plt.plot(x, y, color="k")
28   plt.plot(x, pred, color="r")
29   plt.show()
```

執行「載入資料」這個程式區塊的程式之後，可得到**圖8-4-1**「載入的資料」這個結果，可發現這是整體往右上遞增的時間序列資料。接著可利用深度學習進行迴歸分析，也就是曲線擬合的計算。

在「建立模式」下方的「最佳化計算」撰寫了 mean_squared_error 這個損失函數，也就是所謂的均方誤差。接著要調整過濾器的值，讓均方誤差減至最低，讓擬合曲線更接近這次的範例資料。

在只學習了 1 次的情況裡，會得到**圖8-4-2**的擬合曲線，可以發現曲線與資料的趨勢不太吻合，但是在學習了 50 次之後，可以從**圖8-4-3**發現，畫出（預測）了精確度極高的曲線，如此一來不僅能預測直線的趨勢，還能預測弧度變化較大的曲線的走向。

接著會在 **8-5** 觀察一步步擬合變化激烈的曲線的過程。

圖 8-4-1 載入的資料

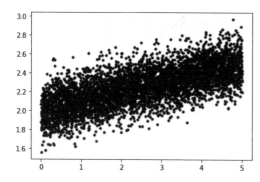

圖 8-4-2 Epoch1 的學習結果

```
Epoch 1/1
5000/5000 [==============================] - 0s 49us/step - loss: 0.2910
```

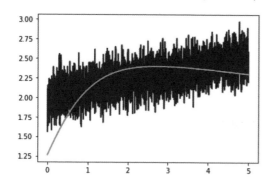

圖 8-4-3 Epoch50 的學習結果

```
Epoch 50/50
5000/5000 [==============================] - 0s 10us/step - loss: 0.0240
```

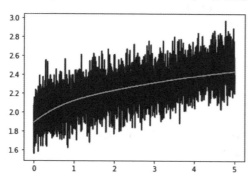

8-5

透過深度學習函式庫預測曲線圖

8-4的時間序列資料屬於變化較少的線性資料，而這次則要透過深度學習，預測如正弦曲線般激烈變化的曲線的傾向。在此使用的是**8-4**的程式碼。請執行下列的程式碼。

預測曲線圖的程式碼 ①　　　　　　　　　　　　　　　　　 Chapter8-1.ipynb

```python
import numpy as np
import matplotlib.pyplot as plt
import pandas as pd

# 載入資料
df_sample = pd.read_csv("sample_sin.csv")
sample = df_sample.values

# 顯示資料
x = sample[:,0]
y = sample[:,1]

plt.scatter(x,y,marker=".",color="k")
plt.show()
%matplotlib inline
```

預測曲線圖的程式碼 ②　　　　　　　　　　　　　　　　　 Chapter8-1.ipynb

```python
import numpy as np
import matplotlib.pyplot as plt
from keras.models import Sequential
from keras.layers import Dense

# 設定參數
num_epochs = 1

# 建立模型
model = Sequential()
model.add(Dense(20, activation="tanh", input_dim=1))
model.add(Dense(20, activation="tanh"))
model.add(Dense(1))
model.add(Dense(1, input_dim=1))

```

接續下一頁

第四篇 深度學習篇

```
16  # 最佳化計算
17  model.compile(optimizer='sgd',
18                loss='mean_squared_error')
19
20  # 訓練(曲線擬合)
21  model.fit(x, y,batch_size=100,epochs=num_epochs)
22
23  # 輸出預測結果
24  pred = model.predict(x)
25
26  # 顯示預測結果
27  plt.plot(x, y, color="k")
28  plt.plot(x, pred, color="r")
29  plt.show()
```

與 8-4 一樣執行「載入資料」之後,可得到圖8-5-1的「載入的資料」的結果,從中可以
發現這次是趨勢如正弦曲線般變化的時間序列資料。利用深度學習進行迴歸分析,也
就是擬合曲線計算之後,可得到圖8-5-2(學習次數1次)與圖8-5-3(學習次數50次)
的結果。

由此可知,就算是變化激烈的曲線,只要將學習次數調高至一定程度,依舊能預測曲
線的走向。

圖 8-5-1　載入的資料

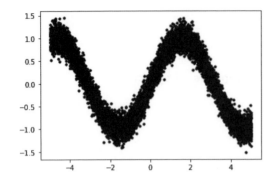

圖 8-5-2　Epoch1 的學習結果

```
Epoch 1/1
10000/10000 [==============================] - 0s 35us/step - loss: 0.2588
```

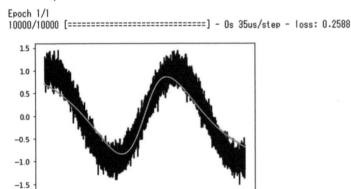

圖 8-5-3　Epoch50 的學習結果

```
Epoch 50/50
10000/10000 [==============================] - 0s 11us/step - loss: 0.0289
```

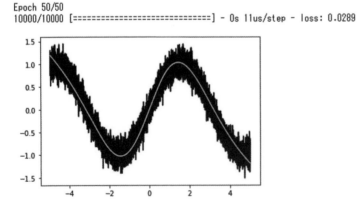

實踐基礎篇

執行深度學習專案的背景

透過本章前半段的解說後，第一線的負責人已經完全認同你是一位資料科學家，也希望你「實際執行深度學習專案」。下一位負責人希望「在了解深度學習的原理之後，進一步了解推動專案的流程」，如果能了解專案的實際流程，就能預估工作量與設計專案。所以接下來要介紹推動深度學習專案的整套流程。

了解圖片構造這個學習資料

接著要解決圖片分類問題。第一步必須先掌握資料的格式。請執行下列的程式載入圖片的資料集。

載入圖片的資料集　　　　　　　　　　　　　　　　　　　　Chapter8-2.ipynb

```python
1  from tensorflow.keras.datasets import cifar10
2  import matplotlib.pyplot as plt
3  import numpy as np
4
5  # 使用的是cifar10資料集
6  (x_train, y_train), (x_test, y_test) = cifar10.load_data()
7  print("x_train.shape: ",x_train.shape)
8  print("y_train.shape: ",y_train.shape)
9  print("x_test.shape: ",x_test.shape)
10 print("y_test.shape: ",y_test.shape)
```

圖 8-6-1 載入圖片資料

```
x_train.shape:  (50000, 32, 32, 3)
y_train.shape:  (50000, 1)
x_test.shape:   (10000, 32, 32, 3)
y_test.shape:   (10000, 1)
```

這次載入的圖片資料集為 CIFAR10，其中有 60,000 張圖片都已設定了標籤，主要是由 AlexNet 這個神經網路的發明者 Alex Krizhevsky 與他的夥伴製作的。

利用上述的程式碼顯示資料集的形狀（shape）之後，會發現用於學習的 x_train 有 50,000 個 32×32×3 的陣列，y_train 則有 1 個儲存了 50,000 個元素的陣列。用於驗證預測結果的 x_test 與 y_test 也各有 10,000 個元素。

一如前言所述，由於這次要分類的是圖片資料，所以 x_train、x_test 應該是儲存圖片資料，而 y_train、y_test 則是分別儲存了圖片的分類標籤。

第一步先試著顯示第一張圖片的內容。

```
1  print("shape: ",x_train[0].shape)
2  print(x_train[0])
```

圖 8-6-2　圖片檔的構造①

```
shape:  (32, 32, 3)
[[[ 59  62  63]
  [ 43  46  45]
  [ 50  48  43]
  ...
  [158 132 108]
  [152 125 102]
  [148 124 103]]

 [[ 16  20  20]
  [  0   0   0]
  [ 18   8   0]
```

```
 [[180 139  96]
  [173 123  42]
  [186 144  30]
  ...
  [184 148  94]
  [ 97  62  34]
  [ 83  53  34]]

 [[177 144 116]
  [168 129  94]
  [179 142  87]
  ...
  [216 184 140]
  [151 118  84]
  [123  92  72]]]
```

內容就只是儲存了一堆數據的陣列。其實圖片檔也能利用這種數值陣列顯示，因為圖片的長與寬為32像素，而每個像素都有三種值（R、G、B），所以能轉換成這種陣列。

圖 8-6-3　圖片檔的構造②

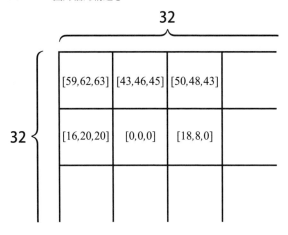

顯示這個圖檔的數值之後，接著，顯示這個圖檔的形狀。

顯示圖檔的形狀   🗋 Chapter8-2.ipynb

```
1   #顯示學習專用資料的第一張圖片
2   plt.imshow(x_train[0])
3   plt.show()
```

圖 8-6-4　顯示圖片

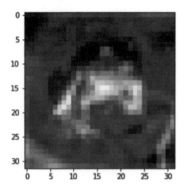

顯示圖片之後，可大致看得出來是32像素×32像素的青蛙圖片。我們透過上述的步驟確定x_train、x_terst分別儲存了50,000張、10,000張圖片。接著要確認y_train、y_test的分類標籤。請執行下列的程式碼。

顯示分類標籤   🗋 Chapter8-2.ipynb

```
1   #顯示學習專用資料的第一張圖片的標籤
2   print(y_train[0])
3
4   #列出學習專用資料、驗證資料的標籤值
5   print(np.unique(y_train))
6   print(np.unique(y_test))
```

圖 8-6-5　分類標籤的構造

```
[6]
[0 1 2 3 4 5 6 7 8 9]
[0 1 2 3 4 5 6 7 8 9]
```

由於y_train的第一個值爲[6]，所以青蛙圖片會以「6」註記。接著顯示y_train、y_test的所有特殊值，看看這個陣列還有哪些值。結果會輸出0～9這10個值，這代表這個資料集有10種圖片。這個CIFAR10資料集的分類數值具有下列意義。

接下來要使用CIFAR10資料集進行學習，但在實務學習影像時，可準備相同的資料集，再執行 **8-7** 之後的處理。

```
0: airplane（飛機）
1: automobile（汽車）
2: bird（鳥）
3: cat（貓）
4: deer（鹿）
5: dog（狗）
6: frog（青蛙）
7: horse（馬）
8: ship（船）
9: truck（卡車）
```

試著顯示其他圖片，確認這10種分類。

讓標籤的編號與名稱配對	📄 Chapter8-2.ipynb

```
1  #讓標籤的編號與名稱配對。以標籤6爲例，該值爲label_names[6]，與之配對的是frog。
2  label_names = ['airplane','automobile','bird','cat', 'deer','
   dog','frog','horse','ship','truck']
3
4  plt.figure(figsize=(10,5))
5
6  for index in range(10):
7      img = x_train[index]
8      label = label_names[y_train[index][0]]
9      plt.subplot(2,5,index+1)
10     plt.title(label)
11     plt.axis("off")
12     plt.imshow(img)
```

圖 8-6-6　顯示圖片

利用深度學習函式庫從零開始學習圖片檔

在我們了解圖片集 CIFAR10 的構造之後，總算要開始解決分類問題。第一步要先整理資料，接著再建立模型。

一如 **8-6** 所示，目前的圖片檔的每個像素都有 RGB 這三種值，而且每個值都介於 0～255 之間。如果不先整理一下，之後會很難使用，所以要讓 RGB 這三種值正規化為 0～1 之間的值。此外，也要將分類標籤整理成下列的格式。比方說，當分類標籤為 6 或 2，就整理成「0,0,0,0,0,0,1,0,0,0」或「0,0,1,0,0,0,1,0,0,0」（這種整理方式稱為 Onehot encoding）。

資料的前置處理	Chapter8-2.ipynb

```
1  from tensorflow.keras.utils import to_categorical
2
3  #讓圖片的每個像素的值介於0~1之間
4  x_train = x_train.astype('float32')/255
5  x_test = x_test.astype('float32')/255
6
7  #執行標籤的Onehot encoding
8  y_train = to_categorical(y_train, 10)
9  y_test = to_categorical(y_test, 10)
```

完成前置處理之後，接下來總算要建立模型與開始學習。

一如本章前半段所示，CNN 會讓卷積層與過濾器層交互配置，而 keras 會以 Conv2D 配置卷積層，以及使用 MaxPooling2D 與 AveragePooling2D 配置過濾器層。

將上述的卷積層與過濾器層新增至 Sequential 物件就能定義神經網路。這次建置的是「卷積層」→「過濾器層」→「卷積層」→「過濾器層」這種兩層構造的 CNN。

這次的程式在輸出層輸出了 10 個值，每個值都代表成為各分類的機率。換言之，第 0 個值若為 0.6，代表輸入的影像成為「airplane」的機率有 60%。

請執行下一頁的程式碼。學習過程會稍微耗時。

```python
1   from tensorflow.keras.models import Sequential
2   from tensorflow.keras import optimizers
3   from tensorflow.keras.layers import Dense, Activation,
4   Flatten, Conv2D, MaxPooling2D

5   #建立模型
6   model = Sequential()
7
8   model.add(Conv2D(filters=32, kernel_size=(3, 3),
    padding='same', input_shape=x_train.shape[1:],
    activation='relu', name="conv2d_1"))
9   model.add(MaxPooling2D(pool_size=(2, 2), padding='valid'))
10
11  model.add(Conv2D(filters=64, kernel_size=(3, 3),
    padding='same', input_shape=x_train.shape[1:],
    activation='relu', name="conv2d_2"))
12  model.add(MaxPooling2D(pool_size=(2, 2), padding='valid'))
13
14  model.add(Flatten())
15  model.add(Dense(512, activation='relu'))
16  model.add(Dense(len(label_names), activation='softmax'))
17
18  #顯示模型的概要
19  print(model.summary())
20
21  model.compile(optimizer = optimizers.Adam(lr=0.001),
    loss='categorical_crossentropy', metrics=['accuracy'])
```

學習完畢後，可試著預測驗證專用資料（x_test）與顯示精確度。從結果可以發現，這次的模型約有 70% 的精確度。

之後將於 **8-8** 進一步評估預測結果。

```python
1   #計算正確率
2   y_pred = model.predict(x_test)
3   y_pred_classes = np.argmax(y_pred,axis = 1)
4   test_loss, test_acc = model.evaluate(x_test, y_test)
5
6   print(test_acc)
```

8-8

評估學習結果

讓 **8-7** 建立的神經網路開始學習之後，得到精確度 70% 這個結果。接下來除了要得到這個 70% 的結果之外，還要進一步評估這個模型的性能。

就這次的學習過程而言，是將 10% 的學習專用資料（x_train）當成驗證資料使用。換言之，在每次學習（epoch）的最後，會以 10% 的資料用於評估損失函數與精確度。試著將每次學習之後的損失函數與精確度畫成圖表。圖表的橫軸爲學習次數。

將損失函數與精確度畫成圖表　　　　　　　　　　　　　　⬚ Chapter8-2.ipynb

```
1    #將損失函數與精確度畫成圖表
2    fig, ax = plt.subplots(2,1)
3    ax[0].plot(history.history['loss'], color='b', label=
     "Training Loss")
4    ax[0].plot(history.history['val_loss'], color='g',
     label="Validation Loss")
5    legend = ax[0].legend()
6
7    ax[1].plot(history.history['accuracy'], color='b',
8    label="Training Accuracy")
     ax[1].plot(history.history['val_accuracy'], color='g',
9    label="Validation Accuracy")
     legend = ax[1].legend()
```

從精確度來看，隨著學習次數增加，學習專用資料不斷往上，驗證資料上升至一定程度後就不再上升。但從損失函數來看，學習資料順利地減少，但驗證資料卻從中途開始增加。

圖 8-8-1　損失函數與精確度的圖表

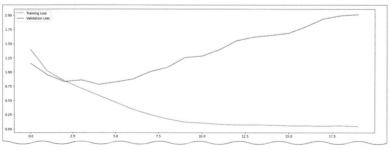

接續下一頁

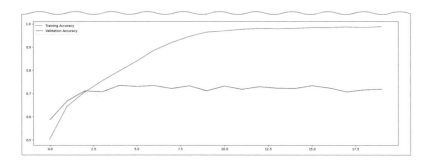

損失函數增加的意思是無法正確辨識時，會得到截然不同的答案（就算是正確解答，機率也很低）。雖然光從精確度看不太出來，但其實這就是所謂的過擬合（也就是針對學習專用資料的調整太過頭，導致驗證資料的精確度開始下滑）。只要知道出現過擬合的現象，就會知道接下來該如何改善模型。

接下來要利用混淆矩陣評估模型的性能。這個矩陣可得知預測分類的時候，哪裡出了問題。之前在第2章評估機械學習的精確度之際，就已經介紹過混淆矩陣，而讓混淆矩陣擴張成這次的類別分類，可得到下圖的定義。

縱軸是實際值，橫軸是預測值。

左上角的儲存格是實際值為class1，也被預測為class1的數，右上角則是實際值為class1，卻被預測為class2的數，左下角是實際值為

圖8-8-2　分類兩個類別時的混淆矩陣

		預測	
		class1	class2
實際	class1	正確	將 class1 的圖片辨識為 class2
	class2	將 class2 的圖片辨識為 class1	正確

class2，卻被預測為class1的數，右下角則是實際值為class2也被預測為class2的數。接下來要根據上述混淆矩陣的定義，顯示這次進行預測之際的驗證資料的混淆矩陣。

位於混淆矩陣對角線的「正確率」越高，以及其他的值越接近0，代表模型的精確度越高。

顯示混淆矩陣 ①　　　　　　　　　　　　　　　　　Chapter8-2.ipynb

```
1  from sklearn.metrics import confusion_matrix, precision_
   score, recall_score, f1_score
2  import seaborn as sns
3
```

接續下一頁

```
4    y_pred = model.predict(x_test)
5    #y_pred儲存了成為各類別的機率,所以只取各類別的最大值
6    y_pred_classes = np.argmax(y_pred,axis = 1)
7    y_true = np.argmax(y_test,axis = 1)
8    cf_matrix = confusion_matrix(y_true, y_pred_classes)
```

顯示混淆矩陣 ②　　　　　　　　　　　　　　　　　　　📄 Chapter8-2.ipynb

```
1    plt.figure(figsize=(13,13))
2
3    c = sns.heatmap(cf_matrix, annot=True,fmt="d")
4    c.set(xticklabels=label_names, yticklabels=label_names)
5    plt.plot()
```

圖8-8-3 混淆矩陣

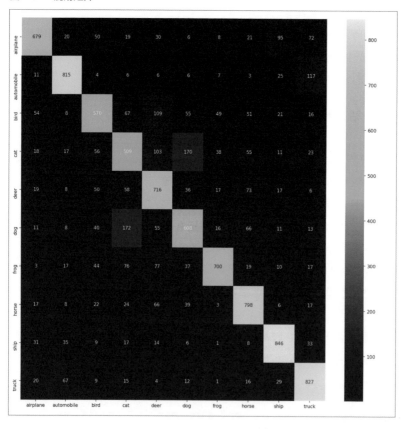

顯示混淆矩陣之後,會發現這個模型常將貓辨識為狗,以及將狗辨識為貓。

要解決上述的問題就必須調整神經網路的構造,或是增加狗與貓的圖片。

可視化神經網路看見的「特徵」

在**8-8**評估模型的性能之後，我們看到一些需要改善的部分。接下來要介紹的是說明模型是如何分類圖片的方法。

一般認為，深度學習分類類別的方法就像是黑箱，沒人知道是怎麼分類的，但目前已有一些可視化的方法能讓我們知道深度學習是根據圖片的哪些部分進行分類，而其中之一的方法是 **Grad-CAM**，這次就要一起試用這個方法。

請執行下列的程式碼，建立 grad_cam_image 函數。

定義 grad_cam_image 函數　　　　　　　　　　　　　　Chapter8-2.ipynb

```
1   from tensorflow.keras import backend as K
2   import tensorflow as tf
3   from tensorflow.keras.models import Model
4   from matplotlib import colors
5   from PIL import Image
6
7   def grad_cam_image(model, layer_name, image):
8
9     with tf.GradientTape() as tape:
10      layer = model.get_layer(layer_name)
11
12      #將輸出結果分成一般的輸出結果（輸出10個分類），與利用layer_name指定的層的輸出結果
13      tmpModel = Model([model.inputs], [model.output, layer.
    output])
14      #model_out為輸入的圖片的分類結果
15      #layer_out為利用layer_name指定的層的輸出結果
16      model_out, layer_out = tmpModel(np.array([image]))
17
18      #將模型分類結果之中，機率最高的分類結果存入class_out
19      class_out = model_out[:, np.argmax(model_out[0])]
20      #計算輸出結果到指定層的斜率
21      grads = tape.gradient(class_out, layer_out)
22      #計算斜率的平均值。與Global Average Pooling相同的處理
23      pooled_grads = K.mean(grads, axis=(0, 1, 2))
24
25
26      #讓斜率平均值與指定層的輸出結果相乘
27      heatmap = tf.multiply(pooled_grads, layer_out)
```

接續下一頁

```
28    #與每個色版相加
29    heatmap = tf.reduce_sum(heatmap, axis=-1)
30    #避免算出負值。與ReLu相同的處理
31    heatmap = np.maximum(heatmap, 0)
32    #讓值限縮在0~1的範圍之內
33    heatmap = heatmap/heatmap.max()
34
35    #整理成容易瀏覽的圖片
36    return_image = np.asarray(Image.fromarray(heatmap[0]).
      resize(image.shape[:2])) * 255
37    colormap = plt.get_cmap('jet')
38    return_image = return_image.reshape(-1)
39    return_image = np.array([colormap(int(np.round
      (pixel)))[:3] for pixel in return_image]).reshape(image.
      shape)
40    return_image = image * 0.5 + return_image * 0.5
41
42    return return_image
```

grad_cam_image函數的第1個參數爲模型，第2個參數爲觀察模型注意何處的層的
名稱，第3個參數爲圖片。

這個函數的傳回值是具有指定層注意之處的圖片。

各層的名稱可透過下列的程式碼取得。

取得各層的名稱   📄 Chapter8-2.ipynb

```
1    [layer.name for layer in model.layers]
```

圖8-9-1 輸出各層的名稱

```
['conv2d_1',
 'max_pooling2d',
 'conv2d_2',
 'max_pooling2d_1',
 'flatten',
 'dense',
 'dense_1']
```

接下來要試著使用學習專用資料的第一張圖片，也就是青蛙的圖片。執行下列的程式
碼，就能知道第一個卷積層注意圖片哪個位置。

```
1  grad_cam = grad_cam_image(model, "conv2d_2", x_train[0])
2
3  plt.figure(figsize=(10,5))
4  plt.subplot(1,2,1)
5  plt.imshow(grad_cam)
6
7  plt.subplot(1,2,2)
8  plt.imshow(x_train[0])
9  plt.show()
```

圖8-9-2　第一個卷積層

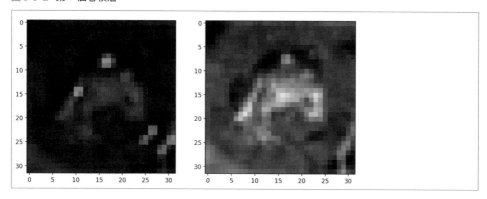

從結果來看，接近紅色的部分似乎比較顯眼，但可以發現，從第一個卷積層開始就非常注意青蛙的影像了。

大家不妨換成其他層或圖片，試試這些層會注意圖片的哪些位置。

8-10 可視化完成學習後的神經網路構造

在 **8-9** 的時候,我們可視化了神經網路注意圖片的哪些部位。

最後要說明可視化卷積層過濾器的方法,如此一來就能知道神經網路的構造,還能知道神經網路注意圖片的哪些特徵。

在下列程式中定義的 show_filters 函數,會先取得模型與想要可視化的卷積層的名稱,再可視化該層的過濾器。這次主要是可視化第一個卷積層。請執行下列的程式。

可視化第一個卷積層　　　　　　　　　　　　　　🗋 Chapter8-2.ipynb

```python
def show_filters(model, layer_name):
    target_layer = model.get_layer(layer_name).get_weights()[0]
    filter_num = target_layer.shape[3]

    plt.figure(figsize=(15,10))
    for i in range(filter_num):
        plt.subplot(int(filter_num/6) + 1, 6, i+1)
        plt.title('filter %d' % i)
        plt.axis('off')
        plt.imshow(target_layer[ :, :, 0, i], cmap="gray")
    plt.show()

show_filters(model, "conv2d_1")
```

圖8-10-1　第一個卷積層的過濾器

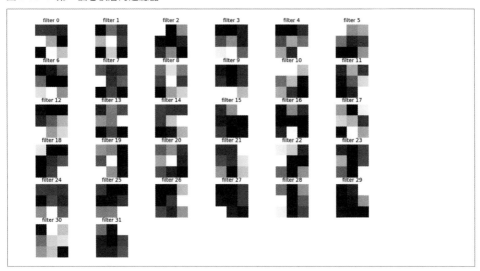

前面雖然利用show_filters函數可視化了過濾器，但光是這樣看不出過濾器的意義，所以，必須對這些過濾器進行影像處理。

在下列程式碼定義的layer_outputs函數會先接收模型與圖片，再顯示圖片經過模型的卷積層過濾器產生了哪些變化。

顯示經過第一個卷積層的圖片　　　　　　　　　　　　　　　　　　📂 Chapter8-2.ipynb

```python
1    from tensorflow.keras.models import Model
2
3    #接收模型與圖片之後，將各卷積層的輸出結果轉換成圖片再顯示
4    def layer_outputs(model, image):
5        #只篩選卷積層
6        _model = Model(inputs=model.inputs, outputs=[layer.output
     for layer in model.layers if type(layer) is Conv2D])
7
8        #分類接到的圖片
9        conv_outputs = _model.predict(np.array([image]))
10
11       def show_images(output, title):
12           output = output[0]
13           filter_num = output.shape[2]
14
15           fig = plt.figure(figsize=(20,15))
16           fig.suptitle(title, size=15)
```

接續下一頁

```
17          for i in range(filter_num):
18              plt.subplot(int(filter_num/8) + 1, 8, i+1)
19              plt.title('filter %d' % i)
20              plt.axis('off')
21              plt.imshow(output[:,:,i])
22
23      #輸出每個卷積層的圖片
24      for i, output in enumerate(conv_outputs):
25          title = "Conv layer number %d" % (i + 1)
26          show_images(output, title)
27
28  layer_outputs(model, x_train[0])
```

應該可以得到下列的輸出結果。

圖 8-10-2 經過過濾器之後的圖片（只有第 1 層）

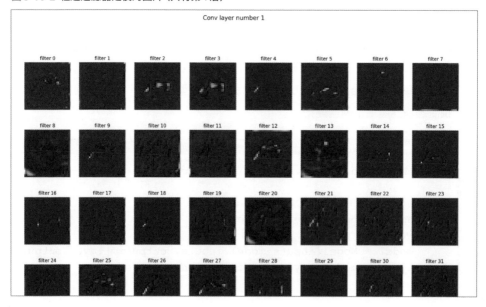

圖 8-10-3 第二個卷積層

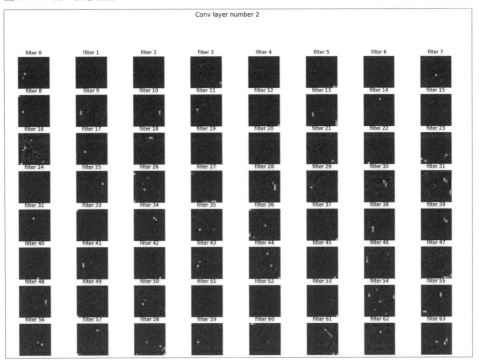

像這樣在過濾器的處理加入影像，就能強調那些在原始影像中，被當成特徵處理的部分。比方說，這次的程式會讓青蛙的身體或是某個影像的邊緣變得更明顯，這也代表上述的過濾器掌握了這些影像的特徵。

有時間的話，大家可試著處理其他的影像，看看神經網路掌握了哪些特徵。

第**9**章

利用CNN／RNN預測時間序列資料

了解深度學習處理時間序列資料的機制

第8章以卷積神經網路（CNN）說明了深度學習，也介紹了卷積神經網路的使用方式。

具體來說，大家應該已經了解學習影像資料的流程，也知道該怎麼預測直線與曲線的走向。

本章則要進一步介紹利用深度學習預測直線或曲線這類時間序列資料。這次的預測除了會使用前一章的CNN，還會使用循環神經網路（RNN）。根據時間序列資料進行預測的目的非常多元，比方說，聲音資料就是其中一種。

如果手邊有聲音資料，就能預測聲音會在建築物之中產生多少迴音，也能預測哪些音源能夠穿透牆壁，也可以根據迴音了解土壤的內部構造，進行非破壞性的檢查，因此這種預測方式除了在建築工程之外，也很常在其他領域使用。此外，手邊若有依序排列的文章，還可以用來分析以語言寫成的文章，可見時間序列資料蘊藏著極高的可塑性。接下來，透過本章的說明，可進一步了解如何利用深度學習處理時間序列資料。

處理音響資料的背景

身為一名具備深度學習知識的資料科學家的你，這次接到了來自建築事務所的委託。這間建築事務所目前正在進行幾件小規模的演奏廳音響調查，但因為規模不大，所以每件調查案件能分配的人力很少，所以這間建築事務所希望能讓部分的調查步驟自動化。

具體來說，他們希望比對在不同地點錄製的錄音檔，確認演奏廳的音響是否有問題。他們雖然錄製了每種樂器獨奏的檔案，但是要一一確認是哪種樂器是件極度耗費心力的工作。如果能透過深度學習分類樂器，一定能省時省力，也能在短時間之內完成音響的相關調查。

接到這個案件的你打算利用 CNN 與 RNN 進行時間序列資料分類，看看能不能順利完成上述的案件。

9-1

了解RNN的基礎

常用於處理時間序列資料的「循環神經網路（RNN）」的特徵在於「**循環（Recurrent）**」。所謂的循環是指「自己參照自己」的意思，但從時間序列的資料來看，解釋成「根據自己過去的資料預測未來自己的資料」或許比較容易理解。比較RNN與第8章介紹的CNN，應該就能快速了解「循環」的意思。

在透過程式了解循環神經網路之前，要先讓RNN與CNN比較，進一步了解「預測自己未來的資料」的原理。

首先，複習一下於第8章利用CNN進行分類的概念。**圖9-1-1**是第8章的橘子類別與草莓類別的分類示意圖。

圖9-1-1　利用CNN進行分類的示意圖

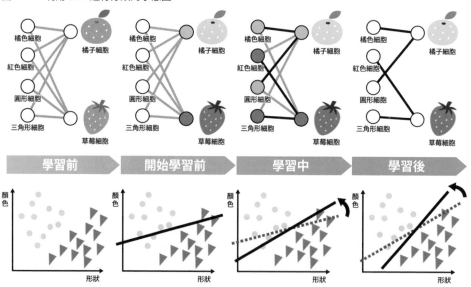

在「開始學習前」的階段會先於座標空間隨機畫一條分界線，但此時還無法正確區分相當於橘子的橘色●與相當於草莓的紅色▼，因此要讓神經網路構造朝「能正確分類」的方向改善。當時是透過「反向誤差傳播法」一步步修正，直到能畫出正確的分界線為止。精準地完成分類（或是已達精確度的極限）就結束學習。

第四篇

深度學習篇

圖9-1-2是利用CNN學習時間序列資料的示意圖。

圖9-1-2 利用CNN預測時間序列資料的示意圖

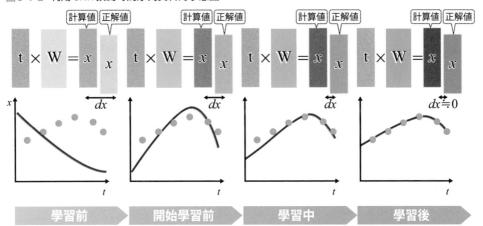

在「學習前」的階段是隨機預測時間序列模式，所以會隨機繪製直線（或曲線）。此時在時間 t 的向量乘上對應神經網路的矩陣 W 之後，縱軸的 x 就是計算結果。

「學習前」階段的直線（或曲線）之所以是隨機的，是因爲矩陣 W 的值也是隨機的。接著比較計算結果的 x 與正確解答的 x，再讓 W 往誤差變小的方向修正。

一步步修正之後，誤差會逐漸變小，直線（或曲線）的預測精確度也會越來越高。此時即可結束計算。

反觀RNN則是「根據自己過去的資料預測自己未來的資料」的方法，**圖9-1-3**爲預測過程的示意圖，簡單來說就是會利用輸出值再次預測的意思。

圖9-1-3 RNN的示意圖

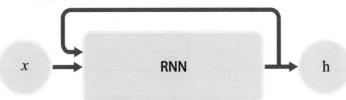

圖9-1-4是對向量的輸入值使用RNN的示意圖。若比較以CNN與RNN預測氣溫的例子，可以發現CNN會在代表「昨天、今天、明天」的時間t乘上處理W之後，輸出昨天、今天、明天的氣溫，反觀RNN則是在代表「昨天的氣溫、今天的氣溫」的x乘上處理W，再輸出明天的氣溫。

具體來說，RNN會執行下列的處理。

在預測時間t的值的時候，會將時間t-1之前的n個資料〔$x(t-1), x(t-2), \cdots, x(t-n)$〕當成輸入值使用。接著透過RNN這個神經網路（由多個圖9-1-3的單元組成的網路）進行計算，再輸出$x(t)$這個計算結果。

比較RNN這個神經網路算出的$x(t)$與正解值，算出兩者的誤差後，再讓RNN這個神經網路朝誤差縮小的方向修正。對所有的時間序列資料進行上述的計算，直到誤差縮至極小之後即可結束學習，可預測未來的神經網路也就完成了。

9-2之後，會使用修正RNN的LSTM神經網路介紹RNN的運作方式。讓我們一邊確認RNN的運作方式，一邊加深以RNN、CNN處理時間序列資料的方法，同時了解具體處理聲音資料的方法。

圖 9-1-4　利用 RNN 預測時間序列資料的示意圖

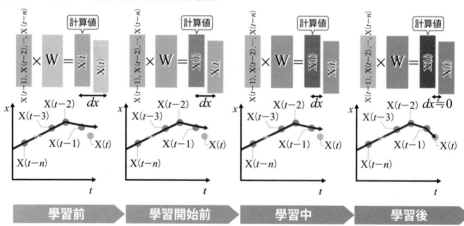

利用RNN預測正弦波

之前已在 **9-1** 介紹了 RNN 的基本原理，這節則要建立陽春版的 RNN 神經網路以及進行預測。

請執行下列的程式碼。為了避免執行結果產生出入，這段程式碼裡的亂數種子值是固定的，而且也載入了在正弦波加入雜訊的 **run_sin_40_80.csv**。

載入csv檔案　　　　　　　　　　　　　　　　　　　　　　　　　🗋 Chapter9-1.ipynb

```
1   import matplotlib.pyplot as plt
2   import tensorflow as tf
3   import numpy as np
4   import random
5   import os
6
7   #固定亂數種子值
8   seed = 1
9   tf.random.set_seed(seed)
10  np.random.seed(seed)
11  random.seed(seed)
12  os.environ["PYTHONHASHSEED"] = str(seed)
13
14  %matplotlib inline
15  data = np.loadtxt("./rnn_sin_40_80.csv")
16  plt.plot(data[:500])
17  plt.show()
```

圖9-2-1　在正弦波加入雜訊的資料

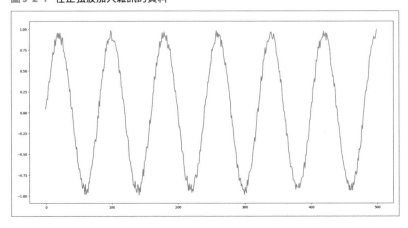

上述的程式碼利用兩個步驟顯示了資料。第一個步驟是透過 numpy 的 loadtxt 函數從 csv 檔案載入波形資料，第二個步驟則是利用 matplotlib 的 plot 函數顯示了 1～500 號的資料。

一如前述，RNN 是根據大量的舊資料預測新資料，所以用於學習與驗證的資料都必須另外加工不可。

請執行下列的程式碼，將資料分成學習專用資料與驗證專用資料，接著再另外加工。

將資料分成學習專用與驗證專用兩種　　　　　　　📄 Chapter9-1.ipynb

```
1   #將history_steps步驟數用於輸入，再加工資料，以便預測future_steps步驟數
2   def create_dataset(data, history_steps, future_steps):
3       input_data = []
4       output_data= []
5
6       for i in range(len(data)-history_steps-future_steps):
7           input_data.append([[val] for val in data[i:i+
    history_steps]])
8           output_data.append(data[i+history_steps:i+
    history_steps+future_steps])
9
10      return np.array(input_data), np.array(output_data)
11
12  train_data = data[:int(len(data) * 0.75)]
13  test_data = data[int(len(data) * 0.75):]
14
15  #建立可根據10個步驟的資料量預測5步未來的資料
16  history_steps = 10
17  future_steps = 5
18  x_train, y_train = create_dataset(train_data, history_steps,
    future_steps)
19  x_test, y_test   = create_dataset(test_data, history_steps,
    future_steps)
20
21  print(x_train.shape)
22  print(y_train.shape)
23  print(x_test.shape)
24  print(y_test.shape)
```

上述的程式將 75% 的資料分割成學習專用資料，並將剩餘的 25% 當成驗證專用資料之後，再透過 create_dataset 函數將上述的資料整理成適合神經網路使用的格式。

history_steps 與 future_steps 這兩個變數分別是學習步驟數（時間間隔）與預測步驟數，上述的程式碼將 history_steps 設定為 10，並將 future_steps 設定為 5。

create_dataset 函數有兩個傳回值，一個是於 x_train／x_test 變數儲存的資料，另一個則是於 y_train／y_test 變數儲存的資料。由於 X 的第 i 個元素與 Y 的第 i 個元素對應，所以可如**圖 9-2-2** 利用 x 的值預測未來五步的值，接著再利用 y 的值驗證預測結果是否正確。

此外，如**圖 9-2-3** 所示，第 i 個元素與第 $i+1$ 個元素是差距 1 步的資料。

圖 9-2-2　利用 x 值預測未來，再利用 y 對答案

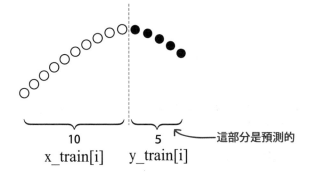

圖 9-2-3　第 i 個元素與第 i+1 個元素

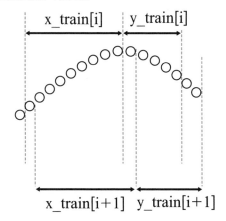

接著總算要執行下一頁的程式，建立模型以及讓模型開始學習了。

利用RNN預測未來	📄 Chapter9-1.ipynb

```
1  from tensorflow.keras.models import Sequential
2  from tensorflow.keras.layers import Dense, SimpleRNN, LSTM
3  from tensorflow.keras.optimizers import Adam
4
5  #建立模型
6  model_rnn = Sequential()
7  model_rnn.add(SimpleRNN(units=future_steps, input_
   shape=(history_steps,1),return_sequences=False))
8  model_rnn.add(Dense(future_steps,activation="linear"))
9  model_rnn.compile(optimizer = Adam(lr=0.001), loss=
   "mean_squared_error",)
10
11 #顯示模型的構造
12 print(model_rnn.summary())
13
14 #開始學習
15 history = model_rnn.fit(x_train, y_train, batch_size=32,
   epochs=500, verbose=1)
```

這次建立的RNN模型很簡單，第1層的RNN的輸出結果會傳遞給全連線層（Dense層），接著會輸出要預測的步驟數（future_steps）。由於這個模型解決的不是分類問題而是迴歸問題，所以損失函數爲「mean_squared_error」。

9-3則要評估這個預測結果。

試著評估預測結果

9-2 載入了在正弦波摻加雜訊的資料，再利用RNN進行預測，這節則要實際確認利用RNN預測的資料，以及評估預測結果。

將預測結果與實際資料畫成同一張圖表	🗂 Chapter9-1.ipynb

```
1   #利用學習完成的模型預測
2   y_pred = model_rnn.predict(x_test)
3
4   #藍色為預測值，橘色為實際值
5   plt.plot([p[0] for p in y_pred],color="blue",label="pred")
6   plt.plot([p[0] for p in y_test],color="orange",label="actual")
7   plt.legend()
8   plt.show()
```

圖 9-3-1　實際值與預測值相當接近

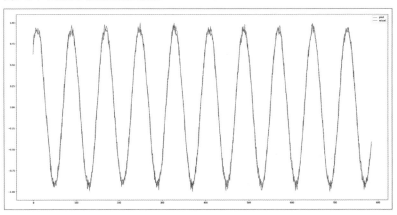

上述的程式碼利用學習完畢的模型進行預測，再將預測結果與實際的資料畫成同一張圖表，然後進行比較。這是history_steps設定為10，future_steps設定為5，再執行create_dataset的結果，根據10步驟的過去實際值預測5步驟的未來值，接著只顯示第1步的資料。

圖9-3-2　只顯示第1步的資料

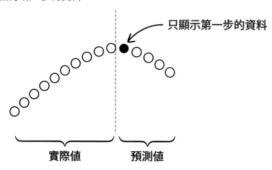

從圖中可以發現，實際值與預測值非常相近。

接著，試著拿掉10步驟的實際值，看看這個模型的預測精確度有多高。由於後續也會使用這部分的處理，所以將這部分的處理定義爲 predict_all 函數。與**圖9-3-1**的差異在於根據前10步預測的第11步，也會用於下1步的預測。

這次的處理主要分成三大部分，第一個部分是在 for 迴圈使用 predict 方法以及用於預測的資料預測下一步的結果。第二個部分是將預測結果存入 x_tmp 這個陣列的尾部，以便預測下一步的狀況。第三個部分是將下一步的預測結果放進 pred_result 這個陣列。

重複上述三個步驟，完成所有的預測之後，再於第四個部分將預測結果與實際值畫成圖表。

在第四個部分將預測值與實際值畫成同一張圖表	🗍 Chapter9-1.ipynb

```
1    #參數爲學習完成的模型，用於預測的值，實際值
2    def predict_all(model, x_test, y_test):
3
4        #只使用第一個history_steps
5        x_tmp = x_test[0]
6        pred_result = []
7        for index in range(len(y_test)):
8            #利用x_tmp的資料預測
9            pred = model.predict(np.array([x_tmp]))
10
11           #刪除x_tmp的第一筆資料、再將預測所得的第一張資料存入這個陣列的尾部
12           x_tmp = np.append(x_tmp[1:,], pred[0][0].reshape(1,1),
     axis=0)
13           pred_result.append(pred[0][0])
14
```

接續下一頁

```
15    plt.figure(figsize=(30,15))
16    #顯示預測值與實際值
17    plt.plot(pred_result,color="blue", label="pred")
18    plt.plot([p[0] for p in y_test],color="orange", label="actual")
19    plt.legend()
20    plt.show()
21
22  #開始預測
23  predict_all(model_rnn, x_test, y_test)
```

圖9-3-3 預測的精確度不太高

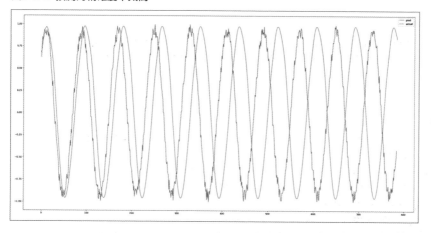

與**圖9-3-1**的差別在於使用了前10步與第11步的資料預測。比較實際值與預測值之後，會發現這個模型的精確度不太高（預測結果會隨著於一開始固定的亂數種子的值而改變）。

9-4之後，要利用CNN以及調整參數這些方法改善預測精確度。

9-4 試著利用 CNN 預測正弦波

前面是利用 RNN 預測了時間序列資料之一的正弦波，但其實也能利用第 8 章介紹的 CNN 預測時間序列資料。本節將利用 **9-2**、**9-3** 的資料以及 CNN 進行預測。

與使用 RNN 之際的相同之處在於這次也會建立簡單的神經網路。請執行下列的程式碼，建立模型以及讓模型開始學習。

建立模型與開始學習　　　　　　　　　　　　　　　　　　📄 Chapter9-1.ipynb

```
1   from tensorflow.keras.layers import Dense, Activation,
    Flatten, Conv1D, MaxPooling1D, GlobalMaxPooling1D
2
3   #建立模型
4   model_conv = Sequential()
5   model_conv.add(Conv1D(filters=64, kernel_size=4,
    strides=1, padding='same', input_shape=x_train.shape[1:],
    activation='relu'))
6   model_conv.add(Conv1D(filters=128, kernel_size=4,
    strides=1, padding='same', activation='relu'))
7   model_conv.add(GlobalMaxPooling1D())
8   model_conv.add(Dense(future_steps, activation='tanh'))
9   model_conv.compile(optimizer = Adam(lr=0.001), loss=
    'mean_squared_error')
10
11  #顯示模型的構造
12  print(model_conv.summary())
13
14  #開始預測
15  history = model_conv.fit(x_train, y_train, batch_size=32,
    epochs=50, verbose=1)
```

由於第 8 章的資料為二維（長與寬）的圖片，所以只使用了二維的卷積層，但這次的時間序列資料只有一維，所以只使用了 Conv1D 與 MaxPooling1D。

學習結束後，會依照 RNN 的步驟，在每一步利用 10 個正確解答的資料預測下一步的資料。

第四篇　深度學習篇

```
1   #開始預測
2   y_pred = model_conv.predict(x_test)
3
4   plt.plot([p[0] for p in y_pred],color="blue",label="pred")
5   plt.plot([p[0] for p in y_test],color="orange",label=
    "actual")
6   plt.legend()
7   plt.show()
```

圖9-4-1　預測結果非常正確

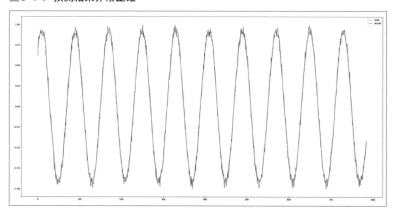

與 RNN 的時候一樣，都能正確地預測。接著，根據10個初始值預測接下來的所有資料。

```
1   predict_all(model_conv, x_test, y_test)
```

圖9-4-2　預測所有的資料

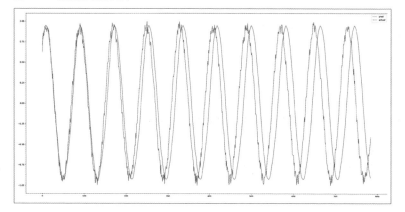

從圖中可以發現，結果與 RNN 的時候一樣，波形越往右側水平移動，誤差就越明顯。

提升預測正弦波的精確度

從前面的內容來看，不管是 RNN 還是 CNN，都無法正確地預測正弦波，所以本節要試著調整用於預測的期間（過去的資料數），提升預測的精確度，藉此帶著大家了解提升 RNN ／ CNN 預測精確度的流程。

為了提升 RNN ／ CNN 的預測精確度，這次會調整預測期間以及各種參數，一邊確認結果，再一邊找出最佳的設定值。

建立預測未來的資料　　　　　　　　　　　　　　　　　　　　 Chapter9-1.ipynb

```
1   history_steps_v2 = 40
2   future_steps_v2 = 10
3
4   #根據40步的資料預測接下來10步的資料
5   x_train_v2, y_train_v2 = create_dataset(train_data, history_
    steps_v2, future_steps_v2)
6   x_test_v2, y_test_v2   = create_dataset(test_data, history_
    steps_v2, future_steps_v2)
7
8   print(x_train_v2.shape)
9   print(y_train_v2.shape)
```

這次直接增加了用於學習的步驟數。第9章的前半都是根據10個過去的值預測未來的5個值，但上述的程式碼則是利用40個過去的值預測未來的10個值。

RNN 的神經網路與 **9-2** 的神經網路構造相同。

根據過去的40個值預測未來的10個值　　　　　　　　　　　　 Chapter9-1.ipynb

```
1   #建立RNN的模型
2   model_rnn_v2 = Sequential()
    model_rnn_v2.add(SimpleRNN(units=future_steps_v2,
3   input_shape=(history_steps_v2,1),return_sequences=False))
4   model_rnn_v2.add(Dense(future_steps_v2,activation="linear"))
5   model_rnn_v2.compile(optimizer = Adam(lr=0.001), loss="mean_
    squared_error",)
6
7   #顯示模型的構造
```

接續下一頁

```
8    print(model_rnn_v2.summary())
9
10   #開始學習
11   history = model_rnn_v2.fit(x_train_v2, y_train_v2, batch_
     size=32, epochs=50, verbose=1)
```

試著以最初的40個值預測接下來的資料，可得到下列的結果。

根據最初的40個值預測　　　　　　　　　　　　　　　　　　📄 Chapter9-1.ipynb

```
1    predict_all(model_rnn_v2, x_test_v2, y_test_v2)
```

圖9-5-1　可發現實際的波形與預測的波形越來越吻合，預測的精確度的確提升了

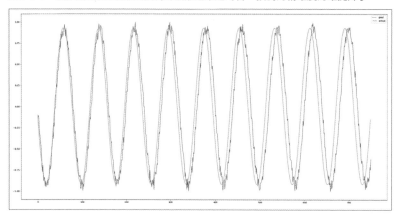

從圖中可知，調整預測期間再預測，可得到預測的正弦波與實際的正弦波越來越接近，預測的精確度也越來越高。

接著也利用CNN進行預測。

建立CNN的模型　　　　　　　　　　　　　　　　　　　　　📄 Chapter9-1.ipynb

```
1    #建立CNN的模型
2    model_conv_v2 = Sequential()
3    model_conv_v2.add(Conv1D(filters=64, kernel_size=4,
     strides=1, padding='same', input_shape=x_train_v2.
     shape[1:], activation='relu'))
4    model_conv_v2.add(Conv1D(filters=128, kernel_size=4,
     strides=1, padding='same', activation='relu'))
5    model_conv_v2.add(GlobalMaxPooling1D())
6    model_conv_v2.add(Dense(future_steps_v2, activation='tanh'))
```

接續下一頁

```
7   model_conv_v2.compile(optimizer = Adam(lr=0.001), loss=
    'mean_squared_error')
8
9   #顯示模型的構造
10  print(model_conv_v2.summary())
11
12  #開始學習
13  history = model_conv_v2.fit(x_train_v2, y_train_v2, batch_
    size=32, epochs=30, verbose=1)
```

與 RNN 一樣，利用一開始的 40 個值預測。

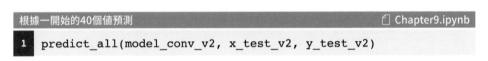

```
1   predict_all(model_conv_v2, x_test_v2, y_test_v2)
```

圖 9-5-2　根據一開始的 40 個值預測

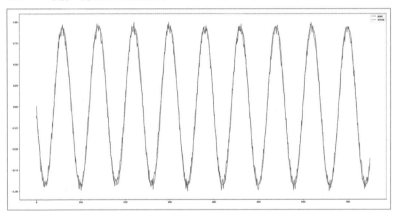

這次為了提升預測的精確度調整了預測期間，但其實還有很多方法可以提升預測的精確度，例如調整神經網路的構造或是學習次數都是其中之一。

最重要的是，調整之前一直固定的亂數種子值後，會得到不同的結果這點。若想追求精確度更高的模型，絕對不能就此打住。假設預測的精確度在調整了亂數種子值後下滑，代表有必要繼續調整其他部分，以求提升預測精確度。

事先整理分類聲音所需的必要資料

第9章的前半段預測了時間序列資料的正弦波，接下來則要試著分類真實世界的時間序列資料的聲音資料。

第一步先載入資料。這次載入的不是聲音檔案，而是記載了聲音資料的檔案名稱，以及對應標籤名稱的csv檔案。

載入csv檔案　　　　　　　　　　　　　　　　　　　　📄 Chapter9-2.ipynb

```python
1  import librosa
2  import pandas as pd
3  import numpy as np
4  import IPython.display as ipd
5
6  #載入學習專用資料
7  train_data_dir ="./audio_dataset_3class/train/"
8  train_df = pd.read_csv("audio_dataset_3class/train.csv",
   index_col=0)
9
10 #載入驗證專用資料
11 test_data_dir ="./audio_dataset_3class/test/"
12 test_df = pd.read_csv("audio_dataset_3class/test.csv", index_
   col=0)
```

接著，顯示一部分剛剛載入的學習專用資料。從中可以發現聲音檔案的名稱以及對應的標籤。

```python
1  #顯示部分用於學習的聲音檔案的名稱與標籤
2  train_df.head()
```

圖9-6-1　顯示部分用於學習的聲音檔案的名稱與標籤

fname	label
969b4f60.wav	Cello
3e2bddda.wav	Cello
54bb57af.wav	Cello
9d59a719.wav	Applause
05f2c2a6.wav	Clarinet

下列的程式碼可顯示標籤值以及標籤值的數量。

```
1  #顯示所有標籤值與標籤值的數量
2  train_df["label"].value_counts()
```

圖9-6-2　顯示所有標籤值與標籤值的數量

```
Clarinet    130
Cello       125
Applause     61
Name: label, dtype: int64
```

從中可以發現單簧管的資料有130筆，大提琴的資料有125筆，掌聲的資料有61筆。
執行下列的程式碼就能根據檔案名稱載入實際的聲音檔案，還能播放這些聲音檔案確認內容。載入大提琴的聲音再試著實際播放看看。

載入與播放大提琴的聲音　　　　　　　　　　　　　　　🖺 Chapter9-2.ipynb
```
1  #載入其中一個大提琴的聲音檔案
2  data, rate = librosa.load(train_data_dir+ train_df[train_
   df["label"] == "Cello"].index[0])
3
4  #播放載入的檔案
5  ipd.Audio(data = data, rate = rate)
```

圖9-6-3　播放聲音檔案

第四篇　深度學習篇

336

此外，若在載入聲音檔案之後，剖析 data 變數的內容，會發現 data 變數的內容是個一維陣列而已。

確認大提琴的聲音檔案格式   Chapter9-2.ipynb

```
1   #確認載入的大提琴的聲音資料格式
2   print(data.shape)
3   data
```

圖9-6-4　顯示大提琴的聲音檔案格式

```
(113337,)
array([ 5.4880138e-04,  8.1683305e-04,  1.0076496e-03, ...,
       -3.0148271e-05, -2.3802688e-05, -1.2755327e-05], dtype=float32)
```

由此可知，即使是如大提琴般複雜的聲音，也能依照第9章前半段處理正弦波的方式處理。

接下來，請先整理檔案的格式，以便後續分類單簧管、大提琴、掌聲這三種聲音。下列的程式碼雖然有點長，但還是讓我們先執行一遍。

執行資料的事前處理   Chapter9-2.ipynb

```
1    from sklearn.preprocessing import StandardScaler
2    from tensorflow.keras.utils import to_categorical
3    from tensorflow.keras.preprocessing.sequence import pad_
     sequences
4
5
6    sampling_rate = 8000
7    #將聲音長度截為3秒
8    audio_duration = 3
9    audio_length = sampling_rate * audio_duration
10
11   #根據檔案名稱載入聲音檔案
12   def _load_files(data_dir, filenames):
13     result = []
14     for i, filename in enumerate(filenames):
15         file_path = data_dir + filename
16         data, _ = librosa.core.load(file_path, sr=sampling_
     rate, res_type='kaiser_fast')
17         result.append(data)
18
```

接續下一頁

```
19    return result
20
21
22  def create_audio_dataset(train_df, test_df, train_data_dir,
    test_data_dir, label_dict):
23
24      dim = (audio_length, 1)
25      train_filenames = train_df.index
26      test_filenames = test_df.index
27
28      #根據檔案名稱載入學習專用資料與驗證專用資料的聲音檔案
29      _X_train = _load_files(train_data_dir, train_filenames)
30      _X_test = _load_files(test_data_dir, test_filenames)
31
32      #將聲音長度截成audio_length設定的長度(這次設定為3秒)
33      _X_train = pad_sequences(_X_train, dtype='float32',
    maxlen=audio_length, padding='pre', truncating='pre',
    value=0.0).tolist()
34      _X_test = pad_sequences(_X_test, dtype='float32',
    maxlen=audio_length, padding='pre', truncating='pre',
    value=0.0).tolist()
35
36      #利用standardScaler將聲音資料的平均值修正為1，變異數修正為1
37      scaler = StandardScaler()
38      scaler = scaler.fit(_X_train + _X_test)
39      _X_train = scaler.transform(_X_train)
40      _X_test = scaler.transform(_X_test)
41
42      X_train = np.empty((len(train_filenames), *dim))
43      for index, data in enumerate(_X_train):
44        X_train[index,] = [[d] for d in data]
45
46      X_test = np.empty((len(test_filenames), *dim))
47      for index, data in enumerate(_X_test):
48        X_test[index,] = [[d] for d in data]
49
50
51      #下列為建立label的部分
52      labels_train = train_df["label"]
53      labels_test = test_df["label"]
54
55      y_train = np.empty(len(labels_train), dtype=int)
56      for i, label in enumerate(labels_train):
57          y_train[i] = label_dict[label]
```

接續下一頁

```
58
59      y_test = np.empty(len(labels_test), dtype=int)
60      for i, label in enumerate(labels_test):
61          y_test[i] = label_dict[label]
62
63      #執行one-hot encoding
64      Y_train = to_categorical(y_train, num_classes
    =len(label_dict))
65      Y_test = to_categorical(y_test, num_classes
    =len(label_dict))
66
67      return X_train, Y_train, X_test, Y_test
68
69
70  audio_label_dict = {"Cello": 0,"Clarinet":1, "Applause":2}
    X_train, Y_train, X_test, Y_test = create_audio_
71  dataset(train_df, test_df, train_data_dir, test_data_dir,
    audio_label_dict)
```

上述的程式碼先載入了所有的聲音檔案,再利用_pad_sequences函數將所有的聲音
檔案截為相同的長度,讓所有超過audio_duration變數指定的長度的聲音減至3秒,
若是比3秒還短的聲音則利用0(靜音)補足長度。

接著套用StandardScaler將train、test的聲音檔案的平均值設定為0,以及將變異數
設定為1。

此外,這次將大提琴的分類標籤設定為0,單簧管則為1,掌聲則為2,再執行one-
hot encoding處理。

9-7

試著利用 LSTN 分類聲音

接著要建立 LSTM 神經網路。一如 **9-1** 所述，LSTM 是自 RNN 改良的模型，RNN 也能解決困難的問題。要使用 LSTM，就必須稍微了解 RNN。如果想進一步了解，建議參考專業書籍。

接著，執行下列的程式碼，建立模型與讓模型開始學習。此外，如果是沒有配備 GPU 的電腦，要執行下列的程式碼會耗費許多時間。如果學習一直無法結束，建議改在 Google Colaboratory 的環境下執行。

建立模型　　　　　　　　　　　　　　　　　　　　　　　　　　🗋 Chapter9-2.ipynb

```
1  from tensorflow.keras.layers import Dense, LSTM,
   Dropout,Bidirectional
2  from tensorflow.keras.models import Sequential
3  from tensorflow.keras.optimizers import Adam
4
5  def create_lstm_model():
6    input_shape = (audio_length, 1)
7
8    #建立模型
9    model_lstm = Sequential()
10   model_lstm.add(LSTM(64, return_sequences=True, dropout=0.3
   ,input_shape=input_shape))
11   model_lstm.add(LSTM(64, return_sequences=False,
   dropout=0.3))
12   model_lstm.add(Dense(units=len(audio_label_dict),
   activation="softmax"))
13   model_lstm.compile(loss="categorical_crossentropy",
   optimizer=Adam(0.001), metrics=["acc"])
14   return model_lstm
15
16 model_lstm = create_lstm_model()
17 #顯示模型的構造
18 model_lstm.summary()
```

圖 9-7-1 顯示模型的構造

```
Model: "sequential_2"

Layer (type)                 Output Shape              Param #
=================================================================
lstm_2 (LSTM)                (None, 24000, 64)         16896

lstm_3 (LSTM)                (None, 64)                33024

dense_2 (Dense)              (None, 3)                 195
=================================================================
Total params: 50,115
Trainable params: 50,115
Non-trainable params: 0
```

開始學習   Chapter9-2.ipynb

```
1  #開始學習
2  history = model_lstm.fit(X_train, Y_train, batch_size=16,
   epochs=40, validation_split=0.1, verbose=1)
```

圖 9-7-2 讓模型開始學習

```
Epoch 1/40
18/18 [==============================] - 27s 1s/step - loss: 1.0962 - acc: 0.3911 - val_loss: 1.0285 - val_acc: 0.4062
Epoch 2/40
18/18 [==============================] - 22s 1s/step - loss: 1.0329 - acc: 0.4066 - val_loss: 1.0109 - val_acc: 0.5000
Epoch 3/40
18/18 [==============================] - 22s 1s/step - loss: 1.0322 - acc: 0.4226 - val_loss: 1.0084 - val_acc: 0.4375
Epoch 4/40
18/18 [==============================] - 22s 1s/step - loss: 1.0274 - acc: 0.3919 - val_loss: 0.9879 - val_acc: 0.4375
Epoch 5/40
18/18 [==============================] - 22s 1s/step - loss: 1.0475 - acc: 0.3969 - val_loss: 1.0621 - val_acc: 0.4062
Epoch 6/40
18/18 [==============================] - 22s 1s/step - loss: 1.0189 - acc: 0.4488 - val_loss: 0.9661 - val_acc: 0.4688
Epoch 7/40
18/18 [==============================] - 22s 1s/step - loss: 0.9962 - acc: 0.4658 - val_loss: 1.0848 - val_acc: 0.4688
Epoch 8/40
18/18 [==============================] - 22s 1s/step - loss: 0.9850 - acc: 0.4941 - val_loss: 0.9830 - val_acc: 0.4375
Epoch 9/40
18/18 [==============================] - 22s 1s/step - loss: 0.9903 - acc: 0.4747 - val_loss: 0.9918 - val_acc: 0.5312
Epoch 10/40
18/18 [==============================] - 22s 1s/step - loss: 0.9815 - acc: 0.5219 - val_loss: 1.0202 - val_acc: 0.5312
Epoch 11/40
18/18 [==============================] - 22s 1s/step - loss: 0.9579 - acc: 0.5057 - val_loss: 1.0130 - val_acc: 0.5000
Epoch 12/40
18/18 [==============================] - 22s 1s/step - loss: 0.9314 - acc: 0.5247 - val_loss: 1.0422 - val_acc: 0.5000
Epoch 13/40
18/18 [==============================] - 22s 1s/step - loss: 0.9761 - acc: 0.5211 - val_loss: 1.0038 - val_acc: 0.4688
Epoch 14/40
18/18 [==============================] - 22s 1s/step - loss: 0.9679 - acc: 0.4929 - val_loss: 1.0135 - val_acc: 0.4688
Epoch 15/40
18/18 [==============================] - 22s 1s/step - loss: 0.9450 - acc: 0.4119 - val_loss: 1.0367 - val_acc: 0.4688
Epoch 16/40
18/18 [==============================] - 22s 1s/step - loss: 0.9583 - acc: 0.4896 - val_loss: 1.0022 - val_acc: 0.5000
Epoch 17/40
18/18 [==============================] - 22s 1s/step - loss: 0.9582 - acc: 0.4894 - val_loss: 1.0304 - val_acc: 0.5312
```

```
Epoch 17/40
18/18 [==============================] - 22s 1s/step - loss: 0.9582 - acc: 0.4894 - val_loss: 1.0304 - val_acc: 0.5312
Epoch 18/40
18/18 [==============================] - 22s 1s/step - loss: 0.8783 - acc: 0.5580 - val_loss: 1.0633 - val_acc: 0.5312
Epoch 19/40
18/18 [==============================] - 22s 1s/step - loss: 0.9263 - acc: 0.5039 - val_loss: 1.0250 - val_acc: 0.5000
Epoch 20/40
18/18 [==============================] - 22s 1s/step - loss: 0.9524 - acc: 0.4732 - val_loss: 1.1131 - val_acc: 0.4375
Epoch 21/40
18/18 [==============================] - 22s 1s/step - loss: 0.9430 - acc: 0.4680 - val_loss: 1.0952 - val_acc: 0.5312
Epoch 22/40
18/18 [==============================] - 22s 1s/step - loss: 0.9143 - acc: 0.4894 - val_loss: 1.0941 - val_acc: 0.5000
Epoch 23/40
18/18 [==============================] - 22s 1s/step - loss: 0.9662 - acc: 0.4635 - val_loss: 1.0482 - val_acc: 0.5312
Epoch 24/40
18/18 [==============================] - 22s 1s/step - loss: 0.9078 - acc: 0.5489 - val_loss: 1.0367 - val_acc: 0.5312
Epoch 25/40
18/18 [==============================] - 22s 1s/step - loss: 0.9207 - acc: 0.5180 - val_loss: 1.0076 - val_acc: 0.5000
Epoch 26/40
18/18 [==============================] - 22s 1s/step - loss: 0.9525 - acc: 0.3941 - val_loss: 0.9882 - val_acc: 0.5000
Epoch 27/40
18/18 [==============================] - 22s 1s/step - loss: 0.9275 - acc: 0.5209 - val_loss: 1.0407 - val_acc: 0.5000
Epoch 28/40
18/18 [==============================] - 22s 1s/step - loss: 0.9087 - acc: 0.5360 - val_loss: 1.1510 - val_acc: 0.5000
Epoch 29/40
18/18 [==============================] - 22s 1s/step - loss: 0.8818 - acc: 0.5585 - val_loss: 1.0537 - val_acc: 0.5000
Epoch 30/40
18/18 [==============================] - 22s 1s/step - loss: 0.9170 - acc: 0.5176 - val_loss: 1.0111 - val_acc: 0.4688
Epoch 31/40
18/18 [==============================] - 22s 1s/step - loss: 0.9015 - acc: 0.4856 - val_loss: 1.0897 - val_acc: 0.5000
Epoch 32/40
18/18 [==============================] - 22s 1s/step - loss: 0.8484 - acc: 0.5997 - val_loss: 1.1558 - val_acc: 0.5000
Epoch 33/40
18/18 [==============================] - 22s 1s/step - loss: 0.9366 - acc: 0.4998 - val_loss: 1.0984 - val_acc: 0.5000
Epoch 34/40
18/18 [==============================] - 22s 1s/step - loss: 0.9038 - acc: 0.5304 - val_loss: 1.0742 - val_acc: 0.4375
Epoch 35/40
18/18 [==============================] - 22s 1s/step - loss: 0.9254 - acc: 0.5123 - val_loss: 1.0669 - val_acc: 0.5000
Epoch 36/40
18/18 [==============================] - 22s 1s/step - loss: 0.8677 - acc: 0.5382 - val_loss: 1.0725 - val_acc: 0.5000
Epoch 37/40
18/18 [==============================] - 22s 1s/step - loss: 0.8686 - acc: 0.5350 - val_loss: 0.8634 - val_acc: 0.5312
Epoch 38/40
18/18 [==============================] - 23s 1s/step - loss: 0.8632 - acc: 0.5842 - val_loss: 1.1409 - val_acc: 0.5000
Epoch 39/40
18/18 [==============================] - 22s 1s/step - loss: 0.8901 - acc: 0.5005 - val_loss: 1.1163 - val_acc: 0.5312
Epoch 40/40
18/18 [==============================] - 22s 1s/step - loss: 0.8525 - acc: 0.5330 - val_loss: 0.8981 - val_acc: 0.5938
```

上述的程式可用來解決分類問題。位於神經網路最後一層的 Dense 層是以 Softmax 函數作爲活化函數，也將輸出結果設定爲標籤的數量（3個）。

這次建立的神經網路將會輸出成爲每個標籤的機率。

試著評估LSTM的分類結果

學習完畢之後，利用驗證專用資料評估分類結果。

利用驗證專用資料評估分類結果　　📄 Chapter9-2.ipynb

```
1  #開始預測
2  predictions = model_lstm.predict(X_test, verbose=1)
3  pred_labels = np.array([np.argmax(pred) for pred in
   predictions])
4  actual_labels = np.array([audio_label_dict[lab] for lab in
   test_df["label"]])
5
6  #計算正確率
7  tmp = actual_labels == pred_labels
8  tmp.sum()/len(tmp)
```

圖9-8-1　可發現精確度不太高

```
5/5 [==============================] - 4s 629ms/step
0.4859154929577465
```

從結果而言，精確度大概只有50%，只比隨機預測的33%好一點點。

進一步觀察分類結果。

第一步先將學習中求得的評估函數與精確度畫成圖表。

顯示評估函數與精確度的圖表　　📄 Chapter9-2.ipynb

```
1  import matplotlib.pyplot as plt
2
3  #顯示評估函數與精確度的圖表
   fig, ax = plt.subplots(2,1)
4  ax[0].plot(history.history["loss"], color="b",
   label="Training Loss")
5  ax[0].plot(history.history["val_loss"], color="g",
   label="Validation Loss")
6  ax[0].legend()
7
```

接續下一頁

```
8   ax[1].plot(history.history["acc"], color="b", label="Training
    Accuracy")
9   ax[1].plot(history.history["val_acc"], color="g",
    label="Validation Accuracy")
10  ax[1].legend()
11
12  plt.show()
```

圖9-8-2　推測有可能發生了過擬合的現象

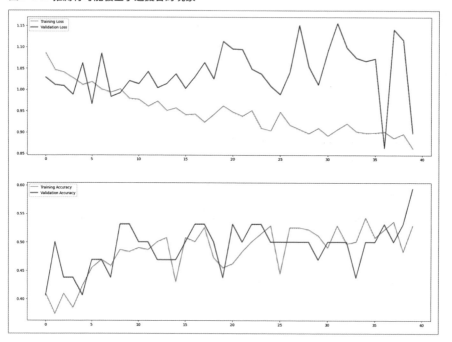

從中可以發現驗證專用資料的損失函數有明顯的誤差，有可能發生了過擬合的現象。

接著，利用混淆矩陣評估分類結果。

```python
1  from sklearn.metrics import confusion_matrix
2  import seaborn as sns
3
4  #建立混淆矩陣
5  cf_matrix = confusion_matrix(actual_labels, pred_labels)
6  plt.figure(figsize=(13,13))
7
8  c = sns.heatmap(cf_matrix, annot=True, fmt="d")
9
10 #audio_label_dict = {"Cello": 0,"Clarinet":1, "Applause":2}
11 audio_label_list = ["Cello", "Clarinet", "Applause"]
12 c.set(xticklabels=audio_label_list, yticklabels=audio_label_
   list)
13 plt.plot()
```

圖9-8-3　利用混淆矩陣評估分類結果

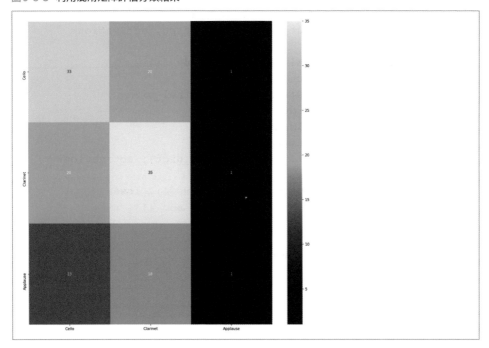

這個混淆矩陣的縱軸為實際值，橫軸為預測值。

從中可以發現Applause（掌聲）幾乎無法正確分類，通常會辨識為大提琴或單簧管。

345

9-9

試著利用 CNN 分類音樂

接著，利用 CNN 進行相同的分類。

一樣會建立模型以及讓模型開始學習。

建立模型　　　　　　　　　　　　　　　　　　　　　　📄 Chapter9-2.ipynb

```
1  from tensorflow.keras.layers import Activation, Conv1D,
   MaxPooling1D, GlobalMaxPool1D,Dropout
2
3  def create_cnn_model():
4    #建立模型
5    input_shape = (audio_length, 1)
6    model_cnn = Sequential()
7    model_cnn.add(Conv1D(filters=128, kernel_size=9,
   padding='valid', input_shape=input_shape, activation=
   'relu'))
8    model_cnn.add(MaxPooling1D(pool_size=16))
9    model_cnn.add(Dropout(rate=0.2))
10   model_cnn.add(Conv1D(filters=64, kernel_size=3,
   padding='valid', activation='relu'))
11   model_cnn.add(GlobalMaxPool1D())
12   model_cnn.add(Dropout(rate=0.2))
13   model_cnn.add(Dense(len(audio_label_dict), activation=
   "softmax"))
14   model_cnn.compile(optimizer=Adam(0.0001), loss=
   "categorical_crossentropy", metrics=['acc'])
15   return model_cnn
16
17 model_cnn = create_cnn_model()
18 #顯示模型的構造
19 model_cnn.summary()
```

圖9-9-1 顯示模型的構造

```
Model: "sequential_1"

_____
Layer (type)                 Output Shape              Param #
=================================================================
conv1d (Conv1D)              (None, 23992, 128)        1280

_____
max_pooling1d (MaxPooling1D) (None, 1499, 128)         0

_____
dropout (Dropout)            (None, 1499, 128)         0

_____
conv1d_1 (Conv1D)            (None, 1497, 64)          24640

_____
global_max_pooling1d (Global (None, 64)                0

_____
dropout_1 (Dropout)          (None, 64)                0

_____
dense_1 (Dense)              (None, 3)                 195

=================================================================
Total params: 26,115
Trainable params: 26,115
Non-trainable params: 0
_____
```

開始學習   📄 Chapter9-2.ipynb

```
1  history = model_cnn.fit(X_train, Y_train, batch_size=16,
   epochs=50, validation_split=0.1, verbose=1)
```

圖9-9-2 開始學習

```
Epoch 1/50
18/18 [==============================] - 2s 59ms/step - loss: 1.1816 - acc: 0.3112 - val_loss: 1.0965 - val_acc: 0.5000
Epoch 2/50
18/18 [==============================] - 1s 36ms/step - loss: 1.0974 - acc: 0.4167 - val_loss: 1.0149 - val_acc: 0.6250
Epoch 3/50
18/18 [==============================] - 1s 36ms/step - loss: 1.0865 - acc: 0.4762 - val_loss: 0.9347 - val_acc: 0.6250
Epoch 4/50
18/18 [==============================] - 1s 35ms/step - loss: 1.0921 - acc: 0.5309 - val_loss: 0.8959 - val_acc: 0.6250
Epoch 5/50
18/18 [==============================] - 1s 36ms/step - loss: 0.9966 - acc: 0.5493 - val_loss: 0.8645 - val_acc: 0.6875
Epoch 6/50
18/18 [==============================] - 1s 36ms/step - loss: 0.9345 - acc: 0.5931 - val_loss: 0.8294 - val_acc: 0.7188
Epoch 7/50
18/18 [==============================] - 1s 36ms/step - loss: 0.9182 - acc: 0.6026 - val_loss: 0.8034 - val_acc: 0.7812
Epoch 8/50
18/18 [==============================] - 1s 36ms/step - loss: 0.8965 - acc: 0.6104 - val_loss: 0.7903 - val_acc: 0.7812
Epoch 9/50
18/18 [==============================] - 1s 36ms/step - loss: 0.8161 - acc: 0.6524 - val_loss: 0.7768 - val_acc: 0.7812
Epoch 10/50
18/18 [==============================] - 1s 36ms/step - loss: 0.7865 - acc: 0.7307 - val_loss: 0.7546 - val_acc: 0.7812
Epoch 11/50
18/18 [==============================] - 1s 35ms/step - loss: 0.8472 - acc: 0.6367 - val_loss: 0.7429 - val_acc: 0.7188
Epoch 12/50
18/18 [==============================] - 1s 36ms/step - loss: 0.7914 - acc: 0.6830 - val_loss: 0.7277 - val_acc: 0.7812
Epoch 13/50
```

接續下一頁

第四篇

深度學習篇

```
18/18 [==============================] - 1s 36ms/step - loss: 0.7464 - acc: 0.7311 - val_loss: 0.7141 - val_acc: 0.7812
Epoch 14/50
18/18 [==============================] - 1s 36ms/step - loss: 0.7631 - acc: 0.7214 - val_loss: 0.7122 - val_acc: 0.7812
Epoch 15/50
18/18 [==============================] - 1s 35ms/step - loss: 0.7389 - acc: 0.7535 - val_loss: 0.6990 - val_acc: 0.7500
Epoch 16/50
18/18 [==============================] - 1s 36ms/step - loss: 0.7272 - acc: 0.7379 - val_loss: 0.6875 - val_acc: 0.8125
Epoch 17/50
18/18 [==============================] - 1s 35ms/step - loss: 0.6912 - acc: 0.7237 - val_loss: 0.6736 - val_acc: 0.7812
Epoch 18/50
18/18 [==============================] - 1s 36ms/step - loss: 0.6806 - acc: 0.7579 - val_loss: 0.6692 - val_acc: 0.8125
Epoch 19/50
18/18 [==============================] - 1s 36ms/step - loss: 0.6680 - acc: 0.7716 - val_loss: 0.6659 - val_acc: 0.8125
Epoch 20/50
18/18 [==============================] - 1s 36ms/step - loss: 0.6476 - acc: 0.7755 - val_loss: 0.6659 - val_acc: 0.7812
Epoch 21/50
18/18 [==============================] - 1s 35ms/step - loss: 0.6521 - acc: 0.7803 - val_loss: 0.6496 - val_acc: 0.8125
Epoch 22/50
18/18 [==============================] - 1s 36ms/step - loss: 0.6628 - acc: 0.7437 - val_loss: 0.6506 - val_acc: 0.7812
Epoch 23/50
18/18 [==============================] - 1s 35ms/step - loss: 0.6580 - acc: 0.7215 - val_loss: 0.6427 - val_acc: 0.8125
Epoch 24/50
18/18 [==============================] - 1s 36ms/step - loss: 0.6185 - acc: 0.7568 - val_loss: 0.6418 - val_acc: 0.7812
Epoch 25/50
18/18 [==============================] - 1s 36ms/step - loss: 0.6132 - acc: 0.7739 - val_loss: 0.6399 - val_acc: 0.7812
Epoch 26/50
18/18 [==============================] - 1s 35ms/step - loss: 0.6166 - acc: 0.7689 - val_loss: 0.6428 - val_acc: 0.7500
Epoch 27/50
18/18 [==============================] - 1s 35ms/step - loss: 0.6280 - acc: 0.7572 - val_loss: 0.6275 - val_acc: 0.8125
Epoch 28/50
18/18 [==============================] - 1s 36ms/step - loss: 0.5958 - acc: 0.7592 - val_loss: 0.6259 - val_acc: 0.7812
Epoch 29/50
18/18 [==============================] - 1s 35ms/step - loss: 0.5885 - acc: 0.8164 - val_loss: 0.6140 - val_acc: 0.7812
Epoch 30/50
18/18 [==============================] - 1s 35ms/step - loss: 0.6112 - acc: 0.7817 - val_loss: 0.6032 - val_acc: 0.7812
Epoch 31/50
18/18 [==============================] - 1s 35ms/step - loss: 0.5460 - acc: 0.8481 - val_loss: 0.6002 - val_acc: 0.7812
Epoch 32/50
18/18 [==============================] - 1s 35ms/step - loss: 0.5494 - acc: 0.8236 - val_loss: 0.5994 - val_acc: 0.7812
Epoch 33/50
18/18 [==============================] - 1s 36ms/step - loss: 0.5927 - acc: 0.7733 - val_loss: 0.6083 - val_acc: 0.7812
Epoch 34/50
18/18 [==============================] - 1s 35ms/step - loss: 0.5946 - acc: 0.7643 - val_loss: 0.5938 - val_acc: 0.7812
Epoch 35/50
18/18 [==============================] - 1s 44ms/step - loss: 0.5550 - acc: 0.7991 - val_loss: 0.5849 - val_acc: 0.7812
Epoch 36/50
18/18 [==============================] - 1s 36ms/step - loss: 0.6113 - acc: 0.7415 - val_loss: 0.5789 - val_acc: 0.7812
Epoch 37/50
18/18 [==============================] - 1s 36ms/step - loss: 0.5811 - acc: 0.7392 - val_loss: 0.5805 - val_acc: 0.7812
Epoch 38/50
18/18 [==============================] - 1s 35ms/step - loss: 0.5256 - acc: 0.8309 - val_loss: 0.5719 - val_acc: 0.7812
Epoch 39/50
18/18 [==============================] - 1s 35ms/step - loss: 0.5351 - acc: 0.7968 - val_loss: 0.5604 - val_acc: 0.7812
Epoch 40/50
18/18 [==============================] - 1s 35ms/step - loss: 0.6133 - acc: 0.7653 - val_loss: 0.5689 - val_acc: 0.7812
Epoch 41/50
18/18 [==============================] - 1s 36ms/step - loss: 0.4863 - acc: 0.8202 - val_loss: 0.5545 - val_acc: 0.7812
Epoch 42/50
18/18 [==============================] - 1s 36ms/step - loss: 0.5597 - acc: 0.8169 - val_loss: 0.5568 - val_acc: 0.7812
Epoch 43/50
18/18 [==============================] - 1s 36ms/step - loss: 0.5124 - acc: 0.8096 - val_loss: 0.5544 - val_acc: 0.7812
Epoch 44/50
18/18 [==============================] - 1s 36ms/step - loss: 0.5184 - acc: 0.8194 - val_loss: 0.5506 - val_acc: 0.7812
Epoch 45/50
18/18 [==============================] - 1s 36ms/step - loss: 0.4951 - acc: 0.8167 - val_loss: 0.5396 - val_acc: 0.7812
Epoch 46/50
18/18 [==============================] - 1s 35ms/step - loss: 0.4828 - acc: 0.8507 - val_loss: 0.5421 - val_acc: 0.7812
Epoch 47/50
18/18 [==============================] - 1s 35ms/step - loss: 0.5221 - acc: 0.8181 - val_loss: 0.5457 - val_acc: 0.7812
Epoch 48/50
18/18 [==============================] - 1s 35ms/step - loss: 0.4821 - acc: 0.8084 - val_loss: 0.5360 - val_acc: 0.7812
Epoch 49/50
18/18 [==============================] - 1s 35ms/step - loss: 0.4886 - acc: 0.8301 - val_loss: 0.5328 - val_acc: 0.7812
Epoch 50/50
18/18 [==============================] - 1s 35ms/step - loss: 0.4545 - acc: 0.8372 - val_loss: 0.5295 - val_acc: 0.7812
```

試著評估 CNN 的分類結果

與 LSTM 的時候一樣，要利用驗證專用資料評估分類結果。

利用驗證專用資料評估分類結果　　　　　　　　　　　　　　🗋 Chapter9-2.ipynb

```
1  #開始預測
2  predictions = model_cnn.predict(X_test, verbose=1)
3  pred_labels = np.array([np.argmax(pred) for pred in
   predictions])
4  actual_labels = np.array([audio_label_dict[lab] for lab in
   test_df["label"]])
5
6  #計算正確率
7  tmp = actual_labels == pred_labels
8  tmp.sum()/len(tmp)
```

圖9-10-1 CNN 的精確度比 LSTM 更高

```
5/5 [==============================] - 0s 31ms/step
0.7464788732394366----
```

從圖中可以發現，CNN 的精確度比 LSTM 更高。

接著要與 LSTM 的時候一樣，進一步了解分類結果。

第一步先將學習中求得的評估函數與精確度畫成圖表。

顯示評估函數與精確度的圖表　　　　　　　　　　　　　　🗋 Chapter9-2.ipynb

```
1  #顯示評估函數與精確度的圖表
2  fig, ax = plt.subplots(2,1)
3  ax[0].plot(history.history["loss"], color="b", label=
   "Training Loss")
4  ax[0].plot(history.history["val_loss"], color="g",
5  label="Validation Loss")
6  ax[0].legend()

7  ax[1].plot(history.history["acc"], color="b", label=
8  "Training Accuracy")
9  ax[1].plot(history.history["val_acc"], color="g",
```

接續下一頁

```
10    label="Validation Accuracy")
      ax[1].legend()

11    plt.show()
```

圖9-10-2　學習與評估的損失函數都往右下角降

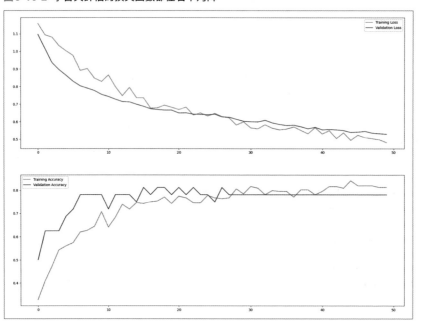

從圖中可以發現，學習與評估的損失函數會在學習過程中慢慢下滑，證明沒有出現過擬合的現象。

接下來觀察混淆矩陣的內容。

| 建立混淆矩陣 | 🗋 Chapter9-2.ipynb |

```
1     #建立混淆矩陣
2     cf_matrix = confusion_matrix(actual_labels, pred_labels)
3
4     plt.figure(figsize=(13,13))
5     c = sns.heatmap(cf_matrix, annot=True, fmt="d")
6
7     #audio_label_dict = {"Cello": 0,"Clarinet":1, "Applause":2}
8     audio_label_list = ["Cello", "Clarinet", "Applause"]
9     c.set(xticklabels=audio_label_list, yticklabels=audio_label_
      list)
10    plt.plot()
```

圖9-10-3 Applause（掌聲）的分類精確度變高了

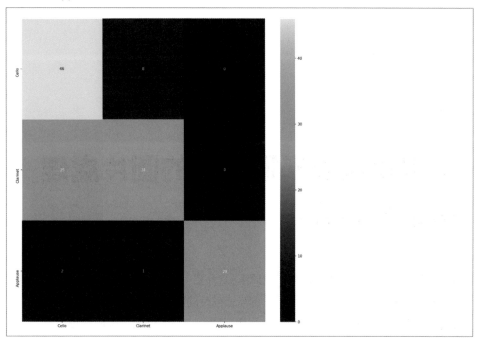

從圖中可以發現Applause（掌聲）的分類精確度變得非常高。

雖然這次發現CNN的精確度高於LSTM，但只要調整LSTM的模型，一樣能提升LSTM的精確度。

此外，這次幾乎沒有先整理用於模型的資料。如果要提升分類精確度，必須先進行一些事前處理。以聲音檔案為例，可試著使用梅爾頻率倒譜系數（MFCC）處理聲音資料。大家不妨試著調整模型的構造或是替資料做一些事前整理，以便提升分類的精確度。這 次 使 用 的 是 從FSDKaggle2018（https://zenodo.org/record/2552860#.X6fh-5MzbUI）這個資料集節錄的資料，這個資料集共有41個類別的資料，有興趣的讀者可以挑戰看看。

第 **10** 章

圖片、語言處理的深度學習全貌

了解以深度學習進行的圖片處理與語言處理

於第四篇介紹深度學習之際,先於第8章介紹了被譽爲深度學習前驅的CNN,以及利用CNN進行影像辨識或時間序列資料處理的流程。也於第9章介紹了特別適合以時間序列資料預測未來的RNN,這兩種神經網路也已有多種應用。

本章則要介紹CNN與RNN的進階應用,還要透過程式介紹其中特別重要的物體偵測、圖像分割、自然語言處理,各位讀者可透過本章介紹的程式了解深度學習的普及程度與全貌。

深度學習的全貌篇

整理深度學習應用範圍的背景

於第8章委託案件的超市現場監督這次又提出了下列的委託。

「多虧幾前天的講座,我們公司上至經營高層,下至第一線工作人員都對深度學習有了正確的理解,也更有機會推動資料分析專案。
由於已經了解深度學習的應用範圍,接下來想請你設計一套課程,幫助我們了解該如何應用目前手邊的圖像資料,以及深度學習的全貌」

到第一線觀察,了解超市累積了哪些資料,又能取得哪些資料之後,你決定幫忙整理與介紹深度學習的全貌。接著就讓我們進一步了解深度學習的全貌。

10-1

了解深度學習的應用範圍

一如**圖 10-1-1**所示,深度學習除了第8章介紹的圖像處理,以及第9章介紹的時間序列資料處理,還有聲音處理、自然語言處理、第4、5章介紹的最佳路線搜尋處理以及各種用途。

就分類而言,光是圖像處理就分成辨識「蘋果」這類圖像的處理,或是「**物體偵測**」這類從圖像中,找出有哪些物體的處理,以及將圖像轉換成各種格式的圖像轉換、畫風轉換的處理,也有將低畫質的圖片轉換成高畫質圖片的「**超解析度**」影像處理,或是根據學習所得的圖像模式產生新圖像的「**圖像生成**」處理。

上述這些處理都可藉由讓CNN的網路構造發展達成,但為了了解這點,必須先為大家說明「生成」這項概念。

圖 10-1-1 深度學習的應用範圍

> **圖像處理**
> 圖像分類/物體偵測/圖像轉換・畫風轉換/超解析度/圖像生成
>
> **聲音處理**
> 語音辨識/語音合成・音樂生成/聲質轉換
>
> **自然語言處理**
> 文書分類/機械翻譯/文書摘要/對話系統（聊天機器人）
>
> **時間序列資料處理**
> 迴歸（預測）/分類/異常偵測
>
> **最佳路線搜尋**
> 搜尋迷宮的正確路線或遊戲的正確解答（深度強化學習）/機器人控制

圖10-1-2為第8章介紹的CNN網路構造。

在這個網路構造中，負責轉換原始圖像的部分稱為「**卷積**」，一次又一次將圖片的長與寬壓縮至1／2，藉此壓縮解析度的部分稱為「**過濾器**」，最後再透過「**反向傳播演算法**」學習卷積過濾器的形狀，以便只對「橘子」或「草莓」的像素產生反應。

圖10-1-2　CNN的網路構造

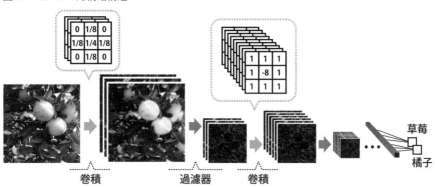

逆推這個網路構造，就能根據「橘子」或「草莓」這些類別才能產生的向量欄資料產生圖片。利用這個原理在CNN網路的右側延長的圖片生成網路構造稱為「**自動編碼器**」（**圖10-1-3**）。

圖10-1-3　輸出資料的「自動編碼器」的網路構造

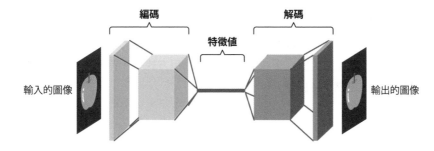

讓各種圖片通過這個網路，並且利用反向傳播演算法讓卷積過濾器進行學習，以便輸出與輸入圖片相同的圖片，之後便能將輸入的圖片（例如橘子或草莓）轉換成只對輸入的圖片產生反應的向量（特徵值），還能還原爲輸入的圖像。之所以要執行這種處理，在於可根據神經網路中的「解碼器」與向量（特徵值）「生成」圖像。

以零雜訊的圖像爲學習資料的自動編碼器，能替有雜訊的圖像去除雜訊，也能產生圖像的模糊之處，所以也可以用來產生超高解析度的圖像。比方說，先讓自動編碼器學習梵谷的畫作，再將照片輸入自動編碼器，自動編碼器就能將照片轉換成梵谷的畫風（畫風轉換），而且也能利用解碼器的部分產生圖像。雖然利用解碼器產生虛擬的圖像之後，圖像的畫質不會太高，但只要加入 GAN（生成對抗網路）這個藉由與實際圖像比較再縮小差異的神經網路，就能產生與正牌貨如出一轍的冒牌貨圖像。

若於語音資料套用上述的處理，就能辨識語音、合成語音、產生音樂或是轉換音質。雖然上述的處理也可於自然語言應用，但只要有一個字有錯，就會讓人覺得這個句子「不太通順」，所以通常只會用來「分析」語言，進行文書的分類，而產生語言的聊天機器人處理則通常會使用預先製作的句子或文章。在時間序列資料處理方面，第 8 章的 CNN 或第 9 章的 RNN 可進行迴歸與分類，也能發現異常值。

最後，在最佳路徑搜尋方面，主要會利用「**深度強化學習**」演算法找出遊戲的正確解答。比方說，找出圍棋或將棋的「致勝方程式」與找出迷宮的最佳路線都算是搜尋最佳路線，一如透過神經網路將深度學習的輸入值分類爲「橘子」或「草莓」，這也是透過反向傳播演算法學習的機制尋找最佳解的方法。請大家透過專門的書籍進一步研究上述的各種手法。接下來要爲大家介紹在深度學習的應用方式中，特別重要的「**物體偵測**」、「**圖像分割**」與「**自然語言處理**」。

物體偵測篇

執行物體偵測處理的背景

在剛剛的超市介紹了深度學習的全貌之後,對方立刻提出要求,「想試用透過攝影機拍攝的圖像偵測物體的機制」,所以你在正式建立系統之前,打算先撰寫以深度學習偵測物體的演算法,以及評估該演算法的性能。

了解物體偵測演算法「YOLO」

物體偵測演算法基本上是從深度學習最基本的分類圖像 CNN 改良而來。接下來要解說的是 R-CNN 演算法，這是在利用 CNN 從圖像偵測多個物體的演算法中，最為原始的演算法之一，之後還要介紹自 R-CNN 演算法改良而來，能快速偵測物體的 YOLO 演算法。

首先，請先想想利用 CNN 偵測物體是怎麼一回事。最原始的方法就是「先將圖像分成不同區塊，再利用 CNN 分類這些區塊，然後評估這些區塊之中有「人」、「動物」或是其他物體」。但利用 CNN 分類各種大小的區塊與位於不同位置的區塊時，需要無限的計算時間，所以必須只對比較有可能有物體存在的區塊進行分類。

「selective search」演算法（論文：Selective Search for Object Recognition)可用來找出物體存在機率較高的區塊，而利用 CNN 分類這類區塊的方法稱為 R-CNN（Region CNN）（論文：Rich feature hierarchies for accurate object detection and semantic segmentation）。

圖 10-2-1 是利用 selective search 篩選區塊的示意圖。這種方法會先根據顏色這類資訊找出特徵相似的區塊，再於這些區塊畫出矩形，然後將這些矩形當成物體存在機率較高的區塊。R-CNN 就是利用 CNN 分類 2000 個這類區塊，再從中偵測物體的方法。

第四篇

深度學習篇

圖**10-2-1** 利用 selective search 篩選區塊的示意圖

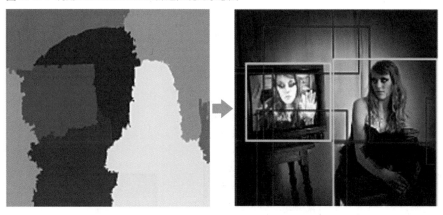

在將圖像分類手法應用於偵測物體的這點而言，R-CNN算是具有歷史意義的手法之一，但是要以CNN處理每個區塊，需要大量的計算時間，而這也是有待解決的課題。

所以才會衍生出許多自R-CNN改良而來的演算法，其中之一就是YOLO（You Only Look Once）演算法（論文：You only look once Unified, real-time object detection）。

這項方法的特徵在於不利用CNN進行分類，而是將物體偵測處理視為迴歸問題，所以能在一次的CNN處理之內偵測圖像中的多個物體，所以計算速度也遠比R-CNN快上許多。

圖**10-2-2**為YOLO將物體偵測處理視為迴歸問題的示意圖。這種演算法會先將圖像分割成S×S（例如7×7）大小的區塊，接著再從這些區塊（glid cell）導出物體矩形（bounding box）的中心點、矩形的寬與長，是否包含物體的可信度（confidence），以及該物體的類別。

換言之，YOLO神經網路將所有的資訊都當成訓練資料，再建立一層層過濾器層，以便透過反向傳播演算法推導這些資訊。

當圖像經過以上述過程建構的YOLO神經網路，就會如**圖10-2-2**的右圖般辨識「哪裡」有「什麼物體」（以**圖10-2-2**為例，在水藍色的區塊有狗，黃色區塊有腳踏車，紅色區塊有汽車）。

圖10-2-2 利用YOLO偵測物體的示意圖
（節錄自You only look once Unified, real-time object detection）

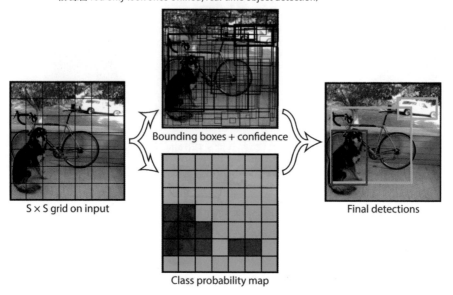

試著利用YOLO偵測物體

接下來要利用 **YOLOv3**（為了縮短學習時間，這次使用的是 YOLOv3-tiny）偵測物體。
這次要在 Google Colaboratory 的環境下執行程式。

若要利用 keras 從零開始建置 YOLO 模型會非常耗時，所以這次備了 yolov3-tf2
（https://github.com/zzh8829/yolov3-tf2）這個開源碼專案。

此外，這次使用的資料集是 Pascal VOC2007。

請執行下列的程式碼，下載資料集與 yolov3-tf2。

下載資料集	📄 Chapter10-1.ipynb

```
1  #下載與解壓縮資料集
2  #若無法下載請執行下列的程式碼
3  !wget http://pjreddie.com/media/files/VOCtrainval_06-
   Nov-2007.tar
4  !tar -xvf ./VOCtrainval_06-Nov-2007.tar
```

下載 yolov3-tf2	📄 Chapter10-1.ipynb

```
1  #下載yolov3-tf2
2  !git clone https://github.com/zzh8829/yolov3-tf2.git ./
   yolov3_tf2
3  %cd ./yolov3_tf2
4  !git checkout c43df87d8582699aea8e9768b4ebe8d7fe1c6b4c
5  %cd ../
```

由於 YOLO 模型必須耗費大量的時間才能完成學習，所以，先下載學習完畢的模型，
轉換成能於 keras 使用的格式。

這次會讓學習完畢的模型繼續學習，藉此縮短學習時間，以及達到一定的精確度。

下載學習完畢的 YOLO 模型	📄 Chapter10-1.ipynb

```
1  #下載學習完畢的YOLO模型
2  !wget https://pjreddie.com/media/files/yolov3-tiny.weights
```

將下載的 YOLO 模型轉換成 keras 可使用的格式	🗂 Chapter10-1.ipynb

```
1  #將下載的YOLO模型轉換成keras可使用的格式
2  !python ./yolov3_tf2/convert.py --weights ./yolov3-tiny.
   weights --output ./yolov3_tf2/checkpoints/yolov3-tiny.tf
   --tiny
```

到此，所有事前準備都完成了，接著，先來了解一下這次使用的資料集。請執行下列的程式碼，瀏覽資料集中的一張照片。

顯示資料集的圖像	🗂 Chapter10-1.ipynb

```
1  from PIL import Image
2
3  #從下載的資料集中挑一張的圖像顯示
4  Image.open("./VOCdevkit/VOC2007/JPEGImages/006626.jpg")
```

圖10-3-1 顯示照片

接著要看看這張照片的註解。

顯示圖片的註解	🗂 Chapter10-1.ipynb

```
1  #顯示圖片的註解
2  annotation = open("./VOCdevkit/VOC2007/Annotations/
   006626.xml").read()
3  print(annotation)
```

圖 10-3-2 顯示註解

```
<annotation>
        <folder>VOC2007</folder>
        <filename>006626.jpg</filename>
        <source>
                <database>The VOC2007 Database</database>
                <annotation>PASCAL VOC2007</annotation>
                <image>flickr</image>
                <flickrid>315496020</flickrid>
        </source>
        <owner>
                <flickrid>Dan Mall</flickrid>
                <name>Dan Mall</name>
        </owner>
        <size>
                <width>500</width>
                <height>332</height>
                <depth>3</depth>
        </size>
        <segmented>0</segmented>
        <object>
                <name>diningtable</name>
                <pose>Unspecified</pose>
                <truncated>1</truncated>
                <difficult>1</difficult>
                <bndbox>
                        <xmin>213</xmin>
                        <ymin>228</ymin>
                        <xmax>500</xmax>
                        <ymax>332</ymax>
                </bndbox>
        </object>
        <object>
                <name>person</name>
                <pose>Frontal</pose>
                <truncated>1</truncated>
                <difficult>0</difficult>
                <bndbox>
                        <xmin>443</xmin>
                        <ymin>106</ymin>
                        <xmax>500</xmax>
                        <ymax>213</ymax>
                </bndbox>
        </object>
        <object>
                <name>person</name>
                <pose>Unspecified</pose>
                <truncated>1</truncated>
                <difficult>0</difficult>
                <bndbox>
                        <xmin>277</xmin>
                        <ymin>113</ymin>
                        <xmax>372</xmax>
                        <ymax>285</ymax>
                </bndbox>
        </object>
        <object>
                <name>person</name>
                <pose>Unspecified</pose>
                <truncated>1</truncated>
                <difficult>0</difficult>
```

接續下一頁

```
                    <bndbox>
                        <xmin>185</xmin>
                        <ymin>101</ymin>
                        <xmax>355</xmax>
                        <ymax>303</ymax>
                    </bndbox>
            </object>
            <object>
                    <name>person</name>
                    <pose>Unspecified</pose>
                    <truncated>1</truncated>
                    <difficult>0</difficult>
                    <bndbox>
                        <xmin>2</xmin>
                        <ymin>77</ymin>
                        <xmax>258</xmax>
                        <ymax>332</ymax>
                    </bndbox>
            </object>
            <object>
                    <name>bottle</name>
                    <pose>Unspecified</pose>
                    <truncated>0</truncated>
                    <difficult>0</difficult>
                    <bndbox>
                        <xmin>408</xmin>
                        <ymin>207</ymin>
                        <xmax>426</xmax>
                        <ymax>268</ymax>
                    </bndbox>
            </object>
            <object>
                    <name>bottle</name>
                    <pose>Unspecified</pose>
                    <truncated>1</truncated>
                    <difficult>0</difficult>
                    <bndbox>
                        <xmin>442</xmin>
                        <ymin>188</ymin>
                        <xmax>464</xmax>
                        <ymax>239</ymax>
                    </bndbox>
            </object>
 </annotation>
```

從圖中可以發現註解的格式爲XML，<object>～</object>之間爲圖像裡的物件的名稱與座標。

座標爲圖像左上角與右下角的值，物體就在這條對角線形成的矩形之內。

例如可從**圖10-3-2**找到名爲「dinningtable」或「person」的物件，也可以找到這兩個物件的座標。不過這個資料集只有下列20種物件。

"person", "bird", "cat", "cow", "dog", "horse", "sheep", "aeroplane", "bicycle",

"boat", "bus", "car", "motorbike", "train", "bottle", "chair", "diningtable",
"pottedplant", "sofa", "tvmonitor"

了解資料集的內容之後，接著要開始學習。

第一步先利用下列的函數轉換註解的XML檔案的格式，以便這次使用的模型可以處理。

這個函數會將儲存xml格式的註解資料、分類類別名稱以及對應類別的ID（例如
person這個類別就是1）的字典當成參數，再將各物件的座標值與名稱（例如person
或bird）存入一個陣列。

```python
1   import xmltodict
2   import numpy as np
3   from tensorflow.keras.utils import Sequence
4   import math
5   import yolov3_tf2.yolov3_tf2.dataset as dataset
6
7   yolo_max_boxes = 100
8
9   #轉換註解資料的格式
10  def parse_annotation(annotation, class_map):
11      label = []
12      width = int(annotation['size']['width'])
13      height = int(annotation['size']['height'])
14
15      if 'object' in annotation:
16          if type(annotation['object']) != list:
17              tmp = [annotation['object']]
18          else:
19              tmp = annotation['object']
20
21          for obj in tmp:
22              _tmp = []
23              _tmp.append(float(obj['bndbox']['xmin']) / width)
24              _tmp.append(float(obj['bndbox']['ymin']) / height)
25              _tmp.append(float(obj['bndbox']['xmax']) / width)
26              _tmp.append(float(obj['bndbox']['ymax']) / height)
27              _tmp.append(class_map[obj['name']])
28              label.append(_tmp)
29
30      for _ in range(yolo_max_boxes - len(label)):
31          label.append([0,0,0,0,0])
32      return label
```

此外，若是一口氣載入所有圖片會導致記憶體不足，所以必須依照下列的方法建立繼承 tensorflow.keras.utils.Sequence 的類別，以便每次只載入必需量的圖片。

雖然因版面關係，無法過於仔細說明，但簡單來說就是利用 __getitem__ 函數載入每次需要的資料，避免在程式執行之前就載入所有資料。

載入的圖片會利用 yolov3_tf2 提供的 transform_images 函數加工。

建立繼承的類別	Chapter10-1.ipynb

```
1   from yolov3_tf2.yolov3_tf2.dataset import transform_images
2
3   #只載入學習所需的圖片的類別
4   class ImageDataSequence(Sequence):
5       def __init__(self, file_name_list, batch_size, anchors, anchor_masks, class_
    names, data_shape=(256,256,3)):
6
7           #建立儲存類別名稱與對應數值的字典
8           self.class_map = {name: idx for idx, name in enumerate(class_names)}
9           self.file_name_list = file_name_list
10
11          self.image_file_name_list = ["./VOCdevkit/VOC2007/JPEGImages/"+image_path +
    ".jpg" for image_path in self.file_name_list]
12          self.annotation_file_name_list = ['./VOCdevkit/VOC2007/Annotations/' +
    image_path+ ".xml" for image_path in self.file_name_list]
13
14          self.length = len(self.file_name_list)
15          self.data_shape = data_shape
16          self.batch_size = batch_size
17          self.anchors = anchors
18          self.anchor_masks = anchor_masks
19
20          self.labels_cache = [None for i in range(self.__len__())]
21
22          #每次自動呼叫此函數。只載入必要的圖片檔與對應的標籤
23      def __getitem__(self, idx):
24          images = []
25          labels = []
26
27          #idx變數儲存了現在是第幾批次的資料，所以可根據此變數載入對應的資料
28          for index in range(idx*self.batch_size, (idx+1)*
    self.batch_size):
29
30              #將註解轉換成可使用的標籤
31              annotation = xmltodict.parse((open(self.annotation_file_name_list[index]).
```

接續下一頁

```
read()))
32          label = parse_annotation(annotation["annotation"], self.class_map)
33          labels.append(label)
34
35          #載入與加工圖片
            img_raw = tf.image.decode_jpeg(open(self.image_file_name_list[index],
36  'rb').read(), channels=3)
37          img = transform_images(img_raw, self.data_shape[0])
38          images.append(img)
39
40      #標籤也需要前置處理，但實在太耗費時間，所以載入之後，儲存為快取資料
41      if self.labels_cache[idx] is None:
42          labels = tf.convert_to_tensor(labels, tf.float32)
43          labels = dataset.transform_targets(labels, self.anchors, self.anchor_
    masks, self.data_shape[0])
44          self.labels_cache[idx] = labels
45      else:
46          labels = self.labels_cache[idx]
47
48      images = np.array(images)
49      return images, labels
50
51  def __len__(self):
52      return math.floor(len(self.file_name_list) / self.batch_size)
```

接著要建立YOLO模型。

這次不會以第9章的方式一層層追加模型的結構，而是呼叫YoloV3Tiny函數取得以
yolov3_tf2建立的模型，再載入學習所得的權重。

不過，這個學習完成的模型會輸出80個類別，所以沒辦法直接使用，必須取得輸出層
之外的權重，再將該權重套用在這次要使用的模型上。

建立YOLO的模型   📄 Chapter10-1.ipynb

```python
1  from yolov3_tf2.yolov3_tf2.models import YoloV3Tiny, YoloLoss
2  from yolov3_tf2.yolov3_tf2.utils import freeze_all
3  import tensorflow as tf
4
5  batch_size=16
6  data_shape=(416,416,3)
7  class_names = ["person", "bird", "cat","cow","dog", "horse","sheep",
   "aeroplane", "bicycle", "boat", "bus", "car", "motorbike", "train",
   "bottle", "chair", "diningtable", "pottedplant", "sofa", "tvmonitor"]
8
9  anchors = np.array([(10, 14), (23, 27), (37, 58),
10                     (81, 82), (135, 169), (344, 319)],
11                    np.float32) / data_shape[0]
12 anchor_masks = np.array([[3, 4, 5], [0, 1, 2]])
13
14 # 載入於yolov3_tf2定義的tiny YOLO模型
15 model_pretrained = YoloV3Tiny(data_shape[0], training=True, classes=80)
16 model_pretrained.load_weights("./yolov3_tf2/checkpoints/yolov3-tiny.
   tf").expect_partial()
17
18 model = YoloV3Tiny(data_shape[0], training=True, classes=len(class_
19 names))
   #這裡只從學習完畢的模型取得非輸出層的權重
20 model.get_layer('yolo_darknet').set_weights(model_pretrained.get_
   layer('yolo_darknet').get_weights())
21 #不學習輸出層以外的層
22 freeze_all(model.get_layer('yolo_darknet'))
```

輸出模型的構造   📄 Chapter10.ipynb

```python
1  loss = [YoloLoss(anchors[mask], classes=len(class_names)) for
   mask in anchor_masks]
2  model.compile(optimizer=tf.keras.optimizers.Adam(lr=0.001),
   loss=loss, run_eagerly=False)
3
4  #輸出模型的構造
5  model.summary()
```

前一頁的程式碼透過第16行的 model_pretrained.load_weights，將可以分類80個類別的權重載入 model_pretrained 變數，之後再利用第20行的程式從 model_pretrained 將 YOLO 主要層的 yolo_darknet 層的權重載入 model 變數。

如此一來，就能繼承接近輸出層以外的權重，只需要學習用於分類20種類別所需的輸出層。

模型建立完畢後，請執行下列的程式碼讓模型開始學習。

開始學習 ①   📄 Chapter10-1.ipynb

```
1  train_file_name_list = open("./VOCdevkit/VOC2007/ImageSets/
   Main/train.txt").read().splitlines()
2  validation_file_name_list = open("./VOCdevkit/VOC2007/
   ImageSets/Main/val.txt").read().splitlines()
3
4  train_dataset = ImageDataSequence(train_file_name_list,
   batch_size, anchors, anchor_masks, class_names, data_
   shape=data_shape)
5  validation_dataset = ImageDataSequence(validation_file_name_
   list, batch_size, anchors, anchor_masks, class_names, data_
   shape=data_shape)
```

開始學習 ②   📄 Chapter10-1.ipynb

```
1  history = model.fit(train_dataset, validation_
   data=validation_dataset, epochs=30)
```

儲存學習所得的權重   📄 Chapter10-1.ipynb

```
1  #儲存學習所得的權重
2  model.save_weights('./saved_models/model_yolo_weights')
```

最後呼叫 save_weights 方法儲存學習所得的權重。如此一來，就不需要每次從頭學習。

10-4

評估物體偵測處理的結果

接下來要評估 **10-3** 利用物體資料學習的精確度。請執行下列的程式碼，建立模型與載入這次學習所得的權重。

建立模型與載入學習所得的權重	Chapter10-1.ipynb

```
1  from absl import app, logging, flags
2  from absl.flags import FLAGS
3  app._run_init(['yolov3'], app.parse_flags_with_usage)
```

載入儲存的權重	Chapter10-1.ipynb

```
1  import cv2
2  import numpy as np
3  import matplotlib.pyplot as plt
4  from yolov3_tf2.yolov3_tf2.utils import draw_outputs
5
6  yolo_trained = YoloV3Tiny(classes=len(class_names))
7  #載入儲存的權重
8  yolo_trained.load_weights('./saved_models/model_yolo_
   weights').expect_partial()
```

接著利用下載的程式碼以剛剛載入的模型偵測物體。

偵測物體	Chapter10-1.ipynb

```
1  img_file_name = "./VOCdevkit/VOC2007/JPEGImages/
   "+"006626" + ".jpg"
2
3  #載入圖片
4  img_raw = tf.image.decode_jpeg(open(img_file_name, 'rb').
   read(), channels=3)
5  img = transform_images(img_raw, data_shape[0])
6  img = np.expand_dims(img, 0)
7
8  #開始預測
9  boxes, scores, classes, nums = yolo_trained.predict(img)
```

```
1  img = img_raw.numpy()
2
3  #將預測結果寫入圖片
4  img = draw_outputs(img, (boxes, scores, classes, nums),
   class_names)
5
6  #顯示寫有預測結果的圖片
7  plt.imshow(img)
8  plt.show()
```

圖 10-4-1　偵測出人類與桌子

物體偵測結果會於圖片中顯示，從中可以發現偵測到人類與桌子這類物體。

這次雖然利用原創的資料集讓YOLO學習與偵測物體，但其實能直接下載學習所得的
權重。

這次要下載的權重是針對Coco（https://cocodataset.org）這個資料集學習的結果，
可分類80個類別。

如果這個資料集具有你想偵測的物體就不需要重新學習（在多數的情況下是如此）。如
果這個資料集沒有你想偵測的物體，或是辨識的精確度實在太低，則可讓模型以這次
使用的方法進行學習。

請執行下列的程式碼，直接使用學習所得的權重。

載入權重　　　　　　　　　　　　　　　　　　　Chapter10-1.ipynb

```python
#直接使用學習所得的權重

FLAGS.yolo_iou_threshold = 0.5
FLAGS.yolo_score_threshold = 0.5

yolo_class_names = [c.strip() for c in open("./yolov3_tf2/
data/coco.names").readlines()]

yolo = YoloV3Tiny(classes=80)
#載入權重
yolo.load_weights("./yolov3_tf2/checkpoints/yolov3-tiny.tf").
expect_partial()
```

開始預測　　　　　　　　　　　　　　　　　　　Chapter10-1.ipynb

```python
img_file_name = "./VOCdevkit/VOC2007/JPEGImages/
"+"006626" + ".jpg"

img_raw = tf.image.decode_jpeg(open(img_file_name, 'rb').
read(), channels=3)
img = transform_images(img_raw, data_shape[0])
img = np.expand_dims(img, 0)
#開始預測
boxes, scores, classes, nums = yolo.predict(img)
```

將預測結果寫入圖片，再顯示圖片　　　　　　　　Chapter10-1.ipynb

```python
img = img_raw.numpy()
img = draw_outputs(img, (boxes, scores, classes, nums), yolo_
class_names)

plt.imshow(img)
plt.show()
```

圖10-4-2　顯示了與模型不同的結果

從圖中可以發現，這次的學習結果與剛剛自行學習的模型有些不一樣。比方說，偵測到之前沒偵測到的「cup」，卻沒辦法偵測到之前偵測到的「diningtable」。

由於這次是透過Keras使用YOLO，所以過程稍微複雜。如果能於學習完畢的模型使用YOLO，過程就會變得簡單一點，所以要於實務偵測物體時，務必試試其他方法。

圖像分割篇

執行圖像分割處理的背景

對超市而言，分析哪類顧客在何時拿了何種商品，做了哪些行為才決定購買是件非常重要的事，因為進行這類分析之後，就能知道該怎麼配置商品，有時光是這小小的調整就能大幅提升業績。我們已經知道剛剛介紹的物體偵測處理可利用矩形（Bounding box）標記人的位置或滯留時間，但無法進一步分析是哪些人或是這些人做了哪些行為。

若要進一步分析，可試著使用「圖像分割處理」。圖像分割處理可觀察圖像的像素屬於哪個物體的類別，所以能分析哪些人穿著裙子，哪些人穿著長褲。為了說明這類處理，先試著使用進行圖像處理的 Segnet，這個 Segnet 也是 CNN 的一種。

10-5

了解圖像分割處理的 Segnet

執行圖像分割處理的神經網路「Segent」是 **10-1** 解說的自動編碼器的一種，會如**圖 10-5-1** 所示，透過反向傳播演算法與卷積過濾器學習「道路」或「樹木」的像素，以便輸出相同的圖像。

我們雖然可以從零開始建構 **Segnet** 模型，但得耗費大量時間準備訓練資料（需要取得每個像素的「填色」），所以通常會使用學習完畢的模型，或是利用幾種公開的訓練資料讓模型學習。

Segnet 的解說先就此打住，**10-6** 會帶著大家使用 Segnet，體驗整個學習過程。

圖 10-5-1　圖像分割處理 Segnet 的神經網路構造

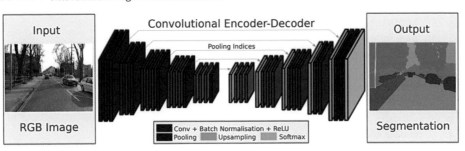

試著利用Segnet執行圖像分割處理

了解Segnet的概要之後，接下來要實際使用Segnet解決圖片分割問題。

由於Segnet的學習時間很長，所以這次要建立Segnet Basic這種陽春版的模型。請執行下列的程式碼。

建構模型　　　　　　　　　　　　　　　　　　　　　　　🗋 Chapter10-2.ipynb

```python
from tensorflow.keras.models import Model, Sequential
from tensorflow.keras.layers import Activation, Conv2D, MaxPooling2D,
UpSampling2D,ZeroPadding2D, Input, BatchNormalization, Dense, Reshape

#SegNet Basic建立模型
def segnet(n_classes, input_shape=(224,224,3)):

    kernel = 3
    pad = 1
    pool_size = 2

    model = Sequential()
    model.add(Input(shape=input_shape))

    model.add(ZeroPadding2D((pad, pad)))
    model.add(Conv2D(64, (kernel, kernel), padding='valid'))
    model.add(BatchNormalization())
    model.add(Activation('relu'))

    model.add(MaxPooling2D(pool_size=(pool_size, pool_size)))

    model.add(ZeroPadding2D((pad, pad)))
    model.add(Conv2D(128, (kernel, kernel), padding='valid'))
    model.add(BatchNormalization())
    model.add(Activation('relu'))

    model.add(MaxPooling2D(pool_size=(pool_size, pool_size)))

    model.add(ZeroPadding2D((pad, pad)))
    model.add(Conv2D(256, (kernel, kernel), padding='valid'))
    model.add(BatchNormalization())
```

接續下一頁

```
31    model.add(Activation('relu'))
32    model.add(MaxPooling2D(pool_size=(pool_size, pool_size)))
33
34    model.add(ZeroPadding2D((1, 1)))
35    model.add(Conv2D(512, (3, 3), padding='valid'))
36    model.add(BatchNormalization())
37    model.add(Activation('relu'))
38
39    model.add(ZeroPadding2D((1, 1)))
40    model.add(Conv2D(512, (3, 3), padding='valid'))
41    model.add(BatchNormalization())
42
43    model.add(UpSampling2D((2, 2)))
44
45    model.add(ZeroPadding2D((1, 1)))
46    model.add(Conv2D(256, (3, 3), padding='valid'))
47    model.add(BatchNormalization())
48
49    model.add(UpSampling2D((2, 2)))
50
51    model.add(ZeroPadding2D((1, 1)))
52    model.add(Conv2D(128, (3, 3), padding='valid'))
53    model.add(BatchNormalization())
54
55    model.add(UpSampling2D((2, 2)))
56
57    model.add(ZeroPadding2D((1, 1)))
58    model.add(Conv2D(64, (3, 3), padding='valid'))
59    model.add(BatchNormalization())
60
61    model.add(Conv2D(n_classes, (1, 1), padding='valid'))
62    model.add(Reshape((input_shape[0] * input_shape[1],
   n_classes)))
63
64    model.add(Activation("softmax"))
65    model.compile(optimizer="adadelta", loss="categorical_
   crossentropy", metrics=['acc'])
66
67    return model
```

一如**圖10-5-1**所示，在前半段的時候會以MaxPooling層一步步縮小圖像，後半段再利用UpSampling層慢慢放大圖像，直到恢復成原始大小為止。要注意的是，最後會輸出的是1個元素具有一個標籤陣列的二維長陣列，而不是三維的陣列（二維的圖形加一維的標籤）。

另外要注意的是，圖像會不斷地縮小為二分之一的大小，所以若是利用input_shape傳遞連續縮小三次，都無法被2除盡的圖像大小，就會出現小數點，導致輸入與輸出的圖像大小不一致，此時便會出現錯誤。

模型建立完畢之後，接著要準備資料。
這次要使用的是在**10-3**的物體偵測處理下載的Pascal VOC2007。如果還沒下載，請先執行**10-3**的程式碼，下載與解壓縮該資料集。

第一步，仿照**10-3**的方式，先顯示資料的內容。

```
顯示要使用的資料                                        📄 Chapter10-2.ipynb
1  from PIL import Image
2
3  Image.open("./VOCdevkit/VOC2007/JPEGImages/000793.jpg")
```

圖10-6-1 顯示資料

下列是將上述圖像分割成像素，再建立標籤的圖像。這份用於圖像分割處理的資料，與物體偵測處理使用的標籤資料不同，是以**圖10-6-2**中不同色塊的圖像做為標籤。

將圖像分割成像素　　　　　　　　　　　　　　　　　　　　　　🗋 Chapter10-2.ipynb

```
1  label_image = Image.open("./VOCdevkit/VOC2007/
   SegmentationClass/000793.png")
2  label_image
```

圖10-6-2　替每個部分上色

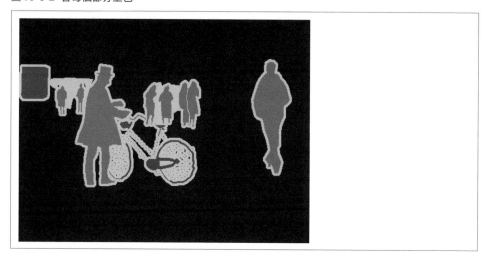

為了進一步觀察這個標籤圖像，請將它轉換成 numpy 的陣列，再輸出圖像的第90行做為範本。

顯示圖像的第90行　　　　　　　　　　　　　　　　　　　　　　　🗋 Chapter10-2.ipynb

```
1  import numpy as np
2  label_image = np.array(label_image)
3
4  #顯示第90行的標籤資料
5  label_image[90]
```

圖10-6-3 輸出第90行的圖像

```
array([255, 255, 255, 255, 255,   6,   6,   6,   6,   6,   6,   6,   6,
         6,   6,   6,   6,   6,   6,   6,   6,   6,   6,   6,   6,   6,
         6,   6,   6,   6,   6,   6,   6,   6,   6,   6,   6,   6,   6,
         6,   6,   6,   6,   6,   6,   6,   6,   6,   6,   6, 255, 255,
       255, 255,   0,   0,   0,   0,   0,   0,   0,   0,   0,   0,   0,
         0,   0,   0,   0,   0,   0,   0,   0,   0,   0,   0,   0,   0,
         0,   0,   0,   0,   0,   0,   0,   0,   0,   0,   0,   0,   0,
         0,   0,   0,   0,   0,   0,   0,   0,   0,   0,   0,   0,   0,
         0,   0,   0,   0,   0,   0,   0,   0,   0,   0,   0,   0,   0,
         0,   0,   0,   0,   0,   0,   0,   0,   0,   0,   0,   0, 255,
       255, 255, 255, 255, 255, 255, 255, 255,  15,  15,  15,  15,  15,
        15,  15,  15,  15,  15,  15,  15,  15,  15,  15,  15,  15,  15,
        15, 255, 255, 255, 255, 255, 255,   0,   0,   0,   0,   0,   0,
         0,   0,   0,   0,   0,   0,   0,   0,   0,   0,   0,   0,   0,
         0,   0,   0,   0,   0,   0,   0,   0,   0,   0,   0,   0,   0,
         0,   0,   0,   0,   0,   0,   0,   0,   0,   0,   0,   0,   0,
         0,   0,   0,   0,   0,   0,   0,   0,   0,   0,   0,   0,   0,
         0,   0,   0,   0,   0,   0,   0,   0,   0,   0,   0,   0,   0,
         0,   0,   0,   0,   0,   0,   0,   0,   0,   0,   0,   0,   0,
         0,   0,   0,   0,   0,   0,   0,   0,   0,   0,   0,   0,   0,
         0,   0,   0,   0,   0,   0,   0,   0,   0,   0,   0,   0,   0,
         0,   0,   0,   0,   0,   0,   0,   0,   0,   0,   0,   0,   0,
         0,   0,   0,   0,   0,   0,   0,   0,   0,   0,   0,   0,   0,
         0,   0,   0,   0,   0,   0,   0,   0,   0,   0,   0,   0,   0,
         0,   0,   0,   0,   0,   0,   0,   0,   0,   0,   0,   0,   0,
         0,   0, 255, 255, 255, 255, 255, 255,  15,  15,  15,  15,  15,
        15,  15,  15,  15,  15,  15,  15,  15,  15,  15,  15, 255, 255,
       255, 255, 255, 255, 255, 255, 255,   0,   0,   0,   0,   0,   0,
         0,   0,   0,   0,   0,   0,   0,   0,   0,   0,   0,   0,   0,
         0,   0,   0,   0,   0,   0,   0,   0,   0,   0,   0,   0,   0,
         0,   0,   0,   0,   0,   0], dtype=uint8)
```

從圖中可以發現0, 6, 15, 255這類資料。

在這個資料集裡，0代表背景，255代表邊界，1～20則分別代表下列的值。

1=aeroplane, 2=bicycle, 3=bird, 4=boat, 5=bottle, 6=bus, 7=car, 8=cat, 9=chair, 10=cow, 11=diningtable, 12=dog, 13=horse, 14=motorbike, 15=person, 16=potted plant, 17=sheep, 18=sofa, 19=train, 20=tv/monitor

換言之，在前一頁的第90行圖像資料中，除了有背景與邊界，還有公車與人物。
根據上述的資料建立下列的事前處理函數。

```python
from tensorflow.keras.utils import Sequence
import numpy as np
import math
from PIL import Image

#裁切圖片
def crop_center(pil_img, crop_height, crop_width):
    img_width, img_height = pil_img.size
    return pil_img.crop(((img_width - crop_width) // 2,
                         (img_height - crop_height) // 2,
                         (img_width + crop_width) // 2,
                         (img_height + crop_height) // 2))

def normalized(img):
  norm = img/255
  return norm

def one_hot(labels, data_shape, class_num):
  x = np.zeros([data_shape[0],data_shape[1], class_num])
  for i in range(data_shape[0]):
      for j in range(data_shape[1]):
        if labels[i][j]  == 0 or labels[i][j] == 255:
          x[i,j,0] = 1
        else:
          x[i,j,labels[i][j]] = 1

    return x
```

crop_center 是依照指定的長與寬裁切原始圖像與標籤圖像的函數。normalized 是將原始圖像的 RGB 值從 0～255 轉換成 0～1 的格式，以便後續操作。one_hot 函數則會對標籤圖像進行 one-hot 編碼。

例如會將**圖 10-6-3** 的像素「6」轉換成 $[0, 0, 0, 0, 0, 1, 0, 0, \cdots]$ 的陣列。

接下來總算要載入資料了，但這次一樣會遇到執行物體偵測處理時的問題，也就是一口氣載入所有圖像資料會導致電腦的記憶體不足。

所以要在必要的時候載入必需量的資料。

只載入學習所需的圖像資料量	Chapter10-2.ipynb

```
1   #只載入學習所需的圖像資料量的類別
2   class ImageDataSequence(Sequence):
3       def __init__(self, data_shape, class_num, image_file_
    name_list, batch_size):
4
5           self.file_name_list = image_file_name_list
6
7           self.image_file_name_list = ["./VOCdevkit/VOC2007/
    JPEGImages/"+image_path + ".jpg" for image_path in self.file_
    name_list]
8           self.label_image_file_name_list = ['./VOCdevkit/
    VOC2007/SegmentationClass/' + image_path+ ".png" for image_
    path in self.file_name_list]
9
10          self.length = len(self.file_name_list)
11          self.data_shape = data_shape
12          self.class_num = class_num
13          self.batch_size = batch_size
14
15      def __getitem__(self, idx):
16          images = []
17          label_images = []
18          for index in range(idx*self.batch_size, (idx+1)
    *self.batch_size):
19              img = Image.open(self.image_file_name_list
    [index])
20              img = crop_center(img,self.data_shape[0],self.data_
    shape[1]  )
21              img = normalized(np.array(img))
22              images.append(img)
23
24              label_img = Image.open(self.label_image_file_name_
    list[index])
25              label_img = crop_center(label_img, self.data_
    shape[0],self.data_shape[1])
26              label_img = one_hot(np.array(label_img), self.data_
    shape, self.class_num)
```

接續下一頁

```
27        label_img = label_img.reshape(self.data_
   shape[0]*self.data_shape[1], self.class_num)
28        label_images.append(label_img)
29
30    return np.array(images), np.array(label_images)
31
32    def __len__(self):
33        return math.floor(len(self.file_name_list) / self.
   batch_size)
```

這次要以繼承Sequence類別的方式，建立ImageDataSequence類別。由於版面關係，無法詳細說明，但利用__getitem__函數載入每批次所需的資料，就不需要事先載入所有資料。

評估圖像分割結果

接著，利用下列的程式碼建立驗證資料專用的 ImageDataSequence 類別的物件，藉此載入模型、讓模型開始學習以及驗證學習結果。

建立 ImageDataSequence 類別的物件   🗋 Chapter10-2.ipynb

```
1   train_file = open("./VOCdevkit/VOC2007/ImageSets/
    Segmentation/train.txt")
2   test_file = open("./VOCdevkit/VOC2007/ImageSets/Segmentation/
    val.txt")
3   train_file_names = train_file.read().split("\n")
4   test_file_names = test_file.read().split("\n")
5
6   train_file_names.pop(-1)
7   test_file_names.pop(-1)
8
9   #將50筆驗證專用資料用於驗證
10  val_file_names = test_file_names[0:50]
11  test_file_names = test_file_names[50:]
12
13
14  input_shape =(400,400, 3)
15
16  #0=non
17  #1=aeroplane, 2=bicycle, 3=bird, 4=boat, 5=bottle, 6=bus, 7=car ,
    8=cat, 9=chair, 10=cow,
18  #11=diningtable, 12=dog, 13=horse, 14=motorbike, 15=person,
    16=potted plant, 17=sheep, 18=sofa, 19=train, 20=tv/monitor
19  n_labels =  21
20
21
22  #建立模型
23  model = segnet(n_labels,input_shape=input_shape)
24
25  #顯示模型構造
26  model.summary()
27
28  #建立載入資料所需的實體
```

接續下一頁

第四篇

深度學習篇

```
29   train_gen = ImageDataSequence(input_shape, n_labels, train_
     file_names, 8)
30   val_gen = ImageDataSequence(input_shape, n_labels, val_file_
     names, 8)
31   test_gen = ImageDataSequence(input_shape, n_labels, test_
     file_names, 8)
```

總算要讓模型開始學習了。若是在 Google Colaboratory 的環境底下，大概得耗時 1～2 小時才能學習完畢。

開始學習　　　　　　　　　　　　　　　　　　　　　　🗋 Chapter10-2.ipynb

```
1   #開始學習
2   history = model.fit(
3       train_gen, epochs=40, steps_per_epoch=len(train_gen),
    validation_data=val_gen, verbose=1)
```

學習完畢之後，可評估學習結果。

評估學習結果　　　　　　　　　　　　　　　　　　　　🗋 Chapter10-2.ipynb

```
1    import matplotlib.pyplot as plt
2    fig, ax = plt.subplots(2,1)
3
4    ax[0].plot(history.history['loss'], color='b', label
     ="Training Loss")
5    ax[0].plot(history.history['val_loss'], color='g',
     label="Validation Loss")
6    legend = ax[0].legend()
7
8    ax[1].plot(history.history['acc'], color='b', label="Training
     Accuracy")
9    ax[1].plot(history.history['val_acc'], color='g',
     label="Validation Accuracy")
10   legend = ax[1].legend()
```

圖 10-7-1 出現過擬合的現象

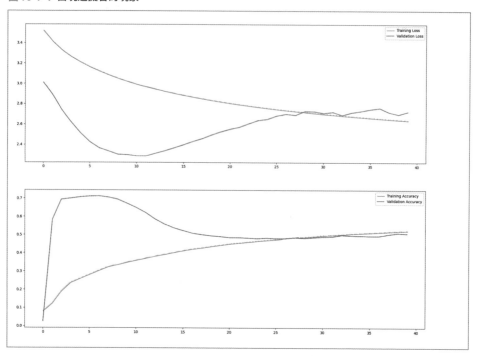

經過 40 次的學習之後，可發現精確度大約落在 50～60% 之間，而損失函數的驗證資料曾一度下滑又上升，代表出現了過擬合的現象。

最後要利用這個模型實際分割圖像與學習。

```
執行圖像分割處理                                    Chapter10-2.ipynb
1  #利用學習完畢的模型執行圖像分割處理
2
3  #載入圖像與執行事前處理
4  tmp_name = "./VOCdevkit/VOC2007/JPEGImages/" + test_file_
   names[2] + ".jpg"
5  img = Image.open(tmp_name)
6  img = crop_center(img,input_shape[0],input_shape[1]  )
7  img = normalized(np.array(img))
8
9  #顯示原始圖像
10 plt.imshow(img)
11 plt.show()
```

圖 10-7-2　顯示原始圖像

顯示圖像分割結果　　　　　　　　　　　　　　　　　Chapter10-2.ipynb

```
1   #開始預測
2   result = model.predict(np.array([img]))
3
4   #整理輸出結果的陣列
5   _result = result.reshape((400,400,21)).argmax(axis=2)
6
7   #顯示圖像分割結果
8   plt.imshow(_result)
9   plt.show()
```

圖10-7-3 強化了圖像中的物件形狀

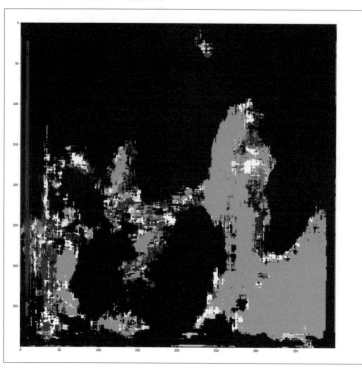

從驗證專用資料中挑出一張圖片與執行圖像分割處理後，可發現圖像中的物件形狀變得更明顯。有時間的話，大家可試著換張圖像，看看執行結果有何不同。

SegNet是大型神經網路，所以要從零開始學習需要準備大量的資料。而這次為了了解原理，也建構了神經網路以及從零開始學習，不過若要在實務使用這個神經網路，建議直接使用學習完畢的權重。

自然語言處理篇

利用自然語言處理篩選垃圾信件的背景

委託案子的超市儲存了工作日誌以及許多書面資料，還有許多以顧客為對象的問卷資料。如果能利用自然語言處理分析這些書面資料，就能量化顧客的喜好，找出顧客潛在的需求。為了要了解這類自然語言處理的可塑性，要先從每天寄到門市的電子郵件中，剔除垃圾郵件。

利用垃圾郵件篩選器保護使用者

報廢

了解以深度學習執行自然語言處理的 Bert

一開始先為大家介紹自然語言處理的流程，再說明以深度學習執行自然語言處理的 Bert。

要「分析」文本資料，就必須了解該文本寫了什麼，也就是了解文本的「意義」，但「意義」很難量化，所以也不容易分析（因為沒辦法量化就沒辦法使用第1～3章介紹的統計分析與機械學習的手法）。

因此必須根據單字的出現頻率量化文本，而在量化文本之前，必須對還沒分割成單字的日文文章進行「**形態素解析**」這種品詞分解處理。

圖10-8-1是對「すももももももものうち」這句日文進行形態素解析的示意圖，**圖10-8-2**則是利用形態素解析工具Mecab執行形態素解析的結果。

圖 10-8-1 形態素解析的示意圖

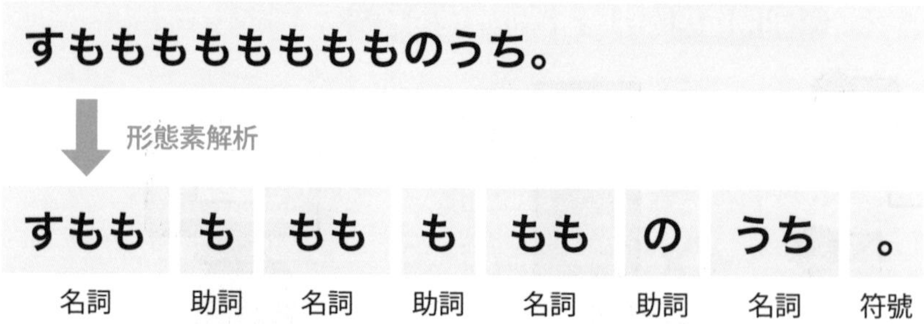

すももももももものうち。

形態素解析

すもも	も	もも	も	もも	の	うち	。
名詞	助詞	名詞	助詞	名詞	助詞	名詞	符號

圖 10-8-2 Mecab 的形態素解析結果

```
$ mecab
すももももももものうち
すもも  名詞,一般,*,*,*,*,すもも,スモモ,スモモ
も  助詞,係助詞,*,*,*,*,も,モ,モ
もも  名詞,一般,*,*,*,*,もも,モモ,モモ
も  助詞,係助詞,*,*,*,*,も,モ,モ
もも  名詞,一般,*,*,*,*,もも,モモ,モモ
の  助詞,連体化,*,*,*,*,の,ノ,ノ
うち  名詞,非自立,副詞可能,*,*,*,うち,ウチ,ウチ
EOS
```

完成形態素解析之後，計算該文章或文本中單字的出現次數（頻率），就能粗略地量化文章。比方說，依照出現頻率由高至低排列100個單字，再將出現頻率轉換成數值，就能建立100維度的向量，也就能利用該向量呈現對應的文章。

這種分類文章的方法稱為「**主題篩選**」（**圖10-8-3**）。

圖10-8-3　主題篩選流程

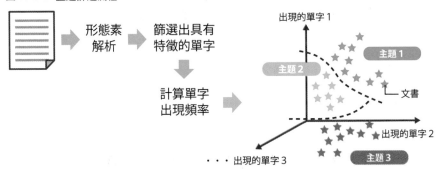

利用這100維度的單字向量呈現文章，再利用第2章介紹的集群分類文章，就能如**圖10-8-4**所示，藉由「國會」、「內閣」這類出現頻率較高的單字，將該文章分類為政治新聞，或是根據「棒球」或「足球」這類出現頻率較高的單字，將該文章分類成體育新聞。簡單來說，就是能在篩出主題之後分類文章，經過這種粗略的分類之後，就能將相似的文章放在同一組，或是利用關鍵字篩選文章。

圖10-8-4　篩選主題範例

假設上述流程分析的文本數量非常充足，每個文本中的單字量也非常足夠時，就能只以單字的出現頻率分類文書。但就實際的文本而言，不一定會具有那麼多有意義的單字。照理說，就算只有一個單字，也要能充份表達文本的意義才行。

爲了滿足上述的條件，有人提出了「**單字分散表現**」這個概念。單字分散表現是將單字轉換成向量，而不是將文本或文章轉換成向量，換言之，就是如圖10-8-5所示，透過幾百個維度的向量呈現eat這類單字。

圖10-8-5　單字分散表現

eat　=　[0.4, 0.4, …, 0.02, …, 0.01]

這種向量可如圖10-8-6所示，從多種文本中學習在eat周邊出現的單字建立。

圖10-8-6　學習單字分散表現的示意圖

I want to eat an apple everyday.

學習「eat」周邊會出現「apple」這類單字（對大量的文章進行這類學習，從中學習單字的「出現機率」）

假設單字分散表現的第一個維度是apple，那麼apple出現的頻率越高，該值就越高。單字分散表現的有趣之處在於以向量呈現的手法，也就是能以加法與減法呈現自然語言的單字。

一如圖10-8-7所示，以King這個單字的向量減掉Man的向量，再加上Woman的向量，就會得到接近Queen向量的值。

由Google開發的word2vec藉由大量學習文章，建立了單字分散表現，目前已經能透過單字分散表現，將文書或文章拆解成單字再進行處理。

圖 10-8-7　單字分散表現的向量示意圖

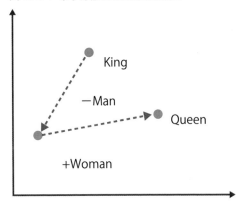

只要能利用單字分散表現量化文章,就能利用 CNN 處理量化之後的結果,換言之,就能使用**圖 10-8-8** 的網路(節錄自論文「Convolutional Neural Networks for Sentence Classification」)分類文章。

圖 10-8-8　節錄自「Convolutional Neural Networks for Sentence Classification」

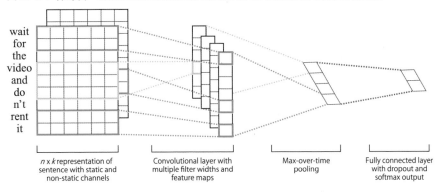

最近常用來分類文章的神經網路之一為 Google 開發的 Bert。Bert 會於預訓練(事前學習)的階段大量學習長篇文章,以及重新學習文章資料,進行稱為「fine tuning」的追加學習。

10-9 會實際利用 Bert 過濾垃圾郵件。

10-9

試著利用 Bert 分類文本

從這節開始要利用 Bert 過濾垃圾郵件。

這次使用的 Bert 模型非常龐大，若是電腦沒有 GPU，執行時間可能會非常久，所以建議在 Google Colaboratory 環境下執行。

第一步先載入這次要使用的資料。

載入資料　　　　　　　　　　　　　　　　　　📄 Chapter10-3.ipynb

```
1  import pandas as pd
2  data_file='./spam.csv'
3  df = pd.read_csv('./spam.csv')
4  print(df["label"].value_counts())
5  df
```

圖 10-9-1　載入資料

```
ham     4825
spam     747
Name: label, dtype: int64
```

	label	text
0	ham	Go until jurong point, crazy.. Available only ...
1	ham	Ok lar... Joking wif u oni...
2	spam	Free entry in 2 a wkly comp to win FA Cup fina...
3	ham	U dun say so early hor... U c already then say...
4	ham	Nah I don't think he goes to usf, he lives aro...
...	...	...
5567	spam	This is the 2nd time we have tried 2 contact u...
5568	ham	Will ÃÅ_ b going to esplanade fr home?
5569	ham	Pity, * was in mood for that. So...any other s...
5570	ham	The guy did some bitching but I acted like i'd...
5571	ham	Rofl. Its true to its name

5572 rows × 2 columns

第四篇

深度學習篇

這次的資料分成「label」與「text」兩個欄位,而label欄位存放了「spam」與「ham」這兩種值,與其對應的text則是垃圾郵件或一般的郵件。此外,目前已知的是,垃圾郵件共有747封,一般郵件共有4825封。接下來要利用這個資料的一部分學習與解決分類問題。

由於Bert模型非常龐大,自行從零建構可說是非常麻煩,而且也得耗費不少時間學習,所以這次要直接從TensorFlow Hub下載學習完畢的模型,再將最後的輸出結果加入這次的分類問題中。

在建構Bert模型前,要先對準備放入模型的資料進行前置處理。Bert的前置處理非常複雜,所以這次直接從TensorFlow Hub載入專用的模組。

載入執行事前處理的模組　　　　　　　　　　　　　　🗂 Chapter10-3.ipynb

```
1  import tensorflow as tf
2  import tensorflow_hub as hub
3  import tensorflow_text as text
4  import numpy as np
5  tf.config.run_functions_eagerly(False)
6
7  #載入執行事前處理的模組
8  bert_preprocess = hub.load("https://tfhub.dev/tensorflow/
   bert_en_cased_preprocess/2")
```

對「Hello World！」進行的前置處理　　　　　　　　　🗂 Chapter10-3.ipynb

```
1  test_preprocessed = bert_preprocess(["Hello World!"])
2  test_preprocessed
```

圖10-9-2 對「Hello World!」進行的前置處理

```
{'input_mask': <tf.Tensor: shape=(1, 128), dtype=int32, numpy=
 array([[1, 1, 1, 1, 1, 0, 0, 0, 0, 0, 0, 0, 0, 0, 0, 0, 0, 0, 0, 0, 0, 0,
         0, 0, 0, 0, 0, 0, 0, 0, 0, 0, 0, 0, 0, 0, 0, 0, 0, 0, 0, 0, 0, 0,
         0, 0, 0, 0, 0, 0, 0, 0, 0, 0, 0, 0, 0, 0, 0, 0, 0, 0, 0, 0, 0, 0,
         0, 0, 0, 0, 0, 0, 0, 0, 0, 0, 0, 0, 0, 0, 0, 0, 0, 0, 0, 0, 0, 0,
         0, 0, 0, 0, 0, 0, 0, 0, 0, 0, 0, 0, 0, 0, 0, 0, 0, 0, 0, 0, 0, 0,
         0, 0, 0, 0, 0, 0, 0, 0, 0, 0, 0, 0, 0, 0, 0, 0, 0, 0]],
       dtype=int32)>,
 'input_type_ids': <tf.Tensor: shape=(1, 128), dtype=int32, numpy=
 array([[0, 0, 0, 0, 0, 0, 0, 0, 0, 0, 0, 0, 0, 0, 0, 0, 0, 0, 0, 0, 0, 0,
         0, 0, 0, 0, 0, 0, 0, 0, 0, 0, 0, 0, 0, 0, 0, 0, 0, 0, 0, 0, 0, 0,
         0, 0, 0, 0, 0, 0, 0, 0, 0, 0, 0, 0, 0, 0, 0, 0, 0, 0, 0, 0, 0, 0,
         0, 0, 0, 0, 0, 0, 0, 0, 0, 0, 0, 0, 0, 0, 0, 0, 0, 0, 0, 0, 0, 0,
         0, 0, 0, 0, 0, 0, 0, 0, 0, 0, 0, 0, 0, 0, 0, 0, 0, 0, 0, 0, 0, 0,
         0, 0, 0, 0, 0, 0, 0, 0, 0, 0, 0, 0, 0, 0, 0, 0, 0, 0]],
       dtype=int32)>,
 'input_word_ids': <tf.Tensor: shape=(1, 128), dtype=int32, numpy=
 array([[ 101, 8667, 1291,  106,  102,    0,    0,    0,    0,    0,    0,
            0,    0,    0,    0,    0,    0,    0,    0,    0,    0,    0,
            0,    0,    0,    0,    0,    0,    0,    0,    0,    0,    0,
            0,    0,    0,    0,    0,    0,    0,    0,    0,    0,    0,
            0,    0,    0,    0,    0,    0,    0,    0,    0,    0,    0,
            0,    0,    0,    0,    0,    0,    0,    0,    0,    0,    0,
            0,    0,    0,    0,    0,    0,    0,    0,    0,    0,    0,
            0,    0,    0,    0,    0,    0,    0,    0,    0,    0,    0,
            0,    0,    0,    0,    0,    0,    0,    0,    0,    0,    0,
            0,    0,    0,    0,    0,    0,    0,    0,    0,    0,    0,
            0,    0,    0,    0,    0,    0,    0,    0,    0,    0,    0,
            0,    0,    0,    0,    0,    0,    0]], dtype=int32)>}
```

上述的程式碼會先載入前置處理模組，再對「Hello World!」這個字串進行前置處理。一如**圖10-9-2**的輸出結果所示，前置處理為存放了「input_mask」、「input_type_ids」、「input_word_ids」這三種資料的字典型，但其中的 input_word_ids 是利用**10-8**說明的形態素解析分割成 Token，再將該 Token 置換成 ID 這種數值的資料。

要注意的是，這個模組預設的 Token 數量為128個，所以若比128個少就用0補充，若比128個多就截掉多餘的部分。此外，「input_mask」則會說明在「input_word_ids」中，哪個元素為 Token，哪個元素不是 Token（例如用於補充的數值）。

接著請執行下一頁的程式碼，執行資料的前置處理以及建立標籤。這次是將七成的資料用於學習，三成的資料用於驗證。

```
1   #將七成的資料分割成學習專用資料,再讓剩下的三成資料當成驗證專用資料使用
2   train_df = df[0: int(len(df)*0.7)]
3   test_df = df[int(len(df)*0.7):]
4
5   #利用前置處理模組處理字串
6   X_train =  bert_preprocess(train_df["text"])
7   X_test = bert_preprocess(test_df["text"])
8
9   #對標籤(Spam與Ham)執行Onehot encoding
10  Y_train = pd.get_dummies(train_df["label"]).values.astype(np.
    float32)
11  Y_test = pd.get_dummies(test_df["label"]).values.astype(np.
    float32)
```

對資料「text」欄位的郵件內文執行前置處理後,處理結果會存入 X_train／X_test 中。此外,若是垃圾郵件,Y_train／Y_test 會儲存「0, 1」這種經過 One Hot encoding 的標籤,一般的郵件則儲存為「1, 0」。

前置處理完成後,就要開始建立模型了。

```
1   #建立模型
2   from tensorflow.keras.models import Model, Sequential
3   from tensorflow.keras.layers import Input, Dense, Dropout
4
5   #輸入值為input_word_ids, input_mask, input_type_ids這3個
6   inputs = dict(
7       input_word_ids=Input(shape=(None,), dtype=tf.int32),
8       input_mask=Input(shape=(None,), dtype=tf.int32),
9       input_type_ids=Input(shape=(None,), dtype=tf.int32))
10
11  #從Tensorflow Hub載入Bert的模型
12  outputs = hub.KerasLayer("https://tfhub.dev/tensorflow/
    small_bert/bert_en_uncased_L-6_H-512_A-8/1", trainable=True,
    name='bert_encoder')(inputs)
13  outputs = outputs["pooled_output"]
14  outputs = Dropout(0.1)(outputs)
15  #為了最終的輸出結果為2個(Spam和Ham),在最後加上全連線層
16  outputs = Dense(2, activation="softmax", name='classifier')
    (outputs)
17  model = Model(inputs, outputs)
```

輸出模型的概要　　　　　　　　　　　　　　　　　Chapter10-3.ipynb

```
1  from official.nlp import optimization
2  EPOCHS = 3
3  num_train_steps =  len(train_df.index) * EPOCHS
4  num_warmup_steps = int(0.1*num_train_steps)
5
6  #這次使用的Optimizer為AdamW
7  optimizer = optimization.create_optimizer(init_
   lr=0.00003,num_train_steps=num_train_steps,num_warmup_
   steps=num_warmup_steps,optimizer_type='adamw')
8
9  model.compile(optimizer=optimizer, loss="categorical_
   crossentropy", metrics=['accuracy'])
10
11 #輸出模型的概要
12 model.summary()
```

圖 10-9-3 建立模型

```
Model: "model"

Layer (type)              Output Shape          Param #      Connected to
=================================================================================
input_2 (InputLayer)      [(None, None)]        0

input_3 (InputLayer)      [(None, None)]        0

input_1 (InputLayer)      [(None, None)]        0

bert_encoder (KerasLayer) {'encoder_outputs':   35068417     input_2[0][0]
                                                             input_3[0][0]
                                                             input_1[0][0]

dropout (Dropout)         (None, 512)           0            bert_encoder[0][7]

classifier (Dense)        (None, 2)             1026         dropout[0][0]
=================================================================================
Total params: 35,069,443
Trainable params: 35,069,442
Non-trainable params: 1
```

本書之前都是利用Keras的Sequential類別建立模型，但這次的輸入值有input_word_ids、input_mask與input_type_ids三種，所以沒辦法沿用Sequential，只能以不同的方式建立模型。

模型建立完成後就能開始學習。若在Google Colaboratory的環境下學習，大概需要耗費1個小時。

```
1   #開始學習
2   hist = model.fit(X_train,Y_train,epochs=EPOCHS, validation_
    split=0.1)
```

試著評估以 Bert 分類文本的結果

接下來要利用**10-9**的學習結果分類驗證專用資料。請執行下列的程式碼。

第四篇
深度學習篇

開始分類驗證專用資料   📄 Chapter10-3.ipynb

```
1  #分類開始
2  pred = model.predict(X_test)
```

顯示分類的精確度   📄 Chapter10-3.ipynb

```
1  pred_labels = np.array([np.argmax(p) for p in pred])
2  actual_labels = np.array([np.argmax(t) for t in Y_test])
3  tmp = actual_labels == pred_labels
4  tmp.sum()/len(tmp)
```

圖**10-10-1** 從圖中可以得知，分類的精確度超過95%

```
0.9706937799043063
```

從 0.97…這個結果來看，約有超過 95% 的精確度可以正確分類垃圾郵件與一般郵件。
此外，若以下列程式碼計算混淆矩陣再顯示結果，也能看出分類的情況非常平均。

計算與顯示混淆矩陣   📄 Chapter10-3.ipynb

```
1   #顯示混淆矩陣
2
3   from sklearn.metrics import confusion_matrix
4   import seaborn as sns
5   import matplotlib.pyplot as plt
6
7   cf_matrix = confusion_matrix(actual_labels, pred_labels)
8
9   plt.figure(figsize=(10,10), dpi=200)
10  c = sns.heatmap(cf_matrix, annot=True, fmt="d")
11
12  label_dict = {"ham": 0, "spam":1}
13  c.set(xticklabels=label_dict, yticklabels=label_dict)
14  plt.plot()
```

圖 10-10-2　分類十分平均

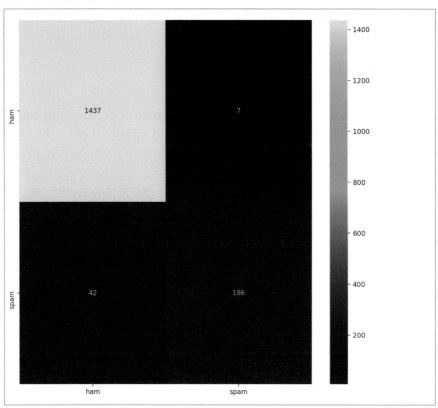

最後要在預測為非垃圾郵件與垃圾郵件的情況下，顯示文本的實際內容。

執行下列程式碼可發現預測為標籤 1 的郵件的確是垃圾郵件的內容。

預測值非垃圾郵件的情況	🗋 Chapter10-3.ipynb

```
1   #預測的文本
2   print("預測： " , pred_labels[0])
3   print(test_df.iloc[0]["text"])
```

圖 10-10-3　顯示一般的文本

```
預測： 0
That depends. How would you like to be treated? :)
```

| 預測值爲垃圾郵件的情況 | Chapter10-3.ipynb |

```
1  print("預測: " , pred_labels[3])
2  print(test_df.iloc[3]["text"])
```

圖10-10-4 顯示垃圾郵件的內容

```
預測:  1
Your  2004  account  for  07XXXXXXXXX  shows  786  unredeemed
points.  To  claim  call  08719181259  Identifier  code:  XXXXX
Expires  26.03.05
```

雖然Bert的規模很大,也需要耗費大量的時間學習,但不僅可用來分類郵件,用途還非常廣泛。這次分類的對象爲英語文章,若要分類中文文章,就必須使用針對中文文章學習的模型。

讓我們一邊注意這些重點,一邊讓模型學習各種資料與進行分類。

附錄

程式設計與數學
之間的橋梁

想必大家讀完第一篇至第四篇的內容之後,已經具備了解機械學習的AI與資料分析的知識了。最後要介紹的是機率統計、微分方程式、數理最佳化與機械學習、深度學習這類與數學有關的重要內容,爲程式設計與數學之間搭起橋梁,也爲本書做一個總結。

利用公式了解常態分佈

在學習統計學的過程中,最重要的統計分佈就是 **1-4** 介紹的「**常態分佈**」。一如內文所示,常態分佈常見於各種自然現象或社會現象,所以被譽爲「統計分佈之王」。

由於「小學一年級學生的身高或體重」這類個人特質,或「蘋果半徑」這類物體性質都很常是常態分佈,所以遇到不知道特性爲何的事物之際,通常都會假設該事物符合常態分佈再進行分析。

接下來要帶著大家透過程式了解常態分佈,進一步了解統計分佈與相關的數學。

統計分佈的正確名稱爲「**機率密度函數**」,可解釋成「機率變數 x 的機率密度函數爲 $p(x)$」。那麼「機率變數」又是什麼?以調查「小學一年級學生身高的統計資料」爲例,此時的「身高」就是機率變數,而機率密度函數 $p(x)$ 則是某個身高 x 的小學一年級學生的「比例」。

所以常態分佈的機率密度函數 $p(x)$ 的公式如下。

$$p(x) = \frac{1}{\sqrt{2\pi\sigma^2}} \ exp\left(-\frac{(x-\mu)^2}{\sigma^2}\right) \cdots (公式①)$$

乍看之下,會覺得這個公式又複雜又奇怪,但只要一步步解讀,就能迎刃而解,完全看懂這個公式。這個公式中有2個常數,分別是機率變數 x 的平均值與標準差,這兩個值分別以 μ 與 σ 這兩個符號標記。

這個看起來很難的常態分佈公式①可如下圖分成前半部與後半部。由於前半部爲常數(固定的數值)所以可暫且忽視不理,這也意謂著,要了解常態分佈的公式,只需要將注意力放在後半部。

$$p(x) = \boxed{\frac{1}{\sqrt{2\pi\sigma^2}}}\boxed{exp\left(-\frac{(x-\mu)^2}{\sigma^2}\right)}$$

常態化的常數　　　於 x 爲 μ 之際取最大值
　　　　　　　　　　的鐘型函數

後半部的 exp 函數爲「**指數函數**」，具有幾何級數般，2變4、4變8這種代代遞增的性質，括號內的值可想像成遞增的代數。

此外，括號內有負値。當指數函數的括號內爲負値，代表該値爲分母。例如 exp（－1）就是 $\frac{1}{(exp(1))}$ 的意思。換言之，指數函數的括號內爲負値，而且當絕對值較大，該値將爲分母，也就是以較大的值除以分子，所以整體的值會趨近於 0。

讓我們再次觀察常態分佈公式的後半部。

$$exp\left(-\frac{(x-\mu)^2}{\sigma^2}\right)$$

括號內的值若拿掉開頭的負號，雙雙乘以平方的分母與分子只會得出正值，而當 x 爲 μ 的值，分子將會是 0，所以整個括號內的值都會是 0。而當 x 值離 μ 越遠，分子的值則越大。

如此一來，當括號內的值加上負號，絕對值也逐漸變大的同時，指數函數的值就會越變越小。

換言之，這個後半部的值會在 x 爲 μ 的時候最大，並在 x 慢慢遠離 μ 的時候越變越小，最終便形成鐘型形狀。

當分母的標準差 σ 平方值（也就是變異數）越大，括號內的絕對值將會越小，所以 σ 的值越大，鐘型形狀就會越平緩，而當 σ 的值越小，鐘型形狀就會越險峻。爲了進一步了解這個函數，請試著調整程式的數值，確認會有哪些變化。

請執行下列的程式碼。

機率密度函數的定義　　　　　　　　　　　　　　　　　　　📄 Appendix.ipynb

```python
import math
import numpy as np
import matplotlib.pyplot as plt
# 定義常態分佈

def normal_distribution(x,mu,sigma):
    y = 1/np.sqrt(2*np.pi*sigma**2)*np.exp(-(x-mu)**2/(2*sigma**2))
    return y
```

繪製機率密度函數　　　　　　　　　　　　　　　　　　　　📄 Appendix.ipynb

```python
# 設定常態分佈的參數
mu = 116.6
sigma = 4.8

# 設定繪圖參數
x_min = 80
x_max = 150
x_num = 100

# 計算常態分佈
x = np.linspace(x_min, x_max, x_num)
y = normal_distribution(x,mu,sigma)

# 繪製常態分佈
plt.plot(x, y ,color="k")
plt.show()
%matplotlib inline
```

上述的程式碼可畫出「小學一年級學生身高」的常態分佈。第一步先於「定義機率密度
函數」的部分定義常態分佈的機率密度函數,接著再於「繪製機率密度函數」設定常
態分佈平均值的 μ 與標準差的 σ,然後設定繪圖範圍(x 的最小值與最大值)以及採樣
分數。

如此一來可得到下列的輸出結果。

圖A-1-2 定義與繪製常態分佈的程式碼的輸出結果

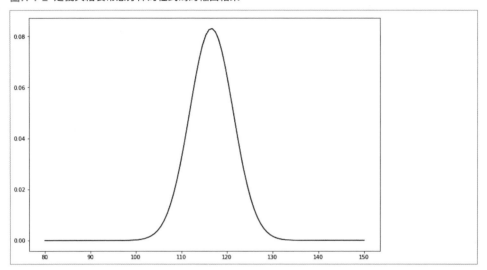

接著要試著調整平均值與標準差,體驗一下剛剛說明的常態分佈公式的性質。比方說,
調整平均值 μ 就能讓常態分佈的頂點值產生變化。

如果將標準差 σ 調高,鐘型就會變塌,調低的話,鐘型就會變得高聳。

學習機率密度函數的重點在於知道該面積代表出現機率這回事。比方說,計算115公
分至117公分之間的面積,可得到0.165的值。

這代表115~117公分的出現機率為16.5%,也就是在每100名小學一年級學生中,會
有16~17人的身高介於115~117公分之間。

圖A-1-3　面積與出現機率（比例）之間的關係

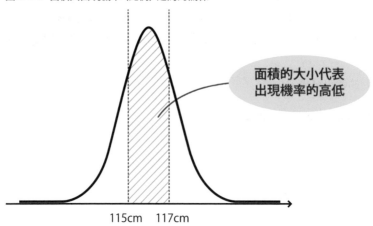

面積的大小代表
出現機率的高低

115cm　117cm

讓我們實際執行上述的計算。下列的程式碼會針對於**圖A-1-2**定義的常態分佈的機率密度函數，計算指定範圍的面積。請執行下列的程式碼。

根據機率密度函數的積分導出面積　　　　　　　　　　　　　📄 Appendix.ipynb

```python
1   # 設定積分範圍
2   x_min = 115
3   x_max = 117
4   x_num = 100
5
6   # 計算積分範圍內的常態分佈值
7   x = np.linspace(x_min, x_max, x_num)
8   y = normal_distribution(x,mu,sigma)
9
10  # 積分的計算
11  dx = (x_max-x_min)/(x_num-1)
12  prob = 0
13  for i in range(x_num):
14      y = normal_distribution(x[i],mu,sigma)
15      prob += y*dx
16  print("機率:",prob)
```

圖A-1-4　計算常態分佈面積的輸出結果

機率: 0.1653959487393015

執行上述的程式碼之後,便可算出115～117公分之間的面積,也可以得到0.165…這個數值。具體來說,這次是利用「區分求積法」算出115～117公分之間的面積,這是一種將115～117公分之間的範圍拆解成100個長方形,再加總該長方形的面積,逼近該範圍真實面積的積分方法。

若放寬這個範圍(積分範圍),將下限值x_min設定為80,並將上限值x_max設定為150,就會得到面積0.9999…這個結果,也就是接近1的比例(100%)。於內文介紹的「冪次定律分佈」或其他分佈的公式也都能拆成前半部與後半部,再分別了解這兩個部分的意義。

建議大家參考卷末的參考文獻,加深這方面的理解。

微分方程式差分法造成的誤差與泰勒展開式

要在電腦使用預測時間序列資料的變化所需的微分方程式之際,通常需要使用第二篇解說的「**差分法**」。

不過,差分法的一大問題就是「**誤差**」,所以也在 **7-10** 介紹了「龍格庫塔法」縮小這個誤差。接下來要透過圖解與程式碼進一步說明這個誤差,試著更了解相關的數學。

❖N次微分與速度或加速度的關係

在說明微分方程式的差分法之前,先複習一下第6章介紹的基本微分方程式。假設眼前有個 x 值,而這個值於每個單位時間的變化量為 $delta$,此時若 dt 時間前的時間 $t-dt$ 的 x 值為 $x[t-dt]$,時間 t 的 x 值就可利用下列的公式呈現。

$$x[t] = x[t-dt] + delta \times dt \quad \cdots\cdots\cdots (公式①)$$

此外,$x[t]$ 與 $x[t-dt]$ 的差若為 dx,則每單位時間的變化量 $delta$ 可寫成下列的公式。

$$delta = \frac{x[t]-x[t-dt]}{dt} = \frac{dx}{dt} \quad \cdots\cdots\cdots (公式②)$$

這個 $\frac{dx}{dt}$ 正是以 t 微分 x 的結果。假設 x 為車子或人的移動位置,那麼 $\frac{dx}{dt}$ 就代表速度,如果代表的是扭開水龍頭,在浴缸放水的量,$\frac{dx}{dt}$ 就是每單位時間(比方說1秒)的水量,若是某件商品的累計購買量,那麼 $\frac{dx}{dt}$ 就是每單位時間(例如每一小時)的購買量。一如第6章與第7章所介紹的,只要知道初始值與基本微分方程式,就有辦法預測 x 值的變化。

如果*delta*爲恆定值（奔跑的速度固定），就能正確預測之後某個特定時間點的位置。
不過，在眞實世界裡，*delta*通常不會是恆定值，有時速度會因順風而變快，也會因
爲逆風而變慢，因此「**差分法**」與「差分法造成的誤差」才會是問題。

圖 A-2-1 爲透過微分方程式預測未來圖像的示意圖。

圖A-2-1 預測某個時間的示意圖

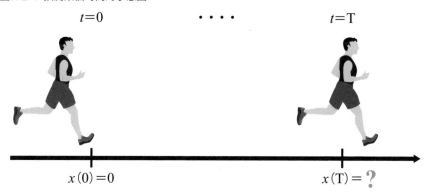

要知道時間 T 的位置，只需要知道 $t=0$ 的位置以及之後的變化量，就能透過加法預測。

如果利用箭頭標示每單位時間的位置變化量，就能如**圖A-2-2**的方式，以加法算出時間 t 的位置 $x(\mathrm{T})$。

圖A-2-2　利用加總每單位時間的變化量預測未來的示意圖

$$x(\mathrm{T}) = \quad \blacktriangleright \quad + \quad \blacktriangleright \quad + \quad \blacktriangleright$$

從圖中可以發現，箭頭並非恆定值，每單位時間的變化量都不一定，而這種變化就稱為「**加速度**」。

位置與速度以及速度與加速度的關係請參考**圖A-2-3**與**圖A-2-4**。

若只看位置的變化量，微分 x 所得的 $\dfrac{dx}{dt}$ 為速度，若繼續微分速度 $\dfrac{dx}{dt}$，就能得到加速度 $\dfrac{d^2x}{dt^2}$。

從這個例子來看，每個時間點的速度會變快或變慢，所以從速度微分而來的加速度也不會是恆定值。

在此，複習一下以差分化之後的微分方程式（公式①）。

$$x[t] = x[t-dt] + delta \times dt \quad \cdots\cdots\cdots (\text{公式①})$$

以這個公式來看，要算出 $x[t]$，就是讓 $delta$（也就是 $\dfrac{dx}{dt}$）與 dt 相乘，再讓這個相乘的結果與 $x[t-dt]$ 相加。

這種計算方式就如**圖A-2-5**所示，是將連續變化的速度切割成「片段」，而這個片段代表的意思是「速度不會產生變化的單位時間」，所以才會與實際情況的速度產生落差。

為了弭平上述的落差，除了原有的 $\dfrac{dx}{dt}$ 之外，還需要思考 $\dfrac{d^2x}{dt^2}$ 與代表加速度變化量的 $\dfrac{d^3x}{dt^3}$。

圖A-2-3　位置變化與速度的關係

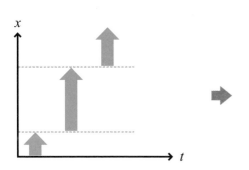
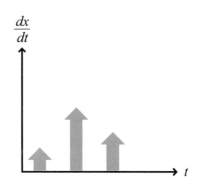

圖A-2-4　速度與加速度的關係

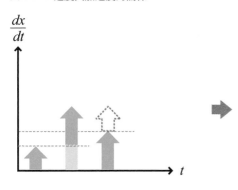
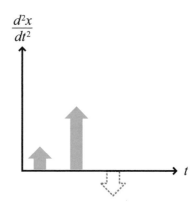

圖A-2-5　差分化的速度與原始速度的關係

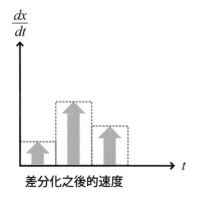

差分化之後的速度

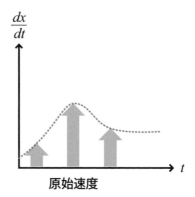

原始速度

✚ N次微分項總和的泰勒展開式與差分化誤差的關係

爲了解決上述誤差而思考 n 次微分項的算式稱爲「**泰勒展開式**」，這個泰勒展開式可寫成下列的公式。

$$x(t) = x(t_0) + \frac{(t-t_0)}{1!}\frac{dx}{dt} + \frac{(t-t_0)^2}{2!}\frac{d^2x}{dt^2} + \cdots$$

$$+ \frac{(t-t_0)^n}{n!}\frac{d^nx}{dt^n} + \cdots \quad \text{……（公式③）}$$

這個公式是根據時間 $t0$ 的位置 $x(t\_0)$ 計算時間 t 的位置 $x(t)$，第二項的 $\frac{(t-t_0)}{1!}\frac{dx}{dt}$ 則與公式①的 $delta \times dt$ 一樣，第三項之後則是代表速度變化（加速度）的項，以及代表後續變化的項，藉此讓**圖A-2-5**所述的誤差逼近0。

泰勒展開式可在符號兩邊進行 n 次微分之後，代入 $t = t0$ 證明。
爲了讓大家更直覺地了解泰勒展開式，請執行下列的程式碼，確認一下程式的執行過程。

微分方程式差分法造成的誤差與泰勒展開式　　　　　　　　　　　🗐 Appendix.ipynb

```
1   from sympy import*
2   import numpy as np
3   from matplotlib import pyplot as plt
4
5   # 設定參數
6   n = 1       # 次數
7   x0 = 0      # 初始値
8
9   # 定義符號
10  x = Symbol('x')
11
12  # 定義函數
13  f = 2 + x + sin(x) + exp(x)/10
14
15  # 導出泰勒展開式
16  taylor = series(f, x=x, x0=x0, n=n+1).removeO()
17  taylor_y = lambdify(x, taylor, 'numpy')
```

接續下一頁

```
18  print("泰勒展開式")
19  print(taylor)
20
21  # 繪製圖表
22  x_theory = np.arange(0.0, 10.0, 0.1)
23  y_theory = 2+x_theory+np.sin(x_theory)+np.exp(x_theory)/10
24  plt.plot(x_theory, y_theory, lw=3, c="k")
25  plt.plot(x_theory, taylor_y(x_theory),c="b")
26  plt.xlim([0,10])
```

圖A-2-6　泰勒展開式的計算結果

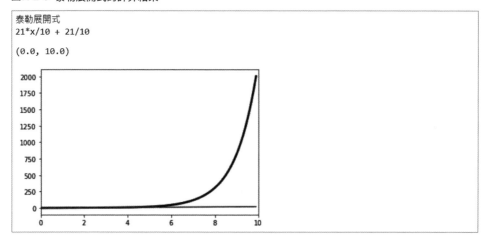

上述的程式碼在設定參數的部分設定了次數 n 與初始值 $x0$，也在「定義函數」的部分定義了函數 f（f ＝ 2 ＋ x ＋ sin（x）＋ exp（x）/10），接著利用泰勒展開式計算 x 從初始值 0 到 10 的值，再顯示計算結果。

從結果來看，根據前面定義的函數所導出的泰勒展開式，與利用泰勒展開式算出的 x 值（藍色），與函數 f 的理論值（黑色）完全重疊。由於程式碼將 n 設定為 1，只逼近第 1 項的值，所以看起來才會像是直線。這次要試著加總後續的項，看看似近值的變化。請將前述程式碼的 n 調整為 20 再執行程式。應該會得到下一頁的結果。

圖 A-2-7 近似值的變化

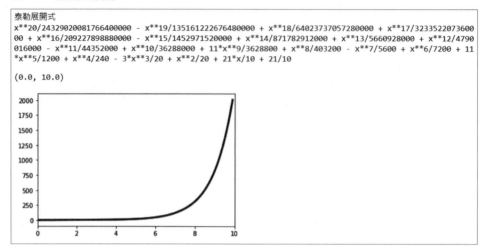

```
泰勒展開式
x**20/24329020081766400000 - x**19/135161222676480000 + x**18/64023737057280000 + x**17/3233522073600
00 + x**16/209227898880000 - x**15/1452971520000 + x**14/871782912000 + x**13/5660928000 + x**12/4790
016000 - x**11/44352000 + x**10/36288000 + 11*x**9/3628800 + x**8/403200 - x**7/5600 + x**6/7200 + 11
*x**5/1200 + x**4/240 - 3*x**3/20 + x**2/20 + 21*x/10 + 21/10

(0.0, 10.0)
```

加總 20 項之後，就能逼近 $x = 10$ 的值。建議大家一邊將 n 調整成不同的值，一邊觀察近似值逼近理論值的過程。

只要有這個初始值與代表值的變化的微分方程式，就不需要屈就差分化的誤差，而能思考二項式之後的項，讓差分化的值逼近實際的值。

能精準地計算 **7-10** 介紹的微分方程式的「龍格庫塔法」的計算結果，與泰勒展開式至第四項爲止的計算結果一致。

Appendix 3

非線性最佳化的機械學習／深度學習的迴歸／分類

接下來是本書集大成的內容，要帶著大家更了解本書的全貌。其中包含第一篇機械學習的迴歸／分類、第三篇數理最佳化的非線性最佳化以及第四篇時間序列資料的預測（迴歸）與資料分類。

首先要帶著大家執行解決非線性最佳化問題的「梯度下降法」的程式碼，一邊在最佳化目標函數的過程中，了解機械學習的迴歸分析。最後還要解說該如何調整目標函數才能成為實用的分類演算法，藉此替非線性最佳化、迴歸、分類演算法得出全面的結論。

🔹 解決非線性最佳化問題的梯度下降法

非線性最佳化問題的典型範例之一就是，於 **5-1** 介紹的大型牛丼連鎖店「吉野家」每碗牛丼的定價與總利潤之間的關係。設定定價之後，畫出總利潤最低，圖形為往下彎的二次函數。

5-3 也介紹了解決非線性最佳化問題的牛頓法，但這次為了釐清非線性最佳化問題與機械學習演算法之間的關係，將介紹最能直覺了解的梯度下降法。

請執行下列的程式碼。

計算二次函數最小值的程式碼：定義函數　　　🗋 Appendix.ipynb

```
def function(x):
    y = x**2
    return y

def differential(x,dx):
    dy = (function(x+dx)-function(x))/dx
    return dy
```

417

計算二次函數最小值的程式碼：執行梯度下降法　　　🗋 Appendix.ipynb

```python
1  import numpy as np
2  import matplotlib.pyplot as plt
3  from matplotlib import animation, rc
4  from IPython.display import HTML
5
6  # 產生函數
7  x_list = np.arange(-10, 11)
8  y_list = function(x_list)
9  num = len(x_list)
10
11 # 設定參數
12 dx = 0.1        # 刻度的寬度 (學習率)
13 iter = 200      # 重複次數
14
15 # 設定初始值
16 x = -10
17
18 # 迴圈處理
19 list_plot = []
20 fig = plt.figure()
21 for t in range(iter):
22     # 導出導函數
23     dy = differential(x,dx)
24     # 更新x,y
25     x = x - np.sign(dy)*dx
26     y = function(x)
27     # 繪製圖表
28     img = plt.plot(x,y,marker='.', color="red",
   markersize=20)
29     img += plt.plot(x_list,y_list,color="black")
30     list_plot.append(img)
31
32 # 繪製圖表(動畫)
33 plt.grid()
34 anim = animation.ArtistAnimation(fig, list_plot,
35 interval=200, repeat_delay=100)
   rc('animation', html='jshtml')
36 plt.close()
37 anim
```

上述的程式碼會計算二次函數的最小值，一經執行就會播放紅色圓形從初始值漸漸接近最小值的動畫（**圖A-3-1**）。接著，一邊閱讀程式碼，一邊了解這個動畫的意思。

首先要知道的是，這個程式碼的目的在於，計算於「定義函數」定義的函數的最小值，所以在「執行梯度下降法」的部分先產生繪圖所需的函數，之後再設定執行梯度下降法所需的參數。

所謂的梯度下降法就是一步步往函數的斜率最大的方向前進的概念，每一步的移動距離由 dt 設定，要重複幾步則由 iter 設定。

將變數 x 的初始值設定為－10 之後，再於「迴圈處理」的部分執行讓 x 從初始值慢慢遞增，藉此逼近 function 最小值的處理。

圖 A-3-1 一步步逼近二次函數最小值的過程

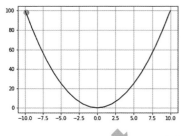

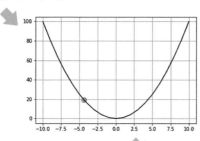

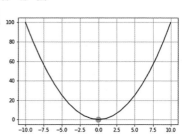

第一步先顯示微分function之後的導函數的x值。假設這個值為正數，x就會往function的「山頂」進行，所以為了逼近最小值，x必須「往回走」。反之，導函數的x值若為負數，x就必須「前進」。像這樣一步步逼近function谷底最小值的方法就是所謂的梯度下降法。

這個程式的函數為$f(x) = x^2$，當$x = 0$的時候，會逼近最小值的0。下面的程式碼是繪製動畫的程式碼中，執行梯度下降法的部分。

接著執行這段程式碼，觀察function的值一步步逼近最小值0的過程。

執行結果請參考下一頁的**圖A-3-2**，縱軸為x逼0之際的function的值，橫軸則為步驟數。

計算二次函數最小值的程式碼：只執行梯度下降法的部分　　　　　　　🗋 Appendix.ipynb

```python
import numpy as np
import matplotlib.pyplot as plt

# 設定參數
delta = 0.01        # 刻度的寬度 (學習率)
iter = 200          # 重複次數

# 設定初始值
x = -10

# 迴圈處理
list_plot = []
series_y = []
fig = plt.figure()
for t in range(iter):
    # 導出導函數
    dy = differential(x,dx)
    # 更新x,y
    x = x - delta*dy
    y = function(x)
    series_y.append(y)

# 繪製圖表
plt.plot(series_y,c="k")
```

圖A-3-2 執行計算二次函數最小值的程式碼（只有計算的部分）的結果

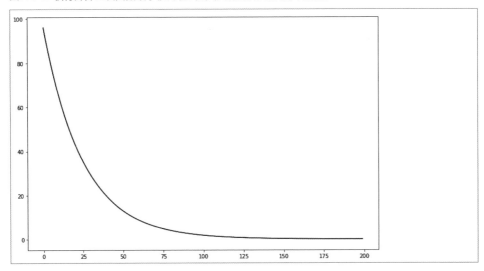

非線性最佳化問題的迴歸分析

到目前為止，我們只播放了讓紅色圓形一步步接近二次函數谷底的動畫。接下來要試著調整計算二次函數最小值演算法的目標函數與其他設定，藉此執行迴歸分析。

請執行下列的程式碼。

利用梯度下降法執行迴歸分析：定義函數　　　　　　　　🗋 Appendix.ipynb

```
1   def function(X,y,alpha,beta):
2       cost = (1/(2*m))*np.sum((beta+alpha*X-y)**2)
3       return cost
4
5   def differential_alpha(X,y,alpha,beta,delta):
6       d_cost = (function(X,y,alpha+delta,beta)-function
    (X,y,alpha,beta))/delta
7       return d_cost
8
9   def differential_beta(X,y,alpha,beta,delta):
10      d_cost = (function(X,y,alpha,beta+delta)-function
    (X,y,alpha,beta))/delta
11      return d_cost
```

利用梯度下降法執行迴歸分析：載入資料　　　　　　　　　　　🗋 Appendix.ipynb

```python
1   import numpy as np
2   import matplotlib.pyplot as plt
3   import pandas as pd
4
5   # 載入資料
6   df_sample = pd.read_csv("sample_linear.csv")
7   sample = df_sample.values.T
8
9   # 設定變數
10  X = sample[0]
11  y = sample[1]
```

利用梯度下降法執行迴歸分析：執行梯度下降法　　　　　　　　🗋 Appendix.ipynb

```python
1   # 設定參數
2   delta = 0.001        # 刻度的寬度(學習率)
3   iter = 20000         # 重複次數
4
5   # 設定初始值
6   alpha = 1
7   beta = 1
8
9   # 迴圈處理
10  cost = np.zeros(iter)
11  da = np.zeros(iter)
12  m = len(y)
13  for i in range(iter):
14
15      # 導出導函數
16      d_alpha = differential_alpha(X,y,alpha,beta,delta)
17      d_beta = differential_beta(X,y,alpha,beta,delta)
18
19      # 更新alpha、beta、cost
20      alpha = alpha - delta*d_alpha
21      beta = beta - delta*d_beta
22      cost[i] = function(X,y,alpha,beta)
23      da[i] = alpha
24
25  # 繪製圖表
26  plt.plot(da,c="k")
```

這個程式碼的目標函數（在迴歸分析中也稱為成本函數）就是以下列公式定義的「均方誤差（MSE）」，**2-10** 的迴歸分析也執行過相同的處理。

$$MSE = \frac{1}{N} \sum_{i=1}^{N} (y - \hat{y})^2$$

公式中的 y 為資料的值，$\hat{y}$ 則是近似直線的值（預測值），N 為資料量。要利用 MSE 執行迴歸分析，必須在「載入資料」的部分載入二維資料之後，算出最接近這個二維資料的直線，再計算與直線 $y = \alpha x + \beta$ 之間的誤差，然後不斷調整 α 與 β，藉此縮小誤差。

所以在「設定初始值」的部分先設定了 alpha 與 beta 的初始值，也在迴圈處理的部分不斷調整 alpha 與 beta 的值，讓 MSE 的值不斷縮小。
一如前面的動畫所示，不斷調整 alpha 與 beta 的值，直到抵達 MSE 函數的谷底之後，就無法再更新值。

執行程式之後，可得到顯示 MSE 變化過程的**圖 A-3-3**，縱軸為 MSE 的值，橫軸為重複次數。

圖 A-3-3 執行梯度下降法迴歸分析程式碼的結果

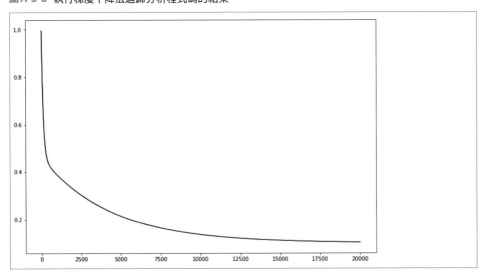

在算出讓MSE降至最低的 α 與 β 與導出近似曲線後，可利用下列的程式碼讓近似曲線與原始資料重疊，而下圖則是重疊後的結果。

```
繪製最小平方法的結果                                    Appendix.ipynb
1  plt.scatter(sample[0],sample[1],c="k")
2  plt.plot(X,beta+alpha*X,color="red")
3  plt.show()
```

圖A-3-4 執行最小平方法的結果

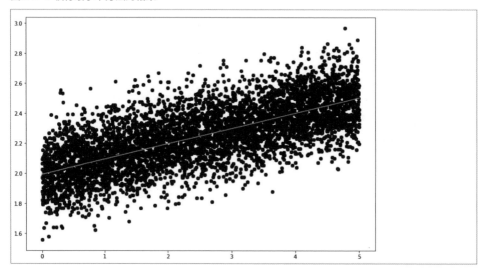

雖然執行迴歸分析的演算法有非常多種，但最基本的概念是利用梯度下降法最小化MSE，之後才出現各種改善這種方法的演算法。

目標函數與迴歸、分類的關係

如果能套用前面的流程設定目標函數（成本函數），再將參數值更新為符合目標函數的數值，找出能最小化目標函數的參數組合，那麼除了迴歸分析之外，這種方法還能用來分類資料。
於此時使用的目標函數稱為「**交叉熵誤差**」，可利用下一頁的公式呈現。

$$E = -\sum_{i=1}^{N} T_i \, log(y_i)$$

這個公式雖然有些複雜，但就是針對 N 個資料計算 T_i（實際值）與 y_i（推測值），再得出這個公式的答案。T_i 不是 0 就是 1，代表是否屬於某個類別的意思，而 y_i 則代表屬於這個類別的機率。

假設分類至正確的類別，T_i 將會是 1，而 y_i 則取較大的值，$log(y_i)$ 的值也會變大。假設大部分的資料都被分類到正確的類別，那麼多數 $T_i \, log(y_i)$ 的值都會變大，E 值也會因為負號而變小。**8-3** 就會利用這個方法解決分類問題，也就是利用神經網路與反向傳播演算法最小化交叉熵誤差。

由此可見，一般的非線性最佳化問題與迴歸分析、分類問題息息相關，而這些問題與目標函數（成本函數）、解決方法（演算法）可整理成下列表格。

表 A-3-1　非線性最佳化、迴歸、分類問題的關係

問題	目標函數	解決方法（演算法）
一般的非線性最佳化	二次函數	梯度下降法
迴歸	均方誤差	隨機梯度下降法 梯度下降法
分類	交叉熵誤差	反向傳播演算法

目標函數與解決方法（演算法）可視用途自由替換。比方說，要在資料不多的情況執行迴歸分析，可試著使用能學習少數資料的特徵與設定相關目標函數，又不會出現過擬合現象的 Lasso 迴歸或 Ridge 迴歸，也可以使用能快速最小化這些目標函數的隨機梯度下降法（SGD），總之可視目標函數的種類使用不同的方式。

此外，在使用上述這些手法時，可仿照 **2-10** 以支援向量機迴歸法執行迴歸分析的方法，利用函數進行計算。建議大家一邊置換函數，一邊確認計算結果的差異，藉此比較各種演算法的差異，加深對這些演算法的理解。

結 語

大家覺得這十章的數學程式設計教學有趣嗎？

本書透過這十章介紹了機率統計、機械學習、數理最佳化、數值模擬這些職場用得到的數學，也介紹了深度學習。同時還以會在職場遇到的問題為例，一邊執行程式，一邊帶著大家了解數學的原理，大家應該都已經初步掌握職場需要哪些數學，以及相關的原理。希望大家能透過本書培養數理直覺，再透過這項直覺研讀專業書籍，學到更廣泛的相關技術。

透過職場的實例接觸數學，就能知道該怎麼定義新技術，因為技術的根本就是數學，當您遇到新技術，不妨重新翻開本書，冷靜地分析該技術的原理與實用性。優秀的資料科學家一定會冷靜地思考與吸收新技術，而不會囫圇吞棗地接收新技術。若本書能幫助大家做到這點，那將是作者的榮幸。

本書源自筆者於 2019 年共同撰寫的前著《Python 実践データ分析 100 本ノック》（秀和 System）。感謝 Sotec 公司的久保田賢二、石谷直毅給予「該技術書籍符合現場所需，是非常具有實用性的內容」的肯定，也提出「應該以相同的模式寫一本幫助讀者了解數學的書」的建議，所以我便詢問兼具數學專長、工程師素養的露木宏志與千葉彌平，要不要一起寫一本這樣的書，最終也在筆者曾共同經營的有限責任公司「IQBETA」（現為株式會社 ONGIGANTS）的眾人協助下，這本書才得以問世。

本書於執筆撰寫之際曾得到多方貴人相助，感謝前著共同作者之一，也是原為有限責任公司 IQBETA 共同代表、現任株式會社 iRORIBI 董事長的下山輝昌、株式會社 ELAN 董事長三木孝行從企劃至現場考察的階段給予建言。

也感謝伊藤淳二、中村智、鈴木浩、高木洋介、田邊純佳、佐藤百子、森將這幾位從不同觀點審閱各章內容，以及提供相關的建議。在數學方面，也感謝於工學院大學與千葉工業大學執掌教鞭的奧野貴俊、寺田清昭協助，同時也感謝從培育資料科學家以及讀者的角度，給予各類建議的武藏野大學資料科學家學部、資料科學家學科長中西崇文。

最後，趁著本書出版之際，由衷感謝有限責任公司 IQBETA 的每位同伴以及株式會社 Sotec 的久保田賢二的盡力協助，若沒有他們的協助，本書絕沒有機會問世。

松田雄馬

参考文献

章	文献編號	作者名	題名	出版社（網站）	出版年
第1章	[1]	清水誠	データ分析 はじめの一歩：数値情報から何を読みとるか？	講談社	1996
	[2]	豊田秀樹	違いを見ぬく統計学：実験計画と分散分析入門	講談社	1994
	[3]	和達三樹 他	キーポイント確率統計	岩波書店	1993
	[4]	松下貢	統計分布を知れば世界が分かる：身長・体重から格差問題まで	中央公論新社	2019
	[5]	オリヴィエ・レイ 他	統計の歴史	原書房	2020
第2章	[6]	山口和範 他	図解入門よくわかる多変量解析の基本と仕組み	秀和システム	2004
	[7]	塚本邦尊 他	東京大学のデータサイエンティスト育成講座：Pythonで手を動かして学ぶデータ分析	マイナビ出版	2019
	[8]	Andreas C. Muller 他	Pythonではじめる機械学習—scikit-learnで学ぶ特徴量エンジニアリングと機械学習の基礎	オライリージャパン	2017
	[9]	毛利拓也 他	scikit-learn データ分析 実践ハンドブック	秀和システム	2019
	[10]	下山輝昌 他	Python実践機械学習システム100本ノック	秀和システム	2020
第3章	[11]	清水誠	推測統計 はじめの一歩：部分から全体像をいかに求めるか？	講談社	2000
	[12]	上田拓治	44の例題で学ぶ統計的検定と推定の解き方	オーム社	2009
	[13]	浜田宏	その問題、数理モデルが解決します	ベレ出版	2018
	[14]	横内大介 他	現場ですぐ使える時系列データ分析：データサイエンティストのための基礎知識	技術評論社	2014
	[15]	下山輝昌 他	Python実践データ分析100本ノック	秀和システム	2019
第4章	[16]	久保幹雄 他	Pythonによる数理最適化入門	朝倉書店	2018
	[17]	梅谷俊治	しっかり学ぶ数理最適化：モデルからアルゴリズムまで	講談社	2020
	[18]	増井敏克	Pythonではじめるアルゴリズム入門：伝統的なアルゴリズムで学ぶ定石と計算量	翔泳社	2020
	[19]	samuiui	pythonで遺伝的アルゴリズム（GA）を実装して巡回セールスマン問題（TSP）をとく	有閑是宝 http://samuiui.com/	2019
	[20]	大谷紀子	進化計算アルゴリズム入門：生物の行動科学から導く最適解	オーム社	2018

章	文獻編號	作者名	題名	出版社（網站）	出版年
第5章	[21]	斉藤努 他	データ分析ライブラリーを用いた最適化モデルの作り方	近代科学社	2018
	[22]	金谷健一	これなら分かる最適化数学：基礎原理から計算手法まで	共立出版	2005
	[23]		AtCoder：競技プログラミングコンテストを開催する国内最大のサイト	https://atcoder.jp/	
	[24]		"Codeforces. Programming competitions and contests, programming community."	http://codeforces.com/	
	[25]	秋葉拓哉 他	プログラミングコンテストチャレンジブック[第2版]：問題解決のアルゴリズム活用力とコーディングテクニックを鍛える	マイナビ出版	2012
第6章	[26]	佐藤実 他	マンガでわかる微分方程式	オーム社	2009
	[27]	佐野理	キーポイント微分方程式	岩波書店	1993
	[28]	ミンモ・イアネリ 他	人口と感染症の数理	東京大学出版会	2014
	[29]	巌佐庸	数理生物学入門：生物社会のダイナミックスを探る	共立出版	1998
	[30]	吉田就彦 他	大ヒットの方程式：ソーシャルメディアのクチコミ効果を数式化する	ディスカヴァー・トゥエンティワン	2010
第7章	[31]	小高知宏	Pythonによる数値計算とシミュレーション	オーム社	2018
	[32]	村田剛志	Pythonで学ぶネットワーク分析：ColaboratoryとNetworkXを使った実践入門	オーム社	2019
	[33]	アルバート・ラズロ バラバシ 他	ネットワーク科学：ひと・もの・ことの関係性をデータから解き明かす新しいアプローチ	共立出版	2019
	[34]	伊理正夫 他	数値計算の常識	共立出版	1985
	[35]	河村哲也	キーポイント偏微分方程式	岩波書店	1997
第8章	[36]	斎藤康毅	ゼロから作るDeep Learning ❸：フレームワーク編	オライリージャパン	2020
	[37]	斎藤康毅	ゼロから作るDeep Learning：Pythonで学ぶディープラーニングの理論と実装	オライリージャパン	2016
	[38]	中井悦司	TensorFlowとKerasで動かしながら学ぶ：ディープラーニングの仕組み 畳み込みニューラルネットワーク徹底解説	マイナビ出版	2019
	[39]	多田智史 他	あたらしい人工知能の教科書：プロダクト/サービス開発に必要な基礎知識	翔泳社	2016
	[40]	川島賢	今すぐ試したい! 機械学習・深層学習（ディープラーニング）画像認識プログラミングレシピ	秀和システム	2019

章	文献編號	作者名	題名	出版社（網站）	出版年
第9章	[41]	斎藤康毅	ゼロから作る Deep Learning ❷：自然言語処理編	オライリージャパン	2018
	[42]	Francois Chollet 他	Python と Keras によるディープラーニング	マイナビ出版	2018
	[43]	篠田浩一	音声認識	講談社	2017
	[44]	神永正博	Python で学ぶフーリエ解析と信号処理	コロナ社	2020
	[45]	小坂直敏	サウンドエフェクトのプログラミング：C による音の加工と音源合成	オーム社	2012
第10章	[46]	太田満久 他	現場で使える! TensorFlow 開発入門 Keras による深層学習モデル構築手法	翔泳社	2018
	[47]	原田達也	画像認識	講談社	2017
	[48]	坪井祐太 他	深層学習による自然言語処理	講談社	2017
	[49]	中山光樹	機械学習・深層学習による自然言語処理入門：scikit-learn と TensorFlow を使った実践プログラミング	マイナビ出版	2020
	[50]	Jakub Langr 他	実践 GAN：敵対的生成ネットワークによる深層学習	マイナビ出版	2020
附録（Appendix）	[51]	マーク・ブキャナン 他	歴史は「べき乗則」で動く：種の絶滅から戦争までを読み解く複雑系科学	早川書房	2009
	[52]	長沼伸一郎	物理数学の直観的方法：理工系で学ぶ数学「難所突破」の特効薬	講談社	2011
	[53]	長沼伸一郎	経済数学の直観的方法：確率・統計編	講談社	2016
	[54]	かくあき	現場で使える! Python 科学技術計算入門 NumPy/SymPy/SciPy/pandas による数値計算・データ処理手法	翔泳社	2020
	[55]	中井悦司	TensorFlow で学ぶディープラーニング入門：畳み込みニューラルネットワーク徹底解説	マイナビ出版	2016

作者簡介

松田 雄馬（Yuma Matsuda）

工學博士。於日本電氣株式會社（NEC）的中央研究所創立腦型電腦研究開發團體、與取得博士學位後自立門戶，與他人一同創立有限責任公司IQBETA。身爲數理科學者的他，利用將大腦、智能、人類視爲生命的原創理論研究AI、機械學習、圖像辨識、自律分散控制這類主題，也根據以人類爲主的社會架構開發系統、組織與培育人材。現爲株式會社ONGIGANTS（原爲有限責任公司IQBETA）的董事長，以及一橋大學大學院（一橋商業學院）的約聘講師，也擔任多間企業的技術顧問。著有《人工知能に未来を託せますか》（岩波書店），以及共同著作的《Python実践データ分析100本ノック》（秀和System）等。

露木 宏志（Hiroshi Tsuyuki）

就讀筑波大學期間便開始自學程式，也藉著在多間企業實習與參加程式設計競賽的經驗，挑戰數學、圖表理論、列舉這類數理方面的難題。大學中輟之後，進入有限責任公司IQBETA服務，負責開發自然語言處理的文章分類、類似文章搜尋的演算法，以及利用機械學習預測業績、以圖像辨識進行物體偵測的演算法，還開發了推測人物姿勢、追蹤、判斷動作好壞的演算法。此外也開發能有效處理上述結果的資通系統，每天沉迷於各種技術的研究。目前一邊於株式會社Iroribi負責DX推進事業，一邊沒日沒夜地開發各種技術。

千葉 彌平（Yasuhira Chiba）

於就讀國際基督教大學之際，開發了過半數學生使用的課程管理系統Time Table For ICU。大學畢業後，以專業工程師之姿進入有限責任公司IQBETA服務。推動業務的同時，還於東京大學大學院學際情報學府從事簡化IoT系統開發者門檻的IoT平台基礎研究。專長是從各種觀點開發技術，也與各領域的專家一同推動各項專案，例如資料輸入方面的IoT、感測器裝置、以及處理方面的AI、資料分析，或是控制方面的小型機器人、無人機。目前也是大型IT系統公司的顧問。

圖解機器學習與資料科學的數學基礎｜使用 Python

作　　者：松田雄馬 / 露木宏志 / 千葉彌平
譯　　者：許郁文
企劃編輯：莊吳行世
文字編輯：詹祐甯
設計裝幀：張寶莉
發 行 人：廖文良

發 行 所：碁峰資訊股份有限公司
地　　址：台北市南港區三重路 66 號 7 樓之 6
電　　話：(02)2788-2408
傳　　真：(02)8192-4433
網　　站：www.gotop.com.tw
書　　號：ACD021900
版　　次：2022 年 06 月初版
建議售價：NT$650

國家圖書館出版品預行編目資料

圖解機器學習與資料科學的數學基礎：使用 Python / 松田雄馬,
　露木宏志, 千葉彌平原著；許郁文譯.-- 初版.-- 臺北市：碁峰
　資訊, 2022.06
　　面；　公分
　　ISBN 978-626-324-181-7(平裝)
　1.CST：機器學習　2.CST：資料探勘　3.CST：Python(電腦
程式語言)
312.831　　　　　　　　　　　　　　　　　111006481

讀者服務

● 感謝您購買碁峰圖書，如果您
對本書的內容或表達上有不清
楚的地方或其他建議，請至碁
峰網站：「聯絡我們」\「圖書問
題」留下您所購買之書籍及問
題。(請註明購買書籍之書號及
書名，以及問題頁數，以便能
儘快為您處理)
http://www.gotop.com.tw

● 售後服務僅限書籍本身內容，
若是軟、硬體問題，請您直接
與軟體廠商聯絡。

● 若於購買書籍後發現有破損、
缺頁、裝訂錯誤之問題，請直
接將書寄回更換，並註明您的
姓名、連絡電話及地址，將有
專人與您連絡補寄商品。